本书是重庆市人文社会科学重点研究基地重点项目"三峡库区生态屏障区农村居民点空间重构模式研究"（项目批准号：1410014）的主要成果之一，并得到西南大学 2020 年"人文社会科学优秀成果文库"资助。

丘陵山区农村居民点空间重构体系研究

杨庆媛　王兆林　苏康传　著
张忠训　闵　婕　毕国华

科学出版社

北　京

内 容 简 介

本书以丘陵山区农村居民点空间重构为研究对象，立足城乡融合发展、土地节约集约利用以及美丽乡村建设等现实背景，基于人地协同共生原理、中心地理论、空间场势理论及蚁群算法等，按照"城市—集镇—中心村—基层村"城乡空间结构体系原则，研究不同尺度下农村居民点空间重构决策的目标导向、具体内容、实施手段等，揭示丘陵山区不同地域类型农村居民点用地发展演化规律，实现多尺度农村居民点空间重构体系的理论集成和实践应用。主要内容包括：丘陵山区农村居民点空间格局演变特征和驱动机制分析、丘陵山区不同尺度下的农村居民点空间重构技术实证分析、丘陵山区农村居民点空间重构决策的影响因素分析等。本书构建了丘陵山区不同尺度农村居民点空间重构体系，丰富和完善了丘陵山区农村居民点空间重构的理论和方法，可为丘陵山区不同地貌类型、不同社会经济发展水平和不同发展路径的农村居民点空间重构提供决策建议和案例参考。

本书可作为高等院校人文地理学、土地资源管理学等专业领域的教学参考书，也可为农业农村发展、自然资源利用等政府相关部门研究人员、管理人员提供参考。

审图号：渝 S（2023）101 号

图书在版编目（CIP）数据

丘陵山区农村居民点空间重构体系研究/杨庆媛等著 . —北京：科学出版社，2023.11
ISBN 978-7-03-076691-5

Ⅰ. ①丘… Ⅱ. ①杨… Ⅲ. ①丘陵地-山区-乡村居民点-空间规划-研究-中国 Ⅳ. ①TU982.29

中国国家版本馆 CIP 数据核字（2023）第 197795 号

责任编辑：杨逢渤 / 责任校对：樊雅琼
责任印制：徐晓晨 / 封面设计：无极书装

科 学 出 版 社 出版
北京东黄城根北街 16 号
邮政编码：100717
http://www.sciencep.com

北京九州迅驰传媒文化有限公司 印刷
科学出版社发行　各地新华书店经销

*

2023 年 11 月第 一 版　开本：720×1000　1/16
2023 年 11 月第一次印刷　印张：22 1/4
字数：450 000
定价：268.00 元
（如有印装质量问题，我社负责调换）

前　言

截至 2020 年末，中国常住人口城镇化率达到 63.89%，从城镇化发展 S 形曲线来看，仍处于快速发展阶段。但不同的是，中国经济已经由高速增长阶段转向高质量发展阶段，创新、协调、绿色、开放、共享成为新发展理念。实施乡村振兴战略是党的十九大做出的重大战略部署，是决胜全面建成小康社会、全面建设社会主义现代化国家的重大历史任务，是新时代"三农"工作的总抓手。乡村振兴的本质要求是建设宜居宜业和美乡村，缩小城乡之间发展的不平衡，实现城乡融合发展，促进中国农村经济社会高质量发展。事实上，随着中国社会经济步入转型期，社会资本、政治力量等社会经济要素以乡村空间为媒介，不断冲击着长期固化的传统乡村秩序，乡村面临人口要素重组、空间要素重构、文化要素重塑等多维转向。农村居民点作为农村人地关系的核心，不仅承担着乡村空间要素组织、乡村有效治理及乡村文化呈现等重要历史使命，也是观测乡村人地系统演化机理和人地相互作用效应的重要对象。

全球化背景下乡村特征的变化及可持续乡村景观的重构已成为当前国际地理学等相关学科的重要发展方向和重点研究领域之一。面向国家战略需求和服务地方决策需求，加强转型期农村居民点用地演变过程、格局、机制与空间重构及其调控研究，是中国乡村地理学亟须解决的科学命题之一。长期以来，快速城镇化进程中，中国农村居民点建设处于农民自发选择状态，缺乏科学合理的规划，以及有效的约束、监督与管理，导致中国农村居民点普遍存在用地空间布局分散、杂乱无序、利用粗放、"不减反增"、配套设施落后、人居环境不良等问题。农村居民点空间重构作为一项调整村镇空间等级体系及干预单体聚落内部土地资源配置的手段，对于科学引导农村居民点空间布局优化、提升农村土地利用效益、加强农村产业发展要素支撑等具有重要意义。

丘陵山区的农村居民点利用因受诸多自然因素影响和人类活动扰动，正处于深刻转型之中，是国土空间治理的重点和难点问题。丘陵山区农村居民点研究是人文地理学的重要组成部分，一直是学者关注的热点。近年来，丘陵山区农村居民点研究主要集中在空间布局、景观格局、生态环境、功能转型等方面。随着社会经济转型及城乡关系转变，农村居民点发展演化的内在逻辑将发生较大变化，特别是在乡村振兴和城乡融合趋势下，农村居民点利用将受到社会资本、政策因素、规划管制和农户主体行为等不同社会经济因素的交互影响。本书结合转型期城乡融合、乡村振兴、和美乡村建设等时代需求，重新厘定农村居民点空间重构的价值导向，分析农村居民点空间重构多维目标与约束之间的权衡关系，在此基础上探讨不同尺度农村居民点空间重构的联系与冲突，开展区域多尺度农村居民点空间重构集成研究。本书的主要创新在于构建丘陵山区不同尺度农村居民点空间重构体系，丰富和完善丘陵山区农村居民点空间重构的理论和方法；同时研究中涉及的一些创新性方法，当前被学界广泛应用，也是本书的亮点之一。

本书结合了作者团队 2015 年以来的研究成果，尝试从不同尺度探讨农村居民点空间重构的目标导向、具体内容、实施手段等的差异和联系，并实现多尺度农村居民点空间重构技术的集成。主要内容包括四大板块：第 1 章和第 2 章阐述研究的总体思路、主要内容、研究区概况及相关文献的理论梳理；第 3 章和第 4 章分析丘陵山区农村居民点的空间演变特征和驱动机制；第 5 ~ 第 9 章探讨丘陵山区不同尺度下的农村居民点空间重构技术；第 10 章和第 11 章讨论丘陵山区农村居民点重构决策的影响因素并给出结论、建议与展望。

按照"全域覆盖、点面结合、点上突破"原则，从"区域—县域—镇域—村域—斑块"五个层面提炼总结农村居民点空间重构技术，包括区域（跨县区）和县域农村居民点体系构建技术、镇域农村居民点斑块布局技术、村域农村居民点斑块分级技术、村域空间功能综合分区技术、村域农村居民点选址技术以及不同地貌类型区斑块尺度现状居民点集聚特征和未来居民点集聚路径。

本书是重庆市人文社会科学重点研究基地重点项目"三峡库区生态屏障区农村居民点空间重构模式研究"（项目批准号：1410014）的主要成果之一，同时还得到西南大学 2020 年"人文社会科学优秀成果文库"资助。在项目研究过程中，得到了重庆市及相关区县规划和自然资源局等单位领导及工作人员的大力支持，特此向支持和关心作者研究工作的所有单位及个人表示衷心的感谢！印文老师、王轶博士、向慧博士、已毕业的研究生马寅华、何建、樊天相、潘菲、李佩恩、张瑞颁、张汇明、张荣荣、陈鸿基、钱瑶，以及在读博士研究生严燕、杨凯悦、周璐璐和硕士研究生曲啸驰、刘晓雨、黄雅等参与了调研及内容的撰写、修改，为本书的顺利完成做出了积极贡献，在此对他们的贡献一并表示感谢！感谢课题组成员的齐心协力与默契配合！

鉴于农村居民点空间重构的理论和实践具有区域性、动态性和集成性等特点，以及当前乡村转型快速发展的现实情况，同时由于作者能力和水平有限，书中难免存在疏漏之处，敬请读者予以批评指正。

著　者

2023 年 1 月

目　　录

第1章 绪 论

1.1 研究背景与意义

1.1.1 研究背景

1.1.1.1 农村居民点空间重构与乡村社会经济转型关系密切

随着中国新型城镇化、新型工业化的快速发展,广大乡村地区社会经济正在发生剧烈变迁,农村居民点空间正经历着产业转型升级、社会要素重组和地域功能提升等分化和重组过程。根据《第七次全国人口普查公报》,2020年中国常住人口城镇化率达63.89%,比2010年提高了14.21个百分点,人口城镇化水平加速提升①。中国常住人口城镇化率在突破50%之后的持续快速增长意味着大规模的乡城迁移流动还将延续,2010~2020年,农村居住人口由6.74亿人缩减至5.10亿人,下降了24.33个百分点②。然而,乡村人口大量外流的同时,农村居民点用地规模不减反增,可见农村居民点土地利用粗放、闲置废弃现象严重,迫切需要调整优化农村居民点空间格局,促进农村居民点用地集约高效利用。

中国已经步入社会经济转型的关键时期,经济结构调整、社会关系变迁、城乡要素融合等不断冲击着乡村传统的人地关系地域系统格局,深刻影响着农村居民点空间演化过程。社会资本、政治力量等社会经济要素以乡村空间为媒介,不断冲击着长期固化的传统乡村秩序,乡村面临人口要素重组、空间要素重构、文化要素重塑等多维转向,乡村社会经济系统和自然系统相互耦合、相互作用,共同驱动着农村居民点空间演化与重构。在快速市场化和城镇化的驱动下,"农民市民化""农业碎片化""农村空心化"等问题与"耕地细碎化""耕地非农化"

---

① 国家统计局,《第七次全国人口普查公报》. http://www.stats.gov.cn/xxgk/sjfb/zxfb2020/202105/t20210511_1817202.html. 2021-05-11.

② 国家统计局. https://data.stats.gov.cn/easyquery.htm? cn=C01. 2021-05-11.

"耕地非粮化""耕地边际化"等问题日益凸显。在此现实背景下,积极适应乡村转型发展趋势,立足区域发展实际,理性审视农村居民点的演化规律,科学把握未来农村居民点空间演化方向,不仅是科学认识乡村人地关系演化机理和人地相互作用效应的重要途径,也是指导农村居民点空间理性重构、促进乡村人地系统耦合协调的现实需要。

1.1.1.2 农村居民点空间重构体系研究是乡村振兴战略实施的客观需要

《全国土地整治规划(2016—2020年)》指出:"优化农村居民点布局。要按照发展中心村、保护特色村、整治空心村的要求,建设规模适度、设施完善、生活便利、产业发展、生态环保、管理有序的新型农村社区,合理引导农民居住向集镇、中心村集中,优化用地结构布局,提高节约集约用地水平。在规划城镇建设范围内,鼓励农民有偿腾退宅基地,实施农村居民点社区化建设,稳妥推进城乡发展一体化。通过村庄建设用地调整优化,形成功能结构协调有序、空间布局合理的农村居民点体系,全面改善农村整体面貌。"党的十八大以来,习近平总书记曾多次强调,"中国要美,农村必须美,美丽中国要靠美丽乡村打基础,要继续推进社会主义新农村建设,为农民建设幸福家园。"建设美丽乡村是党中央深入推进社会主义新农村建设的重大举措。近年来,各地按照中央决策部署,大力加强美丽乡村建设,取得巨大成效,但也面临着诸如村落零散分布、居民点点多面广、宅基地闲置和"空心村"等问题。在此背景下,优化农村居民点布局、改善乡村人居环境、提升乡村居民生活质量,是建设美丽乡村的现实需要。

党的十九大提出"实施乡村振兴战略",促进"城乡融合发展"。优化农村居民点布局是乡村振兴的重要内容,也是促进城乡融合发展的必要途径。农村产业振兴,促进农村三次产业融合发展,需要农村建设用地适度集聚,发展现代农业和农业项目需要大量的非农建设用地;同时促进农村建设用地的集中布局,为农村第二、第三产业特别是乡村旅游业发展预留必要的建设空间;农村人居环境改善,需要合理安排农村建设用地。可见,无论是促进乡村产业振兴,还是提升农村人居环境质量,都需要农村居民点适度集聚。2018年《中共中央 国务院关于实施乡村振兴战略的意见》对实施乡村振兴战略进行了重大部署,强调"坚持城乡融合发展""坚持人与自然和谐共生""坚持因地制宜、循序渐进",为新时代的丘陵山区农村居民点空间重构指明了方向。社会经济转型及其引导下的城乡空间融合是快速城镇化背景下区域发展面对的现实课题,分析区域农村居民点演变过程、空间分布特征,探讨不同尺度农村居民点重构体系,可为城乡空间有机融合和美丽乡村建设科学决策提供依据。同时,乡村振兴战略的实施将大幅推进城乡融合的进程与乡村社会经济的发展,城市资本下乡、乡村新产业新业态发展、乡村传统文化传承等均需以土地为核心的空间要素支撑。可见，农村居民点空间重构与优化是美丽乡村建设和乡村振兴战略深入实施的重要手段。

1.1.1.3　农村居民点空间重构体系研究是提升乡村国土空间治理能力的重要基础

党的十九大报告做出了"我国经济已由高速增长阶段转向高质量发展阶段"的重大论断和实施乡村振兴战略的重大决策，面对社会经济转型、社会主要矛盾转化以及乡村发展战略转轨，扭转国土资源领域重开发轻保护、重数量轻质量、重城市轻农村等局面，优化国土空间开发格局、补齐农村基础设施和人居环境短板、健全"人地挂钩"机制等现实需求十分紧迫。党的十九届四中全会审议通过的《中共中央关于坚持和完善中国特色社会主义制度、推进国家治理体系和治理能力现代化若干重大问题的决定》为未来各项改革的落地提供了行动指南。国土空间治理是国家治理体系的重要组成部分，而农村居民点空间重构是国土空间治理的重点内容。2019年《中共中央 国务院关于建立国土空间规划体系并监督实施的若干意见》发布，村庄规划的编制和实施将不断整合农村居民点的各种要素，促使乡村空间更新与重构加速。随着党中央、国务院颁布《关于统一规划体系更好发挥国家发展规划战略导向作用的意见》，以空间治理和空间结构优化为主要内容的国土空间规划体系为区域国土空间格局优化指明了方向，而多因素权衡、多规融合的乡村空间优化与重构则成为建立乡村空间规划体系、推动国土空间优化的重要手段。因此，探究农村居民点空间重构体系，对优化国土空间格局、促进村庄规划编制实施、提升乡村国土空间治理能力具有重要意义。

1.1.1.4　重庆市丘陵山区具有区域典型性和特殊性

受到自然环境、资源禀赋、社会经济发展水平等因素影响，丘陵山区农村居民点呈现出显著的空间异质性。与平原地区不同，丘陵山区农村居民点空间布局呈现出"小、散、乱、低"的特征，即规模小、布局分散、结构凌乱、利用低效，在乡村振兴过程中，实现农村户户"五通"（通水、通电、通路、通气、通网）目标所需的基础设施投资巨大。重庆市集"大城市、大农村、大山区、大库区"于一体，是研究丘陵山区农村居民点演变与重构的典型代表，其乡村地域人地关系演化规律和农村居民点优化重构具有较强的典型性和特殊性。

2016年初，习近平总书记在视察重庆市时，要求重庆市建设内陆开放高地、成为山清水秀美丽之地（"两地"）。2018年全国人民代表大会、中国人民政治协商会议期间，习近平总书记在参加重庆市代表团审议时要求重庆市在加快建设"两地"的基础上，努力推动高质量发展、创造高品质生活。2020年1月，习近平总书记主持召开中央财经委员会第六次会议，做出"推动成渝地区双城经济圈建设"的重大决策部署，给重庆市的发展带来重大机遇，未来的重庆市国土空间格局将面临重大调整与重构，形成主体功能约束有效、国土开发有序的空间发展格局，对丘陵山区的农村居民点空间重构产生重大影响。在乡村振兴、城乡融合、成渝地区双城经济圈等多重发展战略背景下，重庆市城乡间各类资源要素交流将越发强烈，乡村地域系统国土空间开发与治理面临巨大机遇和挑战。探索不同空间尺度和不同地貌类型区斑块尺度的农村居民点空间重构体系，成为优化农村居民点等级体系及空间格局的有效途径，也是乡镇级国土空间规划和村庄规划不可或缺的基础工作，更是推进丘陵山区人地关系协调发展、提高山区国土空间治理水平的重要举措。

1.1.2 研究意义

1.1.2.1 理论意义

一是对丘陵山区农村居民点空间重构理论进行探索，丰富农村居民点空间重构的理论内涵和研究视角。农村居民点的区位、规模、分布、结构、形态和功能等的地域分异与格局演变往往能揭示不同阶段、不同地区人地关系互动的足迹。探讨不同区域的人地关系地域系统特征及其演变，以及揭示人类活动与环境变化的关系是地理学的核心科学问题，人口、资源、环境与发展相互关系的过程及其效应研究是当代地理学的发展趋势。全球化背景下，乡村特征的变化及可持续乡村景观的重构已成为当前国际地理学等相关学科的重要发展方向和重点研究领域之一。面向国家战略需求和服务地方决策需求，加强转型期农村居民点用地演变过程、格局、机制与空间重构及其调控研究，是中国乡村地理学亟须解决的科学命题之一。近年来，丘陵山区农村居民点演变与重构受到广泛关注，其研究内容和视角从农村居民点用地的分布特征扩展到空间演变规律与影响机制。本书依据西南丘陵山区特殊地形地貌条件和独特农村居民点空间布局与演化特征，通过修正中心地理论、引力模型、拓展断裂点模型，揭示农村居民点空间布局演化与重构的趋向，并形成了基于"渝西浅丘带坝和丘陵宽谷区—川东平行岭谷和低山丘陵区—渝东中高山区"不同地貌条件的农村居民点空间重构技术，丰富了丘陵地区农村居民点空间重构的理论和方法。

二是完善农村居民点空间重构体系。随着乡村人口向城镇转移和传统乡村向现代化乡村转型，在传统农业经济条件下形成的农村居民点空间结构等级体系已不适应社会经济转型的需要。随着交通条件的改善和农业机械化水平的提高，耕作半径扩大在一定程度上降低了耕地分布对农村居民点空间格局的限制。在此背景下，农村居民点空间重构研究有利于探讨社会经济转型背景下农村居民点空间结构等级体系的适应性转型规律。本书针对丘陵山区农村居民点现状空间分布及结构特征，从"区域—县域—镇域—村域—斑块"等不同空间尺度自上而下，从宏观到微观，从特殊到一般，系统性地研究了丘陵山区的农村居民点空间重构技术，农村居民点空间重构研究体现出系统性、完整性、结构的层次性，进一步完善了农村居民点空间重构体系。

1.1.2.2 现实意义

农村居民点作为人类居住、生活、休憩以及进行各种社会活动的场所，是人类生产和社会活动的中心，也是乡村人地关系的核心。在"乡土中国"迈向"城市中国"的巨变中，以新型城镇化和美丽乡村建设等目标为牵引，在农业用地转变为城市用地、农村人口转变为城市人口的进程中，乡村生产、生活、生态空间产生分化和重构，导致农村居民点结构体系转型和职能转变。本书从"区域—县域—镇域—村域—斑块"五级空间尺度对丘陵山区不同地貌类型、不同社会经济发展水平和不同发展路径的农村居民点结构等级体系和空间重构模式进行实证研究，在区域宏观层面研究农村居民点演化规律和整治潜力，在县域中观层面研究农村居民点结构体系、空间体系和职能体系重构，在镇域、村域及斑块微观层面研究农村居民点空间重构技术以引导其优化布局，形成的结论有利于为分类指导类似区域的农村居民点空间重构、优化国土空间格局和科学编制镇村国土空间规划、提高乡村治理体系和治理能力现代化水平提供决策支持。

1.2　研究目标及内容

1.2.1　研究目标

本书的预期研究目标主要包括如下三个方面。

1.2.1.1 探测农村居民点演变特征及驱动机制

通过构建农村居民点空间格局演变特征评价指标体系，探讨农村居民点形态、结构、景观格局的时空演变特征，并从自然地理条件、社会经济发展、制度政策、技术因素等方面选取驱动因子自变量，运用回归分析法、空间自相关法等探索农村居民点演变驱动机制，形成农村居民点演变特征及驱动机制探测技术。

1.2.1.2　形成不同尺度农村居民点空间重构体系

在借鉴蚁群算法、空间场势理论、农村居民点等级规模结构−空间结构−职能结构理论、加权 Voronoi 图、缓冲区分析、核密度分析等理论及方法基础上，分别从"区域—县域—镇域—村域—斑块"多级空间尺度，对农村居民点空间重构技术开展实证研究，最终形成不同尺度农村居民点空间重构体系。

1.2.1.3　构建农村居民点空间重构决策影响因素识别技术

分析影响农户参与农村居民点空间重构决策意愿的主导因素，能为推进农村居民点空间重构决策提供重要依据。通过构建结构方程模型，利用调研数据，对研究区农户进行农村居民点整治决策意愿的影响因素分析，提出相关政策建议，最终形成农村居民点空间重构决策影响因素识别技术。

1.2.2　主要研究内容

本书具体内容包括以下四部分。

（1）绪论及文献总结。具体包括第 1 章和第 2 章。阐述研究背景、研究的总体思路与框架、主要内容、研究区概况及相关文献梳理。

（2）丘陵山区农村居民点空间演变特征及驱动机制。具体包括第 3 章和第 4 章。其中，第 3 章着重分析总结农村居民点利用现状和动态变化情况，探寻丘陵山区农村居民点总量特征、分布特征、空间格局、利用潜力及其分布等，为优化国土空间规划布局、提高资源配置质效和调控农村土地市场等提供决策支撑。第 4 章从城乡融合发展视角深入探讨和剖析丘陵山区不同地域类型在"自然−社会−经济"因子交互作用下的农村居民点时空演变规律及乡村地域空间结构特征，结合自然地理条件、生态环境基础、资源禀赋与开发状况、区位与交通条件、社会经济发展水平、乡村社会文化背景等因素，探讨"市域—县域—村域"不同尺度下农村居民点空间结构演化的驱动机制，并就农村居民点地理空间差异性及社会空间差异性进行对比分析。

（3）丘陵山区不同尺度下农村居民点空间重构技术实证研究。具体包括第 5 ~ 第 9 章。①区域尺度，以重庆市两江新区为例，借鉴蚁群算法的相关理论，基于 ArcGIS 10.5 和 GeoSOS① 软件平台，采用多因素综合评价法，进行农村居民点用地适宜性评价，在此基础上运用蚁群优化（Ant Colony Optimization，ACO）

---

① 地理模拟与优化系统（Geographical Simulation and Optimization System，GeoSOS）。

算法，设置蚁群优化中的适宜性函数，进而得到农村居民点布局优化结果，并提出相应优化策略。②县域尺度，以重庆市长寿区为例，基于人地协同共生原理和中心地理论，从农村居民点发展主导功能角度，进一步明确县域农村居民点等级结构和职能定位，通过构建农村居民点村镇等级规模体系、调整农村居民点空间结构、优化农村居民点职能结构以及规划实施保障措施等，逐步实现丘陵山区县域农村居民点空间重构。③镇域尺度，以重庆市长寿区海棠镇为例，构建包括自然因素、社会因素、土地利用条件在内的农村居民点空间布局适宜性评价指标体系，从居民点斑块发展能力角度，分析居民点斑块综合影响力，基于拓展断裂点模型的加权 Voronoi 图对研究区内优势农村居民点斑块影响范围进行空间分割，明确镇域居民点斑块的保留、迁并方向，形成镇域农村居民点斑块布局优化技术。④村域尺度，以重庆市长寿区海棠镇海棠村、潼南区柏梓镇中渡社区、石柱土家族自治县（简称石柱县）冷水镇八龙村为例，构建不同地貌类型下相应的农村居民点空间重构评价指标体系，并围绕居民点综合影响力、空间功能分区、居民点选址适宜性三个维度制定差异化的农村居民点空间重构方案，明确村域微观尺度居民点集聚、迁并位置，构建"一村一策"的村域农村居民点空间重构方案。⑤斑块尺度，以丘陵（巴南区石滩镇和梁平区竹山镇）、山地（石柱县中益乡）、平坝（潼南区太安镇）及河谷（江津区龙华镇）地区的农村居民点图斑为研究案例，以农村居民点中的宅基地图斑为基础，通过不同缓冲距离的设定，判断缓冲区范围相互交叉重叠的部分，通过融合及交集制表的方式对其进行处理，最终识别出可能的集中建设区与未来可发展区域，从斑块层面探讨零星分散农村居民点的空间重构技术。

（4）丘陵山区农村居民点空间重构决策影响因素。具体为第 10 章。以重庆市潼南区柏梓镇中渡社区和长寿区海棠镇海棠村为例，从农户家庭特征、农户居住特征、农户宅基地特征、农户意识特征、农户出行特征等方面构建农户视角的农村居民点空间重构决策影响因素体系，分析不同区域、不同特征农村居民点空间重构决策影响因素的异同。

1.2.3 关键问题

本书涉及的关键问题有两个方面。

一是丘陵山区农村居民点演变特征及驱动机制分析。农村居民点时空演变特征分析是农村居民点空间重构的前提和基础，厘清其时空演变特征、揭示演变规律才能更好地指导其空间重构。农村居民点时空演变受自然环境、社会经济环境、人地关系变化等因素的影响，不同地区、不同尺度的影响因素也有较大的差异性。从不同尺度对农村居民点时空演变特征及驱动因素进行分析，提炼并形成农村居民点演变特征及驱动机制探测技术，是丘陵山区农村居民点空间重构体系建设过程中的一个关键问题。

二是丘陵山区不同尺度农村居民点空间重构体系构建。农村居民点空间重构涉及诸多内容，包括农村居民点用地适宜性评价，农村居民点等级规模、空间结构及职能结构分析，农村居民点综合影响力测算，农村居民点选址技术，以及农村居民点优化方案等，通过对"区域—县域—镇域—村域—斑块"不同尺度下的农村居民点空间重构技术进行实证研究，将其系统集成后形成丘陵山区不同尺度农村居民点空间重构体系。

1.3 研究思路与方法

1.3.1 研究思路与框架

1.3.1.1 研究思路

农村居民点空间重构既是对中国城乡经济社会转型发展的积极响应，也是城乡统筹发展、融合发展和乡村振兴战略实施过程中，统筹城乡建设用地利用对农村土地综合整治的结果。其中，农村建设用地整治是对农村闲置和低效利用建设用地的盘活与再利用，通过优化居民点布局，完善农村基础设施建设，改善农村生产生活条件，提升农村公共服务水平，促进城乡一体化发展。在城乡统筹发展、新型城镇化、美丽乡村建设时代背景下，按照城乡建设用地优化配置要求，剖析丘陵山区农村建设用地空间结构特征、空间演化规律及驱动机制；基于人地协同共生原理和中心地理论，结合城乡空间体系、农村居民点体系、丘陵山区区域差异等因素，从自然地理条件、社会经济发展条件及区位条件等方面构建农村不同尺度农村居民点空间重构体系；实证分析不同空间尺度农村居民点空间重构特点，构建不同尺度农村居民点空间重构体系；同时运用结构方程模型对研究区农户进行农村居民点空间重构决策影响因素分析，形成宏观层面的制度政策影响—中观层面的农村居民点空间重构响应—微观层面的农户决策影响等上下联动的农村居民点空间重构体系研究闭环，以期为丘陵山区农村居民点空间重构实践提供理论参考和技术支持。

1.3.1.2 研究框架

围绕上述研究思路，考虑到工业化和城镇化起步较晚等历史原因，西南丘陵山区的农村建设用地以农村宅基地和公益性公共设施用地为主，集体经营性建设用地很少，本书中丘陵山区的农村居民点用地以宅基地为主，将农村居民点空间重构聚焦到针对居民点"小、散、乱、低"特点的治理过程，以尊重农民意愿、充分考虑农民实际承受能力为前提，目的在于通过合理开发利用腾退宅基地、村内废弃地和闲置地，促进中心村和小城镇建设，引导农民集中居住、产业集聚发展，全面提高农村建设用地利用效率。同时，农村居民点空间重构也是一种区域联动、规模化、带有规划性质的政府行为，以社会主义新农村和美丽乡村建设为指引，以经济社会发展规划、国土空间规划和村庄规划为指导，与村镇规划充分衔接，科学编制农村居民点规划，引导农村居民点科学重构，合理配置公共服务设施和基础设施，促进农村地区全面发展。鉴于此，对西南丘陵山区农村居民点空间重构体系的研究应包括农村居民点空间重构理论基础、农村居民点演变特征及驱动机制、不同尺度农村居民点空间重构技术实证以及农村居民点空间重构决策影响因素，研究的总体框架如图 1-1。

1.3.1.3　技术路线

根据以上研究内容及研究框架设计，以人地关系理论、人地协同共生理论、中心地理论、乡村多功能理论、乡村转型与重构理论等为指导，剖析丘陵山区城乡空间体系格局特征、城乡建设用地优化配置要求、区域用地差异，探讨不同地域类型在自然资源、经济社会发展及区位条件等"自然–社会–经济"因子交互作用下的农村居民点用地发展演化规律；针对重庆市丘陵山区农村居民点"小、散、乱、低"的特点，以城乡融合发展和美丽乡村建设为目标导向，按照区域（跨区域）—县（区）—乡（镇）—村—斑块等空间尺度，结合不同地貌类型区域农村居民点发展状况，划分农村居民点空间重构区域，构建差异化的空间重构模式，形成多尺度、多角度农村居民点空间重构体系，并对重构决策影响因素进行深入探讨。

（1）丘陵山区农村居民点空间结构特征、演变特征及驱动机制分析。具体包括重庆市农村居民点用地总量、人均居民点面积的现状分布及空间分异特征研究、农村居民点整治潜力测算、建设用地复垦项目时空分异研究、县域及村域农村居民点演变特征及驱动机制探测等。

（2）丘陵山区农村居民点空间重构体系构建。具体包括：①在区域尺度，以两江新区为研究对象，利用 GIS 与 GeoSOS 地理优化模拟系统相耦合，对农村居民点布局进行蚁群优化，探索山地都市边缘区的农村居民点布局优化策略；②在县域尺度，以万州区为研究对象，探究"等级规模完善化、空间结构合理化、职能分工明确化"的县域农村居民点空间构建技术；③在镇域尺度，以长寿

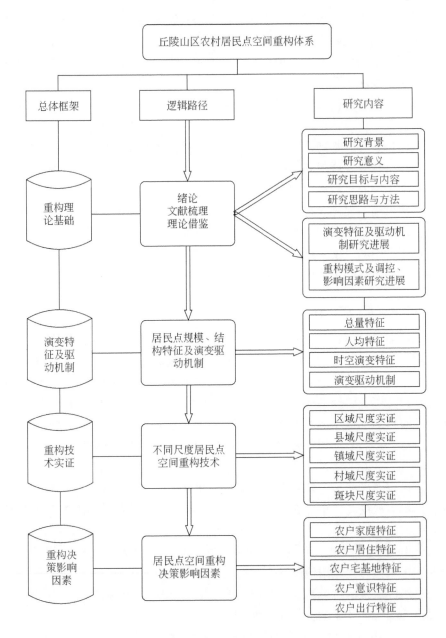

图 1-1　总体研究框架

区海棠镇为案例区域，通过拓展断裂点模型研究镇域农村居民点斑块布局优化；
④在村域尺度，将重庆市潼南区柏梓镇中渡社区、长寿区海棠镇海棠村、石柱县

冷水镇八龙村分别作为渝西浅丘带坝和丘陵宽谷区、川东平行岭谷和低山丘陵区、渝东中高山区的代表性区域，研究村域农村居民点斑块分级技术、村域空间功能综合分区技术、村域农村居民点选址技术；⑤在斑块尺度，分别以巴南区石滩镇和梁平区竹山镇为丘陵区案例、以石柱县中益乡为山地区案例、以潼南区太安镇为平坝区案例、以江津区龙华镇为河谷区案例，分析现状居民点集聚特征和未来居民点集聚路径。

（3）农村居民点空间重构决策影响因素。以潼南区中渡社区和长寿区海棠镇海棠村为研究对象，对问卷调查数据进行探索性因子检验，选择农户决策意愿影响因子构建指标体系；利用 AMOS 21.0 软件，根据因子之间的关系构建初始结构方程模型，并运用调研数据对初始结构方程模型进行检验、修正，得到适配度良好的最终模型。针对模型计算结果，分析内在机理，为推进农村居民点空间重构工作提供参考。

具体按照"文献梳理—数据收集与处理—数据分析—结果分析—总结与讨论"的方法步骤开展研究，技术路线如图 1-2 所示。

1.3.2 主要研究方法

本书以人地关系理论、中心地理论、城乡二元理论、空间场势理论等相关理论为指导，对丘陵山区农村居民点空间重构进行多角度、多尺度探讨。主要采用系统分析与归纳演绎相结合、理论分析与案例研究相结合、定性分析与定量分析相结合、典型访谈与田野调查相结合的方法进行研究，其中具体分析模型主要包括居民点影响力多因素综合评价模型、空间引力模型等。

1.3.2.1 系统分析和归纳演绎相结合

系统分析是指把要解决的问题作为一个系统，对系统要素进行综合分析，找出解决问题的可行方案的方法。农村居民点空间重构是由多个要素组成的复杂系统工程，涉及土地资源节约集约利用、耕地占补平衡、城乡融合发展、美丽乡村建设等多项目标，政府、集体经济组织、农民、新型经营主体、参与乡村发展与建设的各类工商企业等多个主体，具有整体性、相关性、层次性、动态性等特征。因此，开展农村居民点空间重构体系研究，需要运用系统分析的方法，从宏观到微观，从整体到局部，从现状到未来，明确农村居民点空间重构的时代背景、现实需求、总体目标、发展模式、影响因素、存在问题等，以便全面把握农村居民点空间重构的特征、机理及技术途径。

归纳与演绎分析是一对组合体，归纳分析是对若干个独立现象背后的一般规

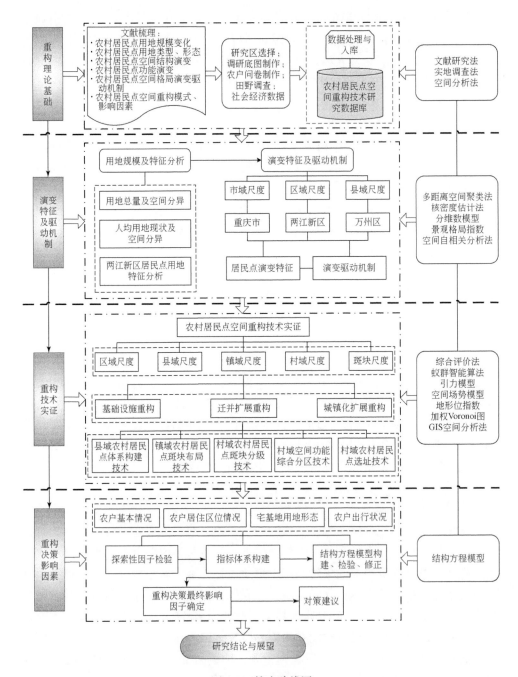

图 1-2　技术路线图

律的分析总结，演绎分析则是从普遍现象中寻找其独特之处，在实践与理论的反复认识过程中，从若干实践事实中提炼概括一般现象，再从一般现象推理到独特个体的思维过程。农村居民点历史演变规律及特征分析，需要通过对居民点体系的空间分布、形态演变等外在特征的提炼、总结和抽象，归纳出不同历史时期农村居民点的空间结构特征；农业现代化对乡村人口流动的影响分析，需要运用演绎分析方法，通过影响域的归纳，结合景观生态分析法对农村居民点空间重组的实践分析，提炼出农业现代化发展对农村居民点空间格局的影响因子；结合层次分析法、主成分分析法，进行降维、归纳和整合集成，总结农业现代化驱动农村居民点空间重构的动力机制。

1.3.2.2　理论分析与案例研究相结合

理论分析与案例研究是科学研究中普遍使用的两个互为补充、相互论证的分析方法。理论分析为案例研究提供规范指导，案例研究为理论分析提供检验手段。本书基于中心地理论、地租地价、城乡二元理论等经典理论，对丘陵山区农村居民点规模、空间布局特点及其变化趋势等方面进行总结分析，提出实践中基于"区域—县域—镇域—村域—斑块"五级体系的农村居民点空间重构体系。围绕不同尺度的农村居民点空间重构，选择典型案例进行研究，提出不同尺度的农村居民点空间重构技术。以重庆市两江新区为案例，分析总结丘陵山区区域尺度农村居民点空间重构技术；以长寿区为案例，分析总结丘陵山区县域尺度农村居民点空间重构技术；以长寿区海棠镇为案例，分析总结丘陵山区镇域尺度农村居民点空间重构技术；以海棠村、中渡社区、八龙村为案例，分析总结丘陵山区村域尺度农村居民点空间重构技术。通过不同尺度的丘陵山区农村居民点案例总结，以期能够使研究更体系化与层次化，形成可复制、可推广的经验。

1.3.2.3　定性分析与定量分析相结合

在定性分析丘陵山区农村居民点演变特征及乡村地域农村建设用地空间结构特征的基础上，从自然地理条件、生态环境基础、资源禀赋与开发状况、区位与交通条件、社会经济发展水平、乡村社会文化背景等方面，应用统计分析、相关分析、主成分分析、层次分析等数学模型和 GIS 空间分析等定量分析方法，对农村居民点发展状态、影响因素和内在机理进行分析，并测算现状农村居民点的综合影响力。例如，县域层面，农村居民点空间结构体系重构部分运用空间引力模型测算重庆市长寿区各镇、村农村居民点相互作用引力；镇域及村域层面，针对不同空间尺度的自然社会经济特点，建立具有尺度特色的评价指标体系，运用多因素综合影响力评价模型对研究区农村居民点综合影响力现状进行评价。

1.3.2.4　典型访谈与田野调查相结合

为了解研究区政府部门、基层领导干部、当地村民对农村居民点空间重构的意愿，深入丘陵山区典型地区与当地政府和基层领导干部召开交流会，采用深度访谈法了解当地社会经济发展现状及在农村居民点整治中取得的经验、存在的问题及未来农村居民点重构方向等。同时，采用随机采样和参与式农村评估（Participatory Rural Appraisal，PRA）等调查方法，深入研究区发放调查问卷，评估农村居民点空间重构决策的影响因素及驱动机制等，同时了解基于农户视角的农村居民点空间重构意愿。通过深度访谈和实地调查，补充在文献资料收集过程中难以反映的实际变化情况，掌握直观丰富的一手资料，为农村居民点空间重构体系研究提供基础依据。

第2章 农村居民点空间格局演变
与重构研究进展

　　农村居民点是农村人口空间分布的载体,其空间分布及格局演变是人类适应区域自然地理条件、经济社会条件及历史发展的综合反映,是乡村地理学研究的主要内容之一。近年来,随着新农村建设的推进和城乡转型发展的不断深入,农村社会经济发展等外部环境,以及农户家庭人口规模、就业方式、农业种植活动等内部因素均发生了深刻的变化,引发了农村居民点的无序扩张、空心化、土地利用效率偏低等现象(周玄德等,2021)。农村居民点作为农村人口的主要聚居形式,其用地规模、内部结构、形态、功能和文化景观也经历了复杂的演变过程。本章重点对中国农村居民点空间格局演变过程及其特征、影响因子及其驱动机制,农村居民点空间格局演变反馈效应,以及农村居民点空间重构模式及其优化调控等方面的文献成果进行系统梳理,并归纳总结中国农村居民点空间格局演变过程及其效应研究中的核心问题,构建研究内容框架,分析影响农村居民点空间重构决策的因素。同时,以社会经济转型为时代背景,从调查手段、研究方法、研究视角与研究内容等方面展望未来的研究方向。

2.1 农村居民点空间格局演变特征分析

2.1.1 农村居民点用地规模变化趋势

　　1996年以来,中国农村人口进入快速减少阶段,受城乡二元体制等因素影响,农村居民点用地面积仍呈增长趋势(年均增长 $2 \times 10^4 \text{hm}^2$)(李裕瑞等,2010),农村人口与农村居民点用地数量增减协同演进的良性格局尚未出现。从农村居民点用地规模来看,单个农村居民点用地规模介于 $2 \sim 21 \text{hm}^2$,具有北方大于南方、平原地区大于丘陵地区、经济发达地区大于经济欠发达地区的显著区域特征,农村居民点密度呈现出东部高、西部低的地带性差异(田光进等,2002)。具体而言,在东部平原地区,受农村人口增长、农村人均居住用地面积以及农村经济快速发展和土地管理政策等的综合影响,湖北省房县2001~2018

年农村居民点用地面积呈现不断增长的态势（杨斌等，2021）；长沙市1989~2013年农村居民点用地规模增加了30 281.33hm²，空间扩张特征显著（谭雪兰等，2016）。在西部丘陵山区，"向阳、向河、向路"等条件好的地区农村居民点用地面积增长较快，其院落用地比例最大（占41.25%），且户均农村居民点用地与人口密度分布呈负相关（甘枝茂等，2004），人口变化是农村居民点用地变化的主要原因（郭晓东等，2008），同时，随着社会经济发展水平提高，农村人口增长明显，农户家庭改善性住房需求增大，广大农村民居点规模扩张迅速（屠爽爽等，2019）。长期以来，中国农村居民点存在占地面积大且增长快、利用率低、空置率高、布局混乱、违规占地严重等问题。经济发展、农户家庭收入增加以及农户家庭规模变化和心理因素影响下的新建住房需求是农村居民点用地面积增长的主要原因（吴远来等，2007）。在区域层面，在北京大都市郊区，不同城市功能区人均农村居民点用地介于215.21~302.38m²，空间分异特征明显（吴远来等，2007；曲衍波等，2011）。在县域层面上，工业主导型县域农村居民点单个斑块规模大，且新增的建设用地形状不规则，平均斑块面积达28.33hm²（董光龙等，2019）。对山东省胶州市胶北镇10个村庄的地籍调查显示，户均农村居民点面积为269.40m²，平均容积率为0.44，建筑密度为43%，村庄土地集约利用水平总体较低（刘洁等，2012）。基于0.25m分辨率的中国科学院高清影像，对山东省禹城市13个典型空心化村庄的调查表明，户均农村居民点面积介于359.80~530.50m²，居民点废弃空置率为17%，普遍处于粗放利用状态（朱晓华等，2010a，2010b）。

2.1.2　农村居民点空间分布及其形态演变特征

国外学者从农村居民点空间分布形态、类型等方面探讨农村居民点的空间分布及演变过程（Michael，1984）。Hill（2003）归纳出规则型、随机型、集聚型、线型、低密度型和高密度型共6种农村居民点空间分布类型。Clark等（2009）发现过去几十年中美国大城市远郊农村居民点形态在空间特征上表现出由孤立、分散逐步向集中连片演化的趋势，并强调人类决策对改变农村居民点用地形态、结构和空间分布的作用。Marjanne和Marc（2007）对比分析了希腊帕罗斯岛和拉西锡州平原的两个传统农村聚落的形态特征，认为不同的土地利用方式形成不同的聚落形态景观。Robinson（2003）对南非东开普省农村居民点分布与乡村基础设施、服务和发展机遇进行综合分析，认为农村居民点形态是影响乡村基础设施可达性的主要因素。在中国，农村居民点空间分布经历了由疏到密的演变过程，农村居民点扩张速度较快的地区主要分布在东部沿海地区和西北地区（刘继来等，2018），农村居民点空间形态呈现出以"摊大饼"的方式向外扩张的趋势，农村一户多宅和房屋大量闲置现象严重（陈昌玲等，2020），老村空废及"向外扩张、向内分散"是中国当前农村居民点空间形态演变的主要特征（雷振东，2005）。

在农户层面上，农村居民点形态是指其平面形态及组织结构形式，反映其与环境的密切关系，即不同的环境条件有不同的居民点空间布局形态（林崇德等，1994）。农村居民点形态演变受多种因素影响，在宏观层面上表现为经济因子>政策因子>社会因子>自然因子>文化因子（王静和徐峰，2012）。中国传统民居（农村居民点）形态存在"自然式"（自下而上）有机演进和"计划式"（自上而下）理性演进途径，山西省平顺县奥治村传统民居形态主要以四合院的"回"形空间为基本形态（朱向东和郝彦鑫，2012）；三峡库区传统民居空间布局形态主要有平行江面布局、垂直江岸布局和团状紧凑型布局 3 种形态，其建筑形态主要有吊脚楼式、南方天井式、石头宅式以及中西合璧式（程世丹，2003；周传发，2009）。在水资源约束下，新疆吐鲁番绿洲居民点空间分布形态呈现出以农村居民点公共中心区为核心，居住区、生产生活服务区、农田耕作区逐层向外的同心圆模式（岳邦瑞等，2011a，2011b）。中国江南地区农村居民点空间分布形态主要有以血缘为纽带的宗族组团式、松散的自然组团式和紧密的生产组团式（陈志文和李惠娟，2007）。中国徽州传统民居有小规模方整型、中小规模条型、中小规模不规则型和大规模复杂型（邵玮等，2022）。长期以来，独门独户的住房形式和平房+院落的居住特点在中国农村住宅中占主导地位，随着农户收入的不断提高，农村住宅楼房化趋势日益明显，居住条件总体上得到有效改善（宋伟等，2012）。近年来，随着乡村振兴战略的实施，农户由分散走向集聚，大型居住社区逐渐增多，这些居住社区大多以城市社区标准进行建设，相关配套设施完善（关小克等，2018）。

2.1.3　农村居民点空间结构体系演变特征

农村居民点用地规模与组织、等级体系与形态、区位与景观类型等方面是农村居民点空间结构体系的主要研究内容。20 世纪末，随着农村乡镇工业和第三产业的发展，城镇化速度加快，农村居民点空间结构经历了"单一—复杂—分化—多元"的演变过程（赵之枫，2003；Su et al.，2019）。部分学者从空间分布类型（疏密程度）、规模结构（聚居人口）、功能构成（等级体系）等方面论述了陕南农村居民点的演变特征，认为陕南农村居民点的演变主要受自然因素的制约，尤其是地貌条件（李瑛和陈宗兴，1994；范少言和陈宗兴，1995）。在县域尺度上，张京祥等（2002）从中心镇合并、重组，以及中心村选建、设施配置、政策配套等方面论证了镇（建制镇、乡集镇）与村（行政村、自然村）两个基本层面的农村居民点结构体系组织优化问题。在村域尺度上，农村居民点内部用地空间结构呈现散点分布状态，随着"一户一宅"等政策的实施，村内建房用地趋于紧张，农村居民点用地空间结构为填隙式模式（张晓平等，2020）。在农村居民点空间结构组织模式与等级体系方面，辜寄蓉等（2015）总结了7类典型的农村居民点用地空间结构，即棋盘状、星（楔）状、星座状、带状、环形放射状、树枝状和掌状（指状），而山地丘陵区的农村居民点以点状分布居多，景观破碎化程度高（肖路遥等，2019）；吴江国等（2013）认为江苏省镇江地区团聚状农村居民点在空间结构上具有比较明显的多级分形特征，农村居民点空间结构特征与地形条件和农村居民点体系自身发育程度密切相关。

就农户而言，居民点是农村村民用于修建住房以及与居住生活有关的建筑物和设施的土地，包括农民居住区内的住房用地、附房用地以及晒场、庭院、宅旁绿地、围墙、道路等用地，是一个复杂的土地利用综合体。陈竹安等（2011）测算得到江西省瑞金市15个典型村庄内居民点占村庄建设用地比例在60%～85%。周婧等（2010）在对三峡库区农村居民点用地调查的基础上，依据农村居民点内部功能识别将居民点划分为住房用地、圈养用地、院坝用地、堆棚用地、其他用地5种类型，认为以农业生产为主要生计活动的纯农业型与农业主导型农户，其用地规划变化较小；农工兼具型农户的用地规模扩大。张玉英等（2012）认为农村居民点内部结构多样性随着非农化程度的加深而逐渐减少，由"住房+院坝+圈养+堆棚+林盘"的全类型组合逐渐演变为"住房+院坝"的简要组合。冯应斌等（2018）将农村居民点内部结构分为居住用地、圈舍养殖生产用地、院坝用地和其他附属用地，其中居住功能不断加强，生产功能趋于弱化，内部结构趋于简单化和集约化。

2.1.4 农村居民点功能演变及其文化景观特征

生产与生活功能兼具是当前农村居民点功能的主要特点，中国农村居民点功能经历了"简单的生活功能—生产与生活功能兼具—生产和生活功能区域分化"的演变过程，在生产、生活功能等方面存在显著区域分异特征，经济越发达区域，农村居民点的生产功能越弱，其面积越小，利用越集约（宋伟，2012b）。随着中国市场化的深入及城镇化的不断加速，农村居民点用地在农户日常社会经济生活中所发挥的主导功能正逐渐由保障性向资产性转移（张德元，2011）。随着国家政策、产业结构、生活方式及文化发展的不断变化，农村居民点在住宅功能分区、空间利用方面也发生了很大的变化，欧阳国辉和王轶（2011）将农村居民点利用功能划分为居住型、商住型和产居型 3 种模式；马雯秋等（2018）、杨丽霞等（2019）从土地功能的视角出发，将农村居民点内部用地结构分为生产、生态和生活功能用地。改革开放以来，苏南农村居民点功能先后经历了从"工业生产+农业生产+生活居住"三位一体到"工业生产"与"农业生产+生活居住"相互分离，再到"工业生产""农业生产""生活居住"三者分离的三次转型（王勇和李广斌，2011）。在东部发达地区，农村居民点的功能从承载生计活动的空间逐渐倾向具有农业生产功能、生活居住功能和旅游接待功能的空间（钱家乘等，2020）。在半城镇化地区，农村居民点正面临着空前的形态演变和现代转型，农村居民点功能日益多元化，由"同质同构"转向"异质异构"，即由过去单一的农业生产和村民居住功能逐步转向生产、加工、商贸、观光休闲、疗养度假等多元复合功能（韩非和蔡建明，2011）。同时，在新农村建设中，过多地按照城市居住生活习惯设计农民新村的功能结构，导致农民新村功能趋于单一化；居住生活方式的改变，对于具有一定知识、技能，社会关系丰富的农户，他们会倾向于流转土地和外出务工寻找出路，其生计类型呈现出"正面的非农化"，反之，则会呈现出"负面的非农化"的趋向（信桂新等，2012）。

农村居民点是乡村文化景观的核心，其用地结构、房屋类型、建筑风格等方面是农村居民点文化景观研究的重点。当前，农村居民点文化景观存在着由集聚向分散、由木质瓦房向平顶砖房的演变（何金廖等，2007；冯应斌等，2018）。改革开放以来，集聚型农业村落居民点空间演变经历了机械型外向扩展、蔓延型外向扩展与空心化、内部重填与再集聚三个阶段，民居景观演变经历了传统四合院、平顶化和立体发展三个阶段（房艳刚和刘继生，2009）。冀鲁豫农业村落的民宅景观在外观和内部格局上均发生了明显的代际更替，民宅的外观形态、样式、建筑材料与技术逐步现代化、去地方化，与工业化和现代化的城市住房越来越相似，而与泥土和自然的关系则逐步疏离（房艳刚等，2012）。豫西南山地石板院落平面布局以 L 形和三合院两种类型为主，房架结构体系以南方穿斗式木结构为主（周芸等，2013）。徽州水口、牌坊、祠堂、民居、三雕等构成了徽州地域文化景观典型符号，其中天井是徽州民居独特的空间布局形态（陈娟和黄成，2012）。受河网水系影响，上海农村居民点空间布局多沿着较窄的河流呈单排一字排开或呈多排紧凑规整布局，建筑样式以三开间黑瓦灰墙二层建筑和仿西式二层或三层小别墅为主（杨知洁和车生泉，2010）。

2.1.5 农村居民点空间集聚特征

集聚指安定聚居。《史记·五帝本纪》记载"一年而所居成聚，二年成邑，三年成都"，表明随着时间累积，农村居民点规模逐渐变大、功能逐渐变复杂。农村居民点受历史渊源、风俗习惯、资源禀赋等多种因素影响，同时，农村居民点的建设还要兼顾提倡生产生活便利性，农户的宅基地具有散居和聚居等形式。农村宅基地集聚反映出乡村地域内农民生活空间特征，也反映出人类居住环境与地理环境之间的关系。集是多个对象空间由分散逐渐集中，可用密度反映；聚是在集的基础上，多个对象相互吸引聚变成一个对象，可用规模反映。集和聚是事物在时空中的两个连续交替演变阶段。空间集聚是经济社会空间格局形成与演变的基本驱动力。集聚与分散也是经济社会活动基本的空间特征（陆大道和杜德斌，2013）。聚散是城乡居民点最显著的差异，乡村聚落空间格局是乡村地区人地关系的空间特征表达，也反映着乡村人口的空间分布特征，包含了农村宅基地集聚情况的宏观表现。

农村居民点空间集聚特征量化研究主要聚焦于斑块面积-边缘、斑块形态及斑块聚散性3方面。①斑块面积-边缘反映农村居民点面积在空间中的分布特征，是一项重要指标。平均斑块面积指数（李云强等，2011；张晓平等，2012）也可反映农村居民点聚集程度，如平均斑块面积越大，空间分布越集中和密集，农村居民点越集聚（谭雪兰等，2015）。②斑块形态反映农村居民点形态在空间中的分布特征，包括形状指数、分形维数等，目前诸多研究均选取这两个指标来衡量农村居民点的形态特征（石诗源等，2010；徐州等，2018；田鹏等，2019）。③斑块聚散性反映农村居民点集聚在空间中的分布特征，欧氏最邻近距离、邻近指数、聚集指数是最具代表性的指标。

2.2 农村居民点空间格局演变主导因子及其驱动机制

2.2.1 农村居民点空间格局演变主导因子分析

农村居民点分布受地形、水源、气候、耕地、人口、交通、城市等自然及人文因素的影响。其中，自然因素是农村居民点空间分布和发展演变的基础，在农村居民点空间格局演变中发挥基础性约束和支撑作用（屠爽爽等，2019），决定了农村居民点早期的空间格局（杨忍，2017），随着经济和技术的发展，农村居民点开始加速演变，传统的自然环境的制约性作用不断弱化（闵婕和杨庆媛，2016）。而人文因素是农村居民点用地规模、形态及其空间格局演变的重要影响因素，随着社会经济的发展，乡村工业异军突起，农民收入逐渐增加，并对改善住房产生强烈的要求，农村居民点开始增加且范围扩大（曲衍波，2020）。Cho

和 Newman（2005）探讨了美国北卡罗来纳州农村居民点分布密度和溪流、交通条件以及与城市距离的关系，认为通过改善山区交通能够增强农村区域土地开发强度和效率。Olena 等（2011）建立 Logistic 回归模型对土耳其伊斯坦布尔郊区 1990~2005 年居民点演变驱动机制进行分析，认为人口密度、坡度和邻里关系是影响居民点空间演变的主导因子，并且由于城镇化进程加快，大量农村人口向城镇转移，平原农村居民点数量不断下降。Williams（2011）探讨了南澳大利亚地区农村土地用途转换及其社会关系变化对居住区位的影响，认为社会变革和土地利用方式变化（奶牛养殖、传统种植业、橡胶园等）对农村住宅发展具有重要影响。

在全国尺度上，农村居民点空间分布与年降水量和海拔密切相关，随海拔的升高，居民点分布数量总体减少（董春等，2005）。农村居民点分布受地形因子影响较大，其区位选择多为平原、平地，村落周围是耕地，在传统农业耕作区，耕地是影响农村居民点分布格局的重要因子（李红波等，2012）。受小尺度地形起伏影响，绝大多数农村居民点分布在距离微地形凸起 50m 范围内（肖飞等，2012），随着社会经济的发展，地形等因素已逐渐让位于交通条件和市场区位等因素（郭炎等，2018）。在县域尺度上，交通是影响农村居民点分布的主要因子，人口因素是农村居民点空间分布的主要驱动力（郭晓东等，2012b），孙道亮等（2020）对都江堰市农村居民点时空演变的驱动因素进行梳理，认为对农村居民点用地面积变化影响较大的是距道路距离，农户建房的选址具有强烈的交通指向性。经济发达区农村居民点用地斑块面积小且密度大，而经济欠发达区农村居民点用地斑块面积大且密度小（张荣天等，2013）。同时，近阶段快速工业化和城镇化进程推动下的城镇空间扩张对农村居民点用地扩张的限制作用并不显著（冯长春等，2012）。

2.2.2　农村居民点空间格局演变驱动机制

农村居民点空间格局演变是一个受其自然资源条件、区位可达性及社会经济基础条件综合影响的区位择优过程（姜广辉等，2007）。农村居民点空间格局演变驱动机制包括"动力产生—动力传输—驱动形成—驱动反馈"四个基本环节（郭晓东等，2012a）。受高山峡谷地形、以耕作为主的传统生产方式、较低的城镇化和工业化水平等多种因素共同作用，山区形成坡地农村居民点空间格局演变驱动机制（王传胜等，2011）。在农户层面上，农村居民点空间格局的演变受周围人的消费攀比心理、家庭规模、经济水平等外在引力和内在压力的双重驱动，农户住宅区位选择直接影响农村居民点空间格局演变（袁洁等，2008；杨斌等，

2021）。当前，中国农户建房意愿增强和建房能力提升双重驱使下的建房需求增长与相应监管调控政策的缺位共同作用下的不合理农户建房行为（龙花楼等，2009；李阳兵等，2018），造成农村空心化现象较为严重。在对农村居民点空间格局演变驱动主导因子及其机制进行划分的基础上，政府应该通过政策、管理、服务、规划和基础设施建设等手段实现对农村居民点用地扩张及其空间演变的干预与调控（周国华等，2011）。

通过实地调查建立农村居民点变化驱动机制的计量回归模型，认为农户个体需求、家庭因素等内在压力和个体条件、精神需求、制度管理缺失、区位优势以及居住环境等外在引力对农户影响较大（李伯华和曾菊新，2008）。从外部区域发展环境和农户的生产生活内部居住行为响应两个方面分析影响农户居住区位选择的因素，认为存在着"空间场势"效应；居住空间偏好、建筑和迁移成本、政策引导等是影响农户居住区位选择决策的驱动因素（李君和陈长瑶，2012；李君，2013）。不同生计类型农户发展需求不同，导致其居民点选址主要决策因素存在差异，其中农业主导型农户希望通过居民点选址改善生产生活环境，农工兼具型农户则期望兼顾非农和务农生产活动需求，非农主导型农户偏向考虑影响生活水平和社会文化环境方面的因素（潘娟等，2012）。人口大量增加、改革开放和市场经济发展、核心家庭地位提升以及耕地保护意识淡薄等是黄淮海平原农区村庄规模大面积扩张的主要原因（吴文恒等，2008），农户收入增长为居民点扩展提供了经济基础（师满江等，2016），农户居住需求增长与农业生产规模扩大是农村居民点扩展的内生动力（冯应斌和龙花楼，2020），村庄内部条件与外围环境的巨大反差是农村居民点向外扩展的外部环境动力，而村庄土地利用规划缺失与管理缺位使农村居民点扩展失去约束力（王介勇等，2010）。

2.3　农村居民点空间重构模式及其调控策略

2.3.1　农村居民点空间重构模式

农村居民点空间重构受区域自然、社会、经济、环境及其农户意愿等多重因素影响，反映了现代社会生产方式、社会经济结构和制度发展的变迁（屠爽爽和龙花楼，2020）。在县域层面上，农村居民点划分为优先布局区、适宜布局区、较宜布局区和不宜布局区（张俊峰等，2013）。通过计算各农村居民点的发展潜能值与最近城镇之间的引力值，将农村居民点空间结构优化划分为就地城镇化型、重点发展型、限制扩建型和迁移合并型4种类型（杨立等，2011），提炼出

城镇化引领型、村庄整合型两种典型重构模式（刘建生等，2013）。刘晶等
（2018）在"城—村—地"的视角下将农村居民点重构模式分为优先整理型、重
点整理型、适度挖潜型、优化调整型和特殊整理型。在镇域层面上，采用分区思
想构建农村居民点的加权 Voronoi 图，将农村居民点划分为重点城镇村、优先发
展村、有条件扩展村、限制扩展村、拆迁合并村 5 个等级体系（邹利林等，
2012），形成城乡居民点用地布局优化调整方案（吴金华等，2012）；孙建伟等
（2017）提出一种顾及农村居民点密度与规模组合特征的重构方向，划分出城镇
化集中型、中心村建设型、协同整治型和内部改造型 4 种重构模式。在村域层
面，通过评价农村居民点的综合发展潜力，提出撤村改居、联片聚合、积极发
展、控制发展、原址改造、整体搬迁共 6 种农村居民点用地调控类型（关小克
等，2013）。根据不同类型农户农村居民点用地整治意愿及其决策因素解析，凝
练出农业主导型、农工兼具型、非农主导型 3 种农村居民点整合模式（赵帅华
等，2012）。其中，农业主导型农户适于中心村整治模式，农工兼具型农户适于
村内集约模式，非农主导型农户适于城镇转移模式和产业带动模式（曲衍波等，
2012）。

2.3.2　农村居民点用地标准及其调控策略

中国各省（自治区、直辖市）在人均耕地面积、城乡发展、地形地貌、农
户家庭人口规模等方面存在较大差异，导致以人均耕地标准和地形地貌标准确定
的农村居民点面积容易出现较大浪费。综合考虑农村居民点功能用途以及农户自
身生产状况和经济条件，制定一套符合大多数农户生产、生活发展需求的农村居
民点标准，是当前开展新农村建设和土地整治工作的迫切需求。张辉（2009）根
据农村居民点功能，将晋城市农村居民点划分为居住型、半工半农型和农业生产
型，认为其人均居民点用地标准应介于 $40 \sim 50 m^2$，户均居民点用地标准应介于
$130 \sim 180 m^2$。和文超等（2012）通过聚类分析将山西省泽州县被调查农户分成
务工型、半工半农型和务农型 3 种类型，并分析得出这 3 种类型农户的人均居民
点用地标准分别为 $42 \sim 45 m^2$、$48 \sim 50 m^2$ 和 $52 \sim 55 m^2$。张怡然等（2011a，
2011b）基于农户意愿和居民点基本效用需求，认为在满足重庆市东北区域农村
居民点需求最大化时，最佳户均面积为 $122.14 \sim 140.06 m^2$，人均面积为 $31.32 \sim$
$35.91 m^2$；但在满足居民点效用最大化时，最佳户均面积为 $166.91 \sim 190.82 m^2$，
人均面积为 $42.79 \sim 49.56 m^2$。马佳和韩桐魁（2008）通过建立农村居民点 C-D
生产函数修正模型，估算出湖北省孝感市孝南区近郊区最佳人均居民点面积为
$86 m^2$，基于农户意愿的人均居民点可接受最低标准为 $50 m^2$。郭爱请等（2013）

将河北省农村居民点划分为 5 种类型区，包括环首都环省会平原带集中集约用地模式区、高水平集约用地模式区、环首都环省会山区分散集约用地模式区、城镇化集约用地模式区和乡村化集约用地模式区，运用多元线性回归模型测算农村居民点集约用地的最佳标准介于 70 ~ 108m²/户。类淑霞等（2016）在粮食产量大省黑龙江省，根据东北商品粮基地耕地粮食生产对农村居民点内部生产性辅助用地的影响和需求计算出户均农村居民点标准为 325.71m²。在保障农民必要生产和生活用地的基础上，地处经济欠发达区域的吉林省舒兰市人均农村居民点标准在 162.46m² 左右比较合适（宋伟，2012a）。同时，为有效控制居民点无序扩张，张军连等（2011）提出了"总量控制，分层监管"的居民点用地标准管控措施，即以人均居民点面积为基数，确定村庄居民点总面积控制性指标和农户居民点面积指导性指标。Porta 等（2013）基于 GIS 软件 Java 编程的遗传算法，根据人口发展对西班牙传统农村居民点进行分区，并从形态学特征等方面提出农村居住区规划调整方案。在明晰居民点产权前提下，遵循公平分配的原则，考虑不同的居民对于居住面积的不同要求，采取以人为单位的无偿分配与有偿取得相结合的办法确定农户居民点用地标准，并尽快建立农村住房保障制度是未来的一个发展方向。

2.4 农村居民点空间重构决策影响因素

近年来，快速城镇化和乡村振兴战略实施等推动乡村的剧烈转型，作为乡村人口集聚与生活的场所，农村居民点也正在经历空间重构过程并受到各种因素的影响。郭炎等（2018）从历史格局、自然地形、道路交通和城镇发展 4 个方面剖析农村居民点空间重构的影响因素，认为农村居民点空间重构受到城市大扩张外源动力和新农村建设下村庄的内生性响应的双重驱动。冯艳芳和王鹏飞（2018）将影响农村居民点空间重构的因素归纳为追求价值最大化、城乡交流所引发的观念改变和产业结构转变等六个方面。赵多平等（2022）认为农村居民点空间重构受到生活基础设施、农民经济收入和邻里关系等因素的影响。莫红川等（2022）将农村居民点空间重构的影响因素分为基础环境因素、政策引导性因素、资本驱动因素和拉动因素。总的来说，农村居民点空间重构的影响因素主要包含自然地理环境、区位条件、社会经济发展、政策驱动以及利益相关者的扶持等（姜鑫和王鹏飞，2020；李智和刘劲松，2021）。

农村居民点空间重构也是一项与农民利益息息相关的工作，农民作为农村居民点空间重构工作的重要参与主体，其对空间重构的支持与否很大程度上决定了空间重构是否能顺利进行。研究发现影响农村居民点空间重构决策的因素主要有个人特征、家庭特征、住房及宅基地状况、对政策的认知和其他特征五个方面。
由于各地区的社会经济条件差异，影响农村居民点空间重构决策的显著性因素也
有一定的差别（表 2-1）。

表 2-1　影响各地区农村居民点空间重构决策的显著性因素

地区	省或直辖市	显著性因素
东部地区	河北省（张长春等，2013）	家庭成员结构、家庭非农收入比、工作稳定程度、家庭成员参保情况、从众心理
	山东省（王介勇等，2012；屠爽爽等，2019）	家庭子女情况、农业收入比例、房屋建设年份、房屋建筑面积、居住区位特征、承包耕地面积、空废宅基地比例、就业方式变化
	江苏省（罗雅丽等，2015；李红波等，2015；韩文静，2014）	性别、年龄、受教育程度、职业、家庭收入、住房套数、房龄、耕地面积、宅基地面积、政策认知度、居住条件
	福建省（李裕瑞等，2010；严金海等，2022）	受教育程度、宅基地面积、乡土依恋、城市融入、产权认知
中部地区	河南省（张丹丹和娄志强，2021；佟艳等，2017；冒亚龙等，2020）	户主年龄、受教育程度、人均收入、兼业程度、宅基地距城镇距离、人均住房面积、房屋建筑年限、腾退政策满意程度、让子女接受更好的教育、交通条件更加便利、解决社保问题、家人亲戚的赞同意见、制度环境、农户思想意识
	湖北省（徐小峰等，2012；关江华等，2013）	年龄、户主受教育水平、家庭年均纯收入、农业收入比例、宅基地宗数、宅基地区位条件、是否在城镇买房
	江西省（周丙娟和饶盼，2014）	性别、家庭实际耕种面积、住房结构、知道"一户一宅"政策
西部地区	甘肃省（何娟娟等，2013）	年龄、家庭年收入、现居住房建筑结构、家庭拥有宅基地面积、是否认为能从农村居民点整治中得到好处
	重庆市（黄贻芳，2013；陈霄，2012；王兆林和王敏，2021）	年龄、受教育程度、主要经济活动类型、家庭收入状况、家庭需要赡养的老人数量、家庭需要抚养的子女数量、宅基地利用现状、现有住房面积、宅基地面积、对政策的了解程度及是否支持
	陕西省（高佳和李世平，2014；王亚和孟全省，2017；邵帅，2013）	家庭年总收入、劳动力数量、农业收入、行为意识、宅基地特征、生活方式的变化

从表2-1可以看出,年龄、受教育程度、家庭收入、房屋建筑年限及面积、宅基地面积等是各地区共同的显著性影响因素,农民在进行空间重构决策时更多关注的是生产、生活条件的现状以及近期所获得的实惠。在东部地区,由于经济发达、信息渠道来源广、教育水平较高等,个人特征和对政策的认知度的影响较小,农户主要考虑的是家庭特征和住房及宅基地的状况。而在中、西部地区,个人特征和对政策的认知程度对农户的空间重构决策具有较大的影响,这与中、西部地区经济条件较差、教育水平落后、农户知识储备不足、产权意识淡薄等因素有关。对河南省和重庆市的案例研究表明,两地影响农民进行居民点空间重构决策的显著性因素较其他省(自治区、直辖市)多,尤其集中在家庭特征和住房及宅基地情况两方面,这与两地人口众多、人地矛盾突出的现实有密切关系。除了不同省(自治区、直辖市)的显著性影响因素有差别外,在同一省(自治区、直辖市)的不同区域,影响农民空间重构决策的显著性因素也有差异(表2-2)。

表2-2　同一省(直辖市)不同区域影响农村居民点空间重构决策的显著性因素

省或直辖市	市(区、县)	显著性因素
重庆市	梁平县[①](黄贻芳,2013)	家庭需抚养的小孩数量、拥有的宅基地数量、农户对政策的了解程度、是否支持、农户对参与收益的认知
	涪陵区、大足区(龚宏龄和林铭海,2019)	宅基地闲置程度、从事农业生产的意愿、城乡收入差距、基础设施完善程度
	北碚区(李盼盼,2012)	受教育程度、人均年收入、宅基地数量及住宅新旧情况、对农村居民点整治的认知、对某种居住方式的偏爱和信贷支持
	石柱县(冯祉烨等,2020)	自我意识的觉醒和自主权利的追求、职业结构的改变
江苏省	南京市(徐冰和夏敏,2012)	户主受教育年限、家庭人均年收入、改变住房的意愿、对整治后住房补偿和生活条件的满意度
	扬州市(赵海军等,2013)	文化水平、家庭承包耕地面积、家庭宅基地占地面积、对当前生活的满意度情况、抗风险能力和对政策的认知程度
	启东市(邵子南等,2013)	性别、年龄、职业、家庭收入、住房套数、房龄、耕地面积、与邻居血缘关系

①2016年12月,国务院批准梁平县撤县设区;2017年1月10日,梁平县撤县设区挂牌

以重庆市和江苏省为例,表2-2表明,在重庆市,除了宅基地数量和对农村居民点空间重构相关政策的认知是共同的影响因素外,其余显著性影响因素都不相同;而在江苏省,没有一个显著性影响因素是全部区域所共有的,只有部分区域存在个别共有的显著性影响因素,如文化水平、耕地面积和生活条件满意度。可见,农村居民点空间重构决策的显著性影响因素不仅在区域间不同,在区域内

部也有较大差别，因此制定农村居民点空间重构方案时，在关注当地自然、经济、社会条件基础的同时，也需要充分考虑影响农村居民点空间重构决策的显著性因素，这样才能确保农村居民点整治的顺利进行。

在研究显著性影响因素的同时，学者们也对其作用方向进行了研究。对于某些因素，不同的学者对其显著性程度和作用方向持有不同的观点（表2-3）。

表 2-3　不同学者对影响因素的显著性程度和作用方向的观点

研究内容	影响因素		学者观点
显著性程度	户主年龄	显著	王介勇（2012）、赵海军（2013）等
		不显著	孙莹（2010）、韩文静（2014）等
	户主性别	显著	邵子南（2013）、周丙娟（2014）等
		不显著	赵海军（2013）、何娟娟（2013）等
	户主受教育程度	显著	韩文静（2014）、张桂芳（2016）、丁建军等（2021）、杨忍（2021）
		不显著	邵子南（2013）、周丙娟（2014）、张长春（2013）等
	宅基地面积	显著	何娟娟等（2013）、王兆林（2017）、陈霄（2012）等
		不显著	王介勇（2012）等
	政策认知度	显著	应苏辰等（2020）、李天宇等（2021）
		不显著	何娟娟（2013）
作用方向	家庭总收入	正向显著	学者都赞成
		负向显著	—
	房屋建设年限	正向显著	杨玉珍（2012）等
		负向显著	赵海军（2013）等
	宅基地面积	正向显著	何娟娟（2013）、于伟（2016）、佟艳（2017）、黄贻芳（2013）等
		负向显著	赵海军（2013）、陈霄（2012）等
	距县城距离	正向显著	—
		负向显著	学者都赞成

除地区差异外，农村居民点空间重构类型的不同，也导致影响农村居民点空间重构决策的因素有差异。张正峰等（2013）利用比较分析法、农户调查法和Logistic回归分析法对宅基地置换和村庄归并两类农村居民点空间重构模式下农民意愿进行调查，发现除对生活成本的接受程度是共同的显著性因素外，其他因

素存在着较大的差别。宅基地置换模式下，年龄、人口数、房屋建筑年限、喜好房屋类型、政策认知状况以及对生活成本的接受程度是显著影响农户空间重构意愿的因素；村庄归并模式下，农业收入占比、宅基地面积、生态环境满意度、补偿方式和对生活成本的接受程度是显著影响农户空间重构意愿的因素。

农户是中国农村居民点用地最直接、最基本的单元。从农户角度研究农村居民点空间重构决策影响因素不仅有利于了解农户对农村居民点空间重构的真实想法，全面地反映农户心声，在农村居民点空间重构过程中尊重农户意愿，保护农户权益，维持农村社会稳定，也有利于促进闲置、低效闲置宅基地有效退出和集约利用，改善农村居住环境，提高农户生活水平，为建设美丽宜居乡村奠定基础。

2.5　本章小结

（1）当前，中国进入社会经济转型的关键时期，城乡人口格局、土地利用格局以及人地关系格局发生了显著变化。农村居民点空心化与农户新房"无规"蔓延式扩建过程带来的耕地减少、农村环境保护任务艰巨等一系列资源环境问题，成为新时期中国统筹城乡发展和新农村建设面临的首要难题。在以人为核心的新型城镇化建设背景下，强化对中国工业化、城镇化发展阶段及与之相匹配的城乡人口、土地等资源环境演变趋势的归纳总结，尤其是对各地新农村建设过程中构建的新型农村聚居模式进行类型识别与评估，对探索提炼出适合不同经济发展水平、不同自然地理环境的区域农村居民点空间格局演变趋势及其调控模式具有重要意义。农村居民点是农村社会、经济、资源、生态等要素耦合而成的复合系统，涉及乡村地理学、经济学、社会学、生态学等诸多学科。在当前和今后一段时期，对农村居民点空间格局演变产生的资源、环境、经济、社会和生态5个方面的反馈效应的研究还应注意以下问题。①研究思路方面，以人地关系地域系统为理论指导，逐步建立起中国农村居民点空间格局演变及效应研究综合分析框架。②研究视角方面，以典型区域为研究样区，开展乡村地理学、经济学、社会学、管理学和生态学等多学科交叉融合的集成示范研究。③研究内容方面，充分挖掘农村居民点演变特征及驱动机制探测技术、农村居民点空间重构技术、农村居民点空间重构决策影响因素识别技术等的内在联系，使农村居民点空间重构体系更加科学化、系统化。④研究技术方法方面，应进一步综合采用计量经济学、计量地理学以及"3S"空间分析技术手段相结合的方法，即强调多种技术方法手段的综合集成。⑤数据获取方面，应综合"样点、样区、样带"等空间抽样和区域，获取更为全面的数据开展研究。⑥决策咨询建议方面，以中国社会经济转型期农村居民点空间格局演变及其资源环境效应等相关问题为导向，结合农户空间重构意愿影响因素，从城乡融合发展视角系统设计促进农村居民点空间重构及其集约利用的政策体系和调控途径。

（2）中国社会经济转型发展过程中农村居民点低效利用问题一直是困扰乡村地域系统良性演变的突出问题之一，在对中国农村居民点利用数量规模、内部结构、形态特征、功能演变等进行系统分析的基础上，从农村社会、经济、文化等方面探讨农村居民点演变的动力机制，并通过制定户均/人均居民点用地标准和进行空间重构等途径实现农村居民点节约集约利用。农户作为居民点的聚居者和农村经济活动主体，其改善居住环境的决策受社会经济发展、家庭经济收入、消费观念等共同影响，也直接影响农村居民点的演变。因此，在今后的研究中，还可以从以下角度对农村居民点整治进行探讨。①在宏观层面上，立足宅基地财产属性和保障农民土地财产权益，强化农村居民点用地权能研究，尤其是农户宅基地流转背景下的农户用益物权及其增值收益分配机制研究。②在中观层面上，强化乡村地域系统的社会环境、经济环境、生产环境、政策环境等外部环境与农户居民点利用状况、空间区位选择等方面的共生演变探测技术研究，完善农村居民点整治潜力测算技术；同时，在新农村建设背景下，探索促进农村居民点高效集约利用的空间重构体系，加强对农户空间重构决策影响因素识别技术的研究。③在微观层面上，着重研究农户行为方式及其收入水平与农村居民点利用的耦合机制，为分类指导农户居民点用地标准提供政策依据，并综合考虑农户空间重构意愿建立农村居民点整治的决策技术体系。

参 考 文 献

陈昌玲，许明军，诸培新，等. 2020. 近 30 年来江苏省农村居民点时空格局演变及集约利用变化 [J]. 长江流域资源与环境，29（10）：2124-2135.

陈娟，黄成. 2012. 新农村居住区建设中地域文化景观研究——以徽州地域为例 [J]. 攀枝花学院学报，29（6）：55-57.

陈霄. 2012. 农民宅基地退出意愿的影响因素——基于重庆市"两翼"地区 1012 户农户的实证分析 [J]. 中国农村观察，（3）：26-36，96.

陈志文，李惠娟. 2007. 中国江南农村居住空间结构模式分析 [J]. 农业现代化研究，28（1）：15-19.

陈竹安，曾令权，张立亭. 2011. 瑞金市典型村农村居民点内部结构差异分析及整理潜力测算 [J]. 中国农学通报，27（14）：146-150.

程世丹. 2003. 三峡地区的传统聚居建筑 [J]. 武汉大学学报（工学版），36（5）：94-97.

丁建军，王璋，余方薇. 2021. 精准扶贫驱动贫困乡村重构的过程与机制——以十八洞村为例 [J]. 地理学报，76（10）：2568-2584.

董春，罗玉波，刘纪平，等. 2005. 基于 Poisson 对数线性模型的居民点与地理因子的相关性研究［J］．中国·人口资源与环境，15（4）：79-84.

董光龙，许尔琪，张红旗．2019．华北平原不同乡村发展类型农村居民点的比较研究［J］．中
　　国农业资源与区划，40（11）：1-8.

范少言，陈宗兴．1995．试论农村居民点空间结构的研究内容［J］．经济地理，15（2）：
　　44-47.

房艳刚，刘继生．2009．集聚型农业村落文化景观的演化过程与机理——以山东曲阜峪口村为
　　例［J］．地理研究，28（4）：969-978.

房艳刚，梅林，刘继生，等．2012．近30年冀鲁豫农业村落民宅景观演化过程与机理［J］．
　　地理研究，31（2）：220-233.

冯艳芳，王鹏飞．2018．北京市农村空间重构演变分析［J］．中国农业资源与区划，39（6）：
　　42-50，78.

冯应斌，蒋丹桂，张丽．2018．侗族村寨聚居空间演变特征分析——以贵州黎平高寅侗寨为
　　例［J］．西南师范大学学报（自然科学版），43（11）：120-124.

冯应斌，龙花楼．2020．中国山区乡村聚落空间重构研究进展与展望［J］．地理科学进展，
　　39（5）：866-879.

冯长春，赵若曦，古维迎．2012．中国农村居民点用地变化的社会经济因素分析［J］．中国·
　　人口资源与环境，22（3）：6-12.

冯祉烨，吴必虎，高璟．2020．乡村聚落生活空间重构特征及驱动因素研究——以重庆市龙王
　　村干柏组为例［J］．西北师范大学学报（自然科学版），56（1）：91-97.

甘枝茂，甘锐，岳大鹏，等．2004．延安、榆林黄土丘陵沟壑区农村居民点土地利用研
　　究［J］．干旱区资源与环境，18（4）：101-104.

高佳，李世平．2014．城镇化进程中农户土地退出意愿影响因素分析［J］．农业工程学报，
　　（6）：212-220.

龚宏龄，林铭海．2019．推拉理论视域农民宅基地退出意愿及其影响因素——基于重庆市的调
　　查数据［J］．湖南农业大学学报（社会科学版），20（2）：24-30.

辜寄蓉，何勇，蒋谦．2015．农村居民点分布的空间模式识别方法［J］．测绘科学，40（5）：
　　63-70.

关江华，黄朝禧，胡银根．2013．基于Logistic回归模型的农户宅基地流转意愿研究——以微观
　　福利为视角［J］．经济地理，（8）：128-133.

关小克，王秀丽，张佰林，等．2018．不同经济梯度区典型农村居民点形态特征识别与调
　　控［J］．经济地理，38（10）：190-200.

关小克，张凤荣，刘春兵，等．2013．平谷区农村居民点用地的时空特征及优化布局研
　　究［J］．资源科学，35（3）：536-544.

郭爱请，秦岭，刘巧芹．2013．基于农户意愿的河北省农村居民点集约用地标准探讨［J］．资
　　源开发与市场，29（3）：248-252.

郭晓东，马利邦，张启媛．2012a．基于GIS的秦安县农村居民点空间演变特征及其驱动机制研
　　究［J］．经济地理，32（7）：56-62.

郭晓东，牛叔文，刘正广，等．2008．陇中黄土丘陵区农村居民点发展及其空间扩展特征研

究［J］. 干旱区资源与环境, 22（12）: 17-23.

郭晓东, 张启媛, 马利邦. 2012b. 山地—丘陵过渡区农村居民点空间分布特征及其影响因素分析［J］. 经济地理, 32（10）: 114-120.

郭炎, 唐鑫磊, 陈昆仑, 等. 2018. 武汉市乡村聚落空间重构的特征与影响因素［J］. 经济地理, 38（10）: 180-189.

韩非, 蔡建明. 2011. 中国半城市化地区农村居民点的形态演变与重建［J］. 地理研究, 30（7）: 1271-1284.

韩文静. 2014. 基于 Probit 模型的农村居民点整理意愿影响因素分析［J］. 北京农业,（3）: 272-273.

何金廖, 宗跃光, 张雷. 2007. 湘中丘陵地区乡村文化景观的演化及其机理分析［J］. 南京师大学报（自然科学版）, 30（4）: 94-98.

何娟娟, 石培基, 高小琛, 等. 2013. 农村居民点整理意愿影响因素分析——以张掖市甘州区为例［J］. 干旱区资源与环境,（10）: 38-43.

和文超, 师学义, 文胜欢, 等. 2012. 农村宅基地用地类型划分与用地标准［J］. 农业工程学报, 28（6）: 253-258.

黄贻芳. 2013. 农户参与宅基地退出的影响因素分析——以重庆市梁平县为例［J］. 华中农业大学学报（社会科学版）,（3）: 36-41.

姜广辉, 张凤荣, 陈军伟, 等. 2007. 基于 Logistic 回归模型的北京山区农村居民点变化驱动力分析［J］. 农业工程学报, 23（5）: 81-87.

姜鑫, 王鹏飞. 2020. 北京市乡村重构特征及其驱动机制探析［J］. 农村经济与科技, 31（14）: 191-193.

雷振东. 2005. 整合与重构——关中农村居民点转型研究［D］. 西安: 西安建筑科技大学.

类淑霞, 袁顺全, 张伟. 2016. 东北商品粮基地农村居民点用地标准研究——以黑龙江省为例［J］. 农村经济与科技, 27（19）: 1-4.

李伯华, 曾菊新. 2008. 农户居住空间行为演变的微观机制研究——以武汉市新洲区为例［J］. 地域研究与开发,（5）: 30-35.

李红波, 张小林, 吴江国, 等. 2012. 欠发达地区农村居民点景观空间分布特征及其影响因子分析——以安徽省宿州地区为例［J］. 地理科学, 32（6）: 711-716.

李红波, 张小林, 吴启焰. 2015. 发达地区乡村聚落空间重构的特征与机理研究——以苏南为例［J］. 自然资源学报, 30（4）: 591-603.

李君. 2013. 论农户居住区位选择的"场势效应"与调控［J］. 农业现代化研究, 34（6）: 708-711.

李君, 陈长瑶. 2012. 农户居住区位选择的环境和驱动因素［J］. 农业现代化研究, 33（5）: 617-621.

李盼盼. 2012. 基于农民视角下的农村居民点整理研究［D］. 重庆: 西南大学.

李天宇, 陆林, 张晓瑶. 2021. 旅游驱动乡村社会重构的特征与机制研究——以湖州顾渚村为例［J］. 中国生态旅游, 11（3）: 332-348.

李阳兵, 李睿康, 罗光杰, 等. 2018. 贵州典型峰丛洼地地区近50年村落演变规律及驱动机

制 [J]. 生态学报, 38 (7): 2523-2535.

李瑛, 陈宗兴. 1994. 陕南农村居民点体系的空间分析 [J]. 人文地理, 9 (3): 13-21.

李裕瑞, 刘彦随, 龙花楼. 2010. 中国农村人口与农村居民点用地的时空变化 [J]. 自然资源学报, 25 (10): 1629-1638.

李云强, 齐伟, 王丹, 等. 2011. GIS 支持下山区县域农村居民点分布特征研究——以栖霞市为例 [J]. 地理与地理信息科学, 27 (3): 73-77.

李智, 刘劲松. 2021. 冀南平原典型农业村落转型特征及成长机制 [J]. 地理学报, 76 (4): 939-954.

林崇德, 姜璐, 王德胜, 等. 1994. 中国成人教育百科全书 (地理·环境) [M]. 海口: 南海出版社.

刘继来, 刘彦随, 李裕瑞, 等. 2018. 2007—2015 年中国农村居民点用地与农村人口时空耦合关系 [J]. 自然资源学报, 33 (11): 1861-1871.

刘建生, 郧文聚, 赵小敏, 等. 2013. 农村居民点重构典型模式对比研究——基于浙江省吴兴区的案例 [J]. 中国土地科学, 27 (2): 46-53.

刘洁, 王瑷玲, 姜曙千, 等. 2012. 胶州市胶北镇 10 个村庄土地集约利用水平评价 [J]. 农业工程学报, 28 (增刊 1): 244-249.

刘晶, 金晓斌, 范业婷, 等. 2018. 基于 "城—村—地" 三维视角的农村居民点整理策略——以江苏省新沂市为例 [J]. 地理研究, 37 (4): 678-694.

龙花楼, 李裕瑞, 刘彦随. 2009. 中国空心化村庄演化特征及其动力机制 [J]. 地理学报, 64 (10): 1203-1213.

陆大道, 杜德斌. 2013. 关于加强地缘政治地缘经济研究的思考 [J]. 地理学报, 68 (6): 723-727.

罗雅丽, 张常新, 刘卫东. 2015. 镇村空间结构重构相关理论研究述评 [J]. 地域研究与开发, 34 (4): 48-53, 94.

马佳, 韩桐魁. 2008. 基于集约利用的农村居民点用地标准探讨——以湖北省孝感市孝南区为例 [J]. 资源科学, 30 (6): 955-960.

马雯秋, 何新, 姜广辉, 等. 2018. 基于土地功能的农村居民点内部用地结构分类 [J]. 农业工程学报, 34 (4): 269-277.

冒亚龙, 葛毅鹏, 关杰灵, 等. 2020. 乡村聚落及农宅重构演变规律及动因研究——以豫西普通乡村为例 [J]. 小城镇建设, 38 (4): 88-98.

闵婕, 杨庆媛. 2016. 三峡库区乡村聚落空间演变及驱动机制——以重庆万州区为例 [J]. 山地学报, 34 (1): 100-109.

莫红川, 王如渊, 曾琨, 等. 2022. 西南丘陵山区农村居民点空间重构——以四川省南部县为例 [J]. 西华师范大学学报 (自然科学版), 43 (2): 218-224.

欧阳国辉, 王轶. 2011. 社会转型期农村居住形态研究 [J]. 湖南师范大学自然科学学报, 34 (3): 90-94.

潘娟, 邱道持, 尹娟. 2012. 不同兼业类型农户的居民点用地选址及影响因素研究 [J]. 西南师范大学学报 (自然科学版), 37 (9): 80-84.

钱家乘, 张佰林, 刘虹吾, 等. 2020. 东部旅游特色山区乡村发展分化及其驱动力——以浙江省平阳县为例 [J]. 地理科学进展, 39 (9): 1460-1472.

曲衍波. 2020. 论乡村聚落转型 [J]. 地理科学进展, 40 (4): 572-580.

曲衍波, 姜广辉, 张凤荣, 等. 2012. 基于农户意愿的农村居民点整治模式 [J]. 农业工程学报, 28 (23): 232-242.

曲衍波, 张凤荣, 郭力娜, 等. 2011. 京郊不同城市功能区农村居民点用地集约度的比较研究 [J]. 资源科学, 33 (4): 720-728.

邵帅. 2013. 城乡统筹背景下的县域城乡居民点体系重构研究 [D]. 西安: 西北大学.

邵玮, 李早, 叶茂盛. 2022. 基于聚类分析的徽州传统民居庭院空间形态与要素研究 [J]. 南方建筑, (1): 76-84.

邵子南, 陈江龙, 叶欠, 等. 2013. 基于农户调查的农村居民点整理意愿及影响因素分析 [J]. 长江流域资源与环境, 22 (9): 1117-1122.

师满江, 颉耀文, 曹琦. 2016. 干旱区绿洲农村居民点景观格局演变及机制分析 [J]. 地理研究, 35 (4): 692-702.

石诗源, 鲍志良, 张小林. 2010. 村域农村居民点景观格局及其影响因素分析——以宜兴市 8 个村为例 [J]. 中国农学通报, 26 (8): 290-293.

宋伟. 2012a. 经济欠发达区域农村居民点用地标准研究——以吉林省舒兰县为例 [J]. 中国农学通报, 28 (2): 129-133.

宋伟. 2012b. 农村住宅功能的区域分异规律研究 [J]. 中国农学通报, 28 (20): 198-203.

宋伟, 陈百明, 吴建寨. 2012. 近年来中国农村居住形式的发展变化 [J]. 经济地理, 32 (6): 110-113.

孙道亮, 洪步庭, 任平. 2020. 都江堰市农村居民点时空演变与驱动因素研究 [J]. 长江流域资源与环境, 29 (10): 2167-2176.

孙建伟, 孔雪松, 田雅丝, 等. 2017. 基于空间组合特征的农村居民点重构方向识别 [J]. 地理科学, 37 (5): 748-755.

孙莹. 2010. 农户决策行为影响因素及其利益保障机制实证探究 [J]. 现代商贸工业, (3): 78-79.

谭雪兰, 张炎思, 谭洁, 等. 2016. 江南丘陵区农村居民点空间演变特征及影响因素研究——以长沙市为例 [J]. 人文地理, 31 (1): 89-93, 139.

谭雪兰, 周国华, 朱苏晖, 等. 2015. 长沙市农村居民点景观格局变化及地域分异特征研究 [J]. 地理科学, 35 (2): 204-210.

田光进, 刘纪远, 张增祥, 等. 2002. 基于遥感与 GIS 的中国农村居民点规模分布特征 [J]. 遥感学报, 6 (4): 307-312.

田鹏, 李加林, 史小丽, 等. 2019. 农村居民点时空变化特征及影响因素分析——以宁波市象山县为例 [J]. 山地学报, 37 (2): 271-283.

佟艳, 牛海鹏, 樊良新, 等. 2017. 农户闲置宅基地退出意愿及影响因素研究——以河南省为例 [J]. 干旱区资源与环境, 31 (10): 26-30.

屠爽爽, 龙花楼. 2020. 乡村聚落空间重构的理论解析 [J]. 地理科学, 40 (4): 509-517.

屠爽爽, 周星颖, 龙花楼, 等. 2019. 乡村聚落空间演变和优化研究进展与展望 [J]. 经济地理, 39 (11): 142-149.

王传胜, 孙贵艳, 孙威. 2011. 云南昭通市坡地农村居民点空间特征及其成因机制研究 [J]. 自然资源学报, 26 (2): 237-246.

王介勇, 刘彦随, 陈玉福. 2010. 黄淮海平原农区典型村庄用地扩展及其动力机制 [J]. 地理研究, 29 (10): 1833-1840.

王介勇, 刘彦随, 陈玉福. 2012. 黄淮海平原农区农户空心村整治意愿及影响因素实证研究 [J]. 地理科学, (12): 1452-1458.

王静, 徐峰. 2012. 村庄农村居民点空间形态发展模式研究 [J]. 北京农学院学报, 27 (2): 57-62.

王亚, 孟全省. 2017. 农户宅基地退出意愿及其影响因素分析——基于陕西省农户的调研 [J]. 湖南农业科学, (6): 102-106.

王勇, 李广斌. 2011. 苏南农村居民点功能三次转型及其空间形态重构——以苏州为例 [J]. 城市规划, 35 (7): 54-60.

王兆林, 林长兴, 谢晶. 2017. 农户兼业对宅基地退出意愿的影响因素分析——基于重庆864户农户的调查 [J]. 农业经济与管理, (5): 63-70.

王兆林, 王敏. 2021. 基于 TAM-PR 的农户宅基地退出决策影响因素——以重庆市为例 [J]. 资源科学, 43 (7): 1335-1347.

吴江国, 张小林, 冀亚哲, 等. 2013. 江苏镇江地区农村居民点体系的空间集聚性多级分形特征——以团聚状农村居民点体系为例 [J]. 长江流域资源与环境, 22 (6): 763-772.

吴金华, 李纪伟, 冯艳斌, 等. 2012. 基于 ArcGIS 距离制图和空间数据层次组织的统筹城乡居民点布局研究——以陕西志丹县旦八镇为例 [J]. 中国土地科学, 26 (12): 69-75.

吴文恒, 牛叔文, 郭晓东, 等. 2008. 黄淮海平原中部地区村庄格局演变实证分析 [J]. 地理研究, 27 (5): 1017-1026.

吴远来, 严金明, 李莉莉. 2007. 大都市郊区农村居民点用地整理的约束条件与激励机制研究——以北京市大兴区为例 [J]. 兰州学刊, (10): 83-85.

肖飞, 杜耘, 凌峰, 等. 2012. 江汉平原村落空间分布与微地形结构关系探讨 [J]. 地理研究, 31 (10): 1785-1792.

肖路遥, 周国华, 唐承丽, 等. 2019. 常宁市乡村聚落空间格局特征及优化研究 [J]. 湖南师范大学自然科学学报, 42 (3): 10-17.

信桂新, 阎建忠, 杨庆媛. 2012. 新农村建设中农户的居住生活变化及其生计转型 [J]. 西南大学学报 (自然科学版), 34 (2): 122-130.

徐冰, 夏敏. 2012. 南京市农村居民点整理农民意愿影响因素分析 [J]. 浙江农业科学, (11): 1599-1601.

徐小峰, 胡银根, 何安琪, 等. 2012. 基于 Logistic 模型的农民宅基地退出意愿分析 [J]. 安徽农业科学, (31): 15542-15545.

徐州, 林孝松, 余情, 等. 2018. 巫山县农村居民点分布与地形因子关系 [J]. 水土保持研究, 25 (4): 338-343.

严金海，王彬，郑文博．2022．乡土依恋、城市融入与乡城移民宅基地退出意愿——基于福建厦门的调查［J］．中国土地科学，36（1）：20-29.

杨斌，王占岐，张红伟，等．2021．高山贫困地区农村居民点空间格局演变特征及驱动机制［J］.农业工程学报，37（4）：285-293.

杨立，郝晋珉，王绍磊，等．2011．基于空间相互作用的农村居民点用地空间结构优化［J］.农业工程学报，27（10）：308-315.

杨丽霞，李胜男，苑韶峰，等．2019．宅基地多功能识别及其空间分异研究——基于嘉兴、义乌、泰顺的典型村域分析［J］.中国土地科学，33（2）：49-56.

杨忍．2017．基于自然主控因子和道路可达性的广东省乡村聚落空间分布特征及影响因素［J］.地理学报，72（10）：1859-1871.

杨忍．2021．珠三角地区典型淘宝村重构过程及其内在逻辑机制［J］.地理学报，76（12）：3076-3089.

杨玉珍．2012．城市边缘区农户宅基地腾退动机影响因素研究［J］.经济地理，32（12）：151-156.

杨知洁，车生泉．2010．上海农村居民点形态及景观风貌浅析［J］.上海交通大学学报（农业科学版），28（3）：225-231.

应苏辰，鲍捷，王浚洋．2020．生态约束背景下的乡村重构过程与驱动因素研究——以黄山市歙县深渡镇绵潭村为例［J］.亚热带资源与环境学报，15（4）：59-69.

于伟，刘本城，宋金平．2016．城镇化进程中农户宅基地退出的决策行为及影响因素［J］.地理研究，35（3）：551-560.

袁洁，杨钢桥，朱家彪．2008．农村居民点用地变化驱动机制——基于湖北省孝南区农户调查的研究［J］.经济地理，28（6）：991-994.

岳邦瑞，李玥宏，王军．2011a．水资源约束下的绿洲乡土农村居民点形态特征研究——以吐鲁番麻扎村为例［J］.干旱区资源与环境，25（10）：80-85.

岳邦瑞，王庆庆，侯全华．2011b．人地关系视角下的吐鲁番麻扎村绿洲农村居民点形态研究［J］.经济地理，31（8）：1345-1350.

张丹丹，娄志强．2021．豫南乡村空间特色及影响因素重构研究［J］.湖北农业科学，60（15）：204-208.

张德元．2011．农村宅基地的功能变迁研究［J］.调研世界，（11）：21-23.

张桂芳，杨玉珍．2016．宅基地闲置程度及退出影响因素分析［J］.中国土地，（3）：23-25.

张辉．2009．不同类型农村居民点用地标准研究［J］.中山大学研究生学刊（自然科学、医学版），30（1）：35-54.

张京祥，赵小林，张伟．2002．试论农村居民点体系的规划组织［J］.人文地理，17（1）：85-96.

张军连，李宪海，郭敬，等．2011．基于总量控制与分层监管的农村宅基地用地标准研究［J］.经济研究导刊，（6）：45-54.

张俊峰，张安录，董捷．2013．基于生态位适宜度的农村居民点分区布局研究——以武汉市新洲区为例［J］.华中农业大学学报（社会科学版），（4）：96-101.

张荣天，张小林，李传武 . 2013. 镇江市丘陵区农村居民点空间格局特征及其影响因素分析 ［J］. 长江流域资源与环境，22（3）：272-278.

张晓平，王海玲，刘嘉豪 . 2020. 欠发达农区农村居民点内部用地结构演变研究 ［J］. 中国农业资源与区划，41（6）：195-202.

张晓平，邹自力，刘红芳 . 2012. 基于城乡建设用地增减挂钩的农村居民点整理现实潜力研究 ［J］. 中国农学通报，28（2）：125-128.

张怡然，邱道持，李艳，等 . 2011a. 基于农户意愿的农村宅基地集约面积估算——以渝东北 11 区县为例 ［J］. 中国土地科学，25（1）：50-56.

张怡然，邱道持，李艳，等 . 2011b. 基于效用函数的农村宅基地用地标准研究——以渝东北 11 区县为例 ［J］. 资源科学，33（1）：120-126.

张玉英，王成，王利平，等 . 2012. 兴坝村浅丘带坝区不同类型农户农村居民点文化景观特征研究 ［J］. 中国土地科学，26（11）：45-53.

张长春，王慧敏，于秋玲，等 . 2013. 基于 Logistic 模型的农户退出宅基地意愿影响因素——以河北省为例 ［J］. 江苏农业科学，（2）：416-418.

张正峰，吴沅箐，杨红 . 2013. 两类农村居民点整治模式下农户整治意愿影响因素比较研究 ［J］. 中国土地科学，（9）：85-91.

赵多平，赵伟佚，撒小龙，等 . 2022. 宁夏生态移民社区生活空间融合与重构的影响因素及机理——以宁夏闽宁镇为例 ［J］. 自然资源学报，37（1）：121-134.

赵海军，包倩，刘洋 . 2013. 基于农户意愿的农村居民点整理影响因素分析——以邗江区为实证研究 ［J］. 农村经济与科技，（7）：5-7.

赵帅华，王成，李晓庆，等 . 2012. 基于农户行为响应的农村居民点整合模式探析——以重庆市合川区兴坝村为例 ［J］. 资源科学，34（8）：1477-1483.

赵之枫 . 2003. 城市化加速时期村庄结构的变化 ［J］. 规划师，19（1）：71-73.

周丙娟，饶盼 . 2014. 基于农户视角下的宅基地退出意愿实证分析 ［J］. 江西农业学报，（4）：121-124.

周传发 . 2009. 论三峡传统聚居与民居形态的地域特征 ［J］. 三峡大学学报（人文社会科学版），31（2）：5-8.

周国华，贺艳华，唐承丽，等 . 2011. 中国农村聚居演变的驱动机制及态势分析 ［J］. 地理学报，66（4）：515-524.

周婧，杨庆媛，信桂新，等 . 2010. 贫困山区农户兼业行为及其居民点用地形态——基于重庆市云阳县 568 户农户调查 ［J］. 地理研究，29（10）：1767-1769.

周玄德，邓祖涛，梁滨，等 . 2021. 长江经济带农村居民点时空格局演变特征 ［J］. 湖北经济学院学报，19（3）：90-96，128.

周芸，唐丽，华欣 . 2013. 浅析豫西南山地传统石板民居的农村居民点空间及建筑特征——以淅川县土地岭村为例 ［J］. 河南科学，31（3）：336-341.

朱向东，郝彦鑫 . 2012. 传统农村居民点与民居形态特征初探——以山西平顺奥治村为例 ［J］. 中华民居，（12）：48-49.

朱晓华，陈秋分，刘彦随，等 . 2010a. 空心村土地整治潜力调查与评价技术方法——以山东省

禹城市为例 [J]. 地理学报, 65 (6): 736-744.

朱晓华, 丁晶晶, 刘彦随, 等. 2010b. 村域尺度土地利用现状分类体系的构建与应用——以山东禹城牌子村为例 [J]. 地理研究, 29 (5): 883-890.

邹利林, 王占岐, 王建英. 2012. 山区农村居民点空间布局与优化 [J]. 中国土地科学, 26 (9): 71-77.

Cho S H, Newman D H. 2005. Spatial analysis of rural land development [J]. Forest Policy and Economics, 7 (5): 732-744.

Clark J K, McChesney R, Munroe D K, et al. 2009. Spatial characteristics of exurban settlement pattern in the United States [J]. Landscape and Urban Planning, 90 (3-4): 178-188.

Hill M. 2003. Rural Settlement and the Urban Impact on the Countryside [M]. London: Hodder & Stoughton.

Juan P, Jorge P, Ramón D, et al. 2013. A population-based iterated greedy algorithm for the delimitation and zoning of rural settlements [J]. Computers, Environment and Urban Systems, (39): 12-26.

Kathryn W. 2011. Relative acceptance of traditional and non-traditional rural landuses: Views of residents in two regions, southern Australia [J]. Landscape and Urban Planning, (103): 55-63.

Marjanne S, Marc A. 2007. Settlement models, land use and visibility in rural landscapes: Two case studies in Greece [J]. Landscape and Urban Planning, (80): 362-374.

Michael P. 1984. Rural Geography [M]. London: Harper Row.

Olena D, Richard S, Johannes F. 2011. Spatial-temporal modeling of informal settlement development in Sancaktepe district, Istanbul, Turkey [J]. Journal of Photogrammetry and Remote Sensing, (66): 235-246.

Porta J, Parapar J, Doallo R, et al. 2013. High performance genetic algorithm for land use planning [J]. Computers. Environment and Urban Systems, 37: 45-58.

Robinson P S. 2003. Implication of rural settlement patterns for development: A historical case study in Qaukeni, Eastern Cape, South Africa [J]. Development Southern Africa, 20 (3): 405-421.

Su K, Hu B, Shi K, et al. 2019. The structural and functional evolution of rural homesteads in mountainous areas: A case study of Sujiaying Village in Yunnan Province, China [J]. Land Use Policy, 88 (81): 104100.

Williams K. 2011. Relative acceptance of traditional and non-traditional rural land uses: Views of residents in two regions, southern Australia [J]. Landscape and Urban Planning, 103 (1): 55-63.

第3章 丘陵山区农村居民点用地规模 及其空间结构特征

在快速城镇化、市场化和城乡融合发展背景下，中国广大农村地区资源要素不断重组，社会经济逐渐转型。农村居民点作为农村人口聚居的主要形态和场所，是农村人地关系的核心，探讨丘陵山区农村居民点用地空间特征，对揭示丘陵山区农村居民点发展规律、优化农村国土空间格局具有重要意义。本章在分析重庆市农村居民点用地总量和空间分异特征的基础上，总结重庆市人均农村居民点用地情况和空间格局，并以重庆市两江新区为例，对丘陵山区农村居民点用地空间结构特征开展实证分析，旨在为优化丘陵山区农村居民点用地布局提供指导。

3.1 丘陵山区农村居民点用地总量现状及空间分异

3.1.1 农村居民点用地总量分析

土地利用变化反映在不同土地利用类型面积的变化上。从数量方面分析土地利用特征是研究土地利用变化的重要手段之一，数量分析不仅是深层次分析的基础，其本身也可以直观反映各类土地的变化态势、增减情况及用地的转化方向（王秀兰和包玉海，1999）。对重庆市农村居民点用地总量进行分析，了解重庆市农村居民点利用现状及动态变化情况，可为农村建设用地整治潜力等分析提供依据。

2018 年重庆市建设用地面积为 692 598.58hm^2，其中农村居民点用地面积为 353 792.36hm^2，占建设用地面积的 51.08%，即农村居民点用地超过重庆市建设用地总量的一半。其中，主城都市区农村居民点用地占建设用地总量的 42.54%，渝东北三峡库区城镇群农村居民点用地占建设用地总量的 67.32%，渝东南武陵山区城镇群农村居民点用地占建设用地总量的 60.54%（表 3-1）。

表 3-1　2018 年重庆市各区县农村居民点用地占建设用地面积比例

空间格局分区	区县名称	建设用地/hm²	农村居民点/hm²	农村居民点用地占建设用地比例/%
主城都市区	渝中区	1 794.42	—	—
	大渡口区	5 346.22	685.35	12.82
	江北区	11 566.11	893.86	7.73
	沙坪坝区	18 784.79	3 655.57	19.46
	九龙坡区	19 111.96	3 879.65	20.30
	南岸区	12 629.64	1 639.24	12.98
	北碚区	18 260.36	4 784.54	26.20
	大足区	22 742.16	12 743.76	56.04
	渝北区	44 176.11	8 580.40	19.42
	巴南区	23 119.57	10 145.21	43.88
	涪陵区	27 315.1	12 100.37	44.30
	长寿区	25 638.83	8 049.02	31.39
	江津区	38 396.02	22 861.18	59.54
	合川区	28 528.62	16 528.31	57.94
	永川区	28 088.9	15 485.75	55.13
	南川区	15 160.93	8 228.54	54.27
	綦江区	22 212.58	11 631.80	52.37
	潼南区	19 082.85	13 094.84	68.62
	铜梁区	17 995.06	10 965.99	60.94
	荣昌区	17 744.15	10 814.02	60.94
	璧山区	15 872.15	7 655.13	48.23
	区域	433 566.53	184 422.53	42.54
渝东北三峡库区城镇群	万州区	34 747.90	20 085.16	57.80
	梁平区	18 610.73	13 212.39	70.99
	城口县	5 090.31	3 197.51	62.82
	丰都县	15 244.4	9 573.10	62.80
	垫江县	16 820.1	11 567.63	68.77
	忠县	16 690.76	11 690.21	70.04
	开州区	22 435.17	15 865.63	70.72
	云阳县	16 221.16	10 927.07	67.36
	奉节县	17 204.96	12 368.38	71.89
	巫山县	12 361.16	8 792.07	71.13
	巫溪县	9 655.77	7 318.36	75.79
	区域	185 082.42	124 597.51	67.32

续表

空间格局分区	区县名称	建设用地/hm²	农村居民点/hm²	农村居民点用地占建设用地比例/%
渝东南武陵山区城镇群	石柱县	12 212.05	7 044.11	57.68
	秀山县①	12 512.29	7 538.75	60.25
	酉阳县②	15 032.3	10 310.68	68.59
	彭水县③	11 546.64	7 663.00	66.37
	黔江区	12 119.29	6 904.31	56.97
	武隆区	10 527.06	5 311.47	50.46
	区域	73 949.63	44 772.32	60.54

注：①秀山土家族苗族自治县；②酉阳土家族苗族自治县；③彭水苗族土家族自治县

3.1.2 总量变化的空间分异

探讨农村居民点总量变化的空间分异特征是研究农村居民点空间重构的基础（陈昌玲等，2020）。重庆市集"大城市、大农村、大山区、大库区"于一体，自然环境、资源禀赋、区位交通、社会经济发展水平等均存在显著的空间异质性，因而各区县之间的农村居民点总量及其变化也存在较大的空间差异。

由图 3-1 可以看出，2008～2018 年，重庆市各区县建设用地规模变化总体呈现出"一高两低"的空间分异特征，即主城都市区建设用地年均增长率较高，渝东北三峡库区城镇群和渝东南武陵山区城镇群的建设用地年均增长率较低。其中，江北区、渝北区、北碚区、涪陵区、武隆区等区的建设用地年均增长率处于较高水平，年均增长速度较快。而秀山县、开州区、彭水县、铜梁区、梁平区等区县的建设用地出现负增长，2008～2018 年建设用地呈减少态势。由图 3-2 可以看出，2008～2018 年，重庆市大部分区县的农村居民点呈减少态势，主要集中分布在渝东北三峡库区城镇群和渝东南武陵山区城镇群。农村居民点变化的空间格局与建设用地变化的空间格局大体一致。

自 2008 年重庆市开展"地票"交易以来，诸多区县的闲置废弃农村居民点用地逐渐被复垦，这些地区大部分属于生态环境脆弱区，如秀山县、彭水县、开州区等区县。由表 3-2 可知，建设用地呈负增长的大部分区县的农村居民点减少量比其建设用地减少量大得多，意味着这些区县其他建设用地有所增加，由此可以看出农村居民点的减少是这些区域建设用地规模减小的主要原因。

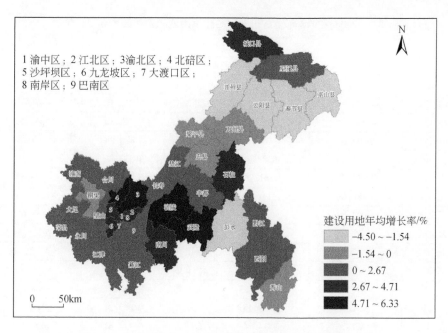

图 3-1　2008～2018 年重庆市各区县建设用地年均增长率

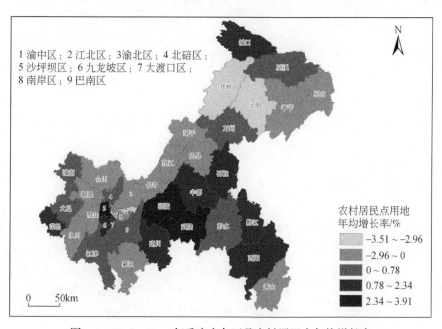

图 3-2　2008～2018 年重庆市各区县农村居民点年均增长率

表 3-2　2008～2018 年重庆市各区县建设用地和农村居民点变化情况

（单位：hm²）

区县	建设用地变化量	农村居民点变化量	区县	建设用地变化量	农村居民点变化量
渝中区	50.87	0	荣昌区	3 287.60	1 230.41
大渡口区	1 636.91	121.68	璧山区	2 827.18	-164.98
江北区	4 269.12	-383.47	万州区	-97.20	534.36
沙坪坝区	6 402.65	1 120.57	梁平区	-820.88	-1 857.41
九龙坡区	5 264.86	638.54	城口县	1 533.86	441.20
南岸区	3 931.72	-181.26	丰都县	3 220.60	1 975.82
北碚区	7 780.66	335.10	垫江县	776.38	-1 590.04
大足区	4 097.89	403.83	忠县	-1 249.57	-168.60
渝北区	18 767.00	-1 079.41	开州区	-3 767.62	-5 558.50
巴南区	5 352.22	301.98	云阳县	-3 926.96	-4 672.76
涪陵区	12 525.13	3 854.30	奉节县	-3 210.81	-799.00
长寿区	3 611.97	-1 025.83	巫山县	-7 233.52	-308.16
江津区	8 032.39	1 699.18	巫溪县	1 063.21	91.51
合川区	1 467.76	-534.24	石柱县	4 172.81	825.90
永川区	4 304.51	-854.72	秀山县	-184.76	-1 767.85
南川区	4 178.10	1 635.43	酉阳县	1 043.76	1 550.60
綦江区	3 380.47	-522.71	彭水县	-2 732.40	137.25
潼南区	2 537.96	342.81	黔江区	2 738.84	897.16
铜梁区	-75.01	-2 301.44	武隆区	4 470.39	1 512.06

3.2　丘陵山区人均农村居民点用地现状及空间分异

3.2.1　重庆市各区县人均农村居民点用地分析

2018 年重庆市人均农村居民点用地为 202.41m²，是《镇规划标准》（GB 50188—2007）最大值 140m² 的 1.45 倍。各区县的人均农村居民点用地面积差异较大，沙坪坝区人均农村居民点用地面积最大，达 381.58m²，远远超出平均值 179.17m²；除去没有农村人口的渝中区和大渡口区，云阳县人均农村居民点用地水平最低，为 123.48m²，近乎平均值的 3/5，最大值与最小值相差 258.10m²（表 3-3）。

表 3-3　2018 年重庆市各区县人均农村居民点用地面积　（单位：m²）

区县	人均农村居民点用地	区县	人均农村居民点用地
万州区	199.08	璧山区	248.62
黔江区	214.49	铜梁区	241.86
涪陵区	189.81	潼南区	236.28
渝中区	—	荣昌区	252.37
大渡口区	—	开州区	150.91
江北区	249.68	梁平区	238.62
沙坪坝区	381.58	武隆区	179.68
九龙坡区	260.2	城口县	176.37
南岸区	318.92	丰都县	166.84
北碚区	240.91	垫江县	205.43
渝北区	255.14	忠县	174.48
巴南区	280.56	云阳县	123.48
长寿区	159.54	奉节县	158.94
江津区	296.71	巫山县	186.79
合川区	209.8	巫溪县	207.26
永川区	247.49	石柱县	182.07
南川区	208.05	秀山县	162.44
綦江区	197.18	酉阳县	177.95
大足区	226.56	彭水县	154.56

3.2.2　重庆市人均农村居民点用地规模类型空间分异

3.2.2.1　人均农村居民点用地规模类型划分

根据《镇规划标准》人均建设用地分级指标，利用 2018 年重庆市人均农村居民点用地面积差异，可把重庆市各区县人均农村居民点用地规模划分为 5 个类型：合标型、低度超标型、中度超标型、严重超标型和极度超标型（表 3-4）。

表 3-4　2018 年重庆市人均农村居民点用地规模类型

人均农村居民点用地规模类型	规划标准/(m²/人)	区县名称
合标型	<140	渝中区、大渡口区、云阳县
低度超标型	140~200	万州区、涪陵区、长寿区、綦江区、开州区、武隆区、城口县、丰都县、忠县、奉节县、巫山县、石柱县、秀山县、酉阳县、彭水县
中度超标型	201~250	黔江区、江北区、北碚区、合川区、永川区、南川区、大足区、璧山区、铜梁区、潼南区、梁平区、垫江县、巫溪县

人均农村居民点用地规模类型	规划标准/(m²/人)	区县名称
严重超标型	251~300	九龙坡区、渝北区、巴南区、江津区、荣昌区
极度超标型	>300	沙坪坝区、南岸区

3.2.2.2 重庆市人均农村居民点用地规模类型空间差异

2018年人均农村居民点用地规模低度超标型分布较为集中，主要集中在渝东北三峡库区城镇群和渝东南武陵山区城镇群的大部分区县：万州区、开州区、武隆区、城口县、丰都县、忠县、奉节县、巫山县、石柱县、秀山县、酉阳县、彭水县，少部分分散于主城都市的涪陵区、长寿区、綦江区；中度超标型分布广泛，主要集中在主城都市区，还分布在渝东北三峡库区城镇群的垫江县、梁平区、巫溪县，渝东南武陵山区城镇群的黔江区；严重超标型分布较为分散，主要集中在主城都市区的部分区县：九龙坡区、渝北区、巴南区、江津区、荣昌区；极度超标型仅有沙坪坝区和南岸区（图3-3）。

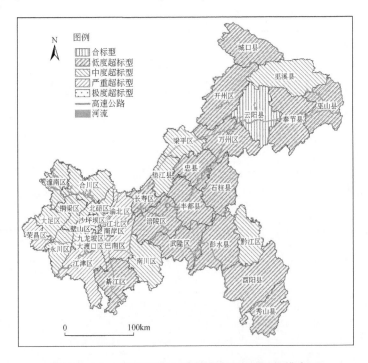

图3-3　2018年重庆市人均农村居民点用地规模类型

3.3 丘陵山区都市边缘区农村居民点用地特征分析：重庆市两江新区实证

3.3.1 研究区域概况

3.3.1.1 自然地理概况

两江新区是较为典型的山地都市边缘区，位于东经106°26′4″~106°45′35″，北纬29°33′54″~29°54′2″，地处重庆市都市主城区长江以北、嘉陵江以东，属川东平行岭谷区，地势整体由西北向东南河谷缓慢倾降，中梁山、龙王洞山、铜锣山、明月山四座东北—西南走向的山脉与宽谷丘陵交互组成平行岭谷，低山丘陵占研究区面积的80%以上，山丘广布、地形崎岖、高低悬殊，属于典型的低山丘陵区。该区为典型中亚热带湿润季风气候区，具有气候温和、冬暖春早、雨量充沛、初夏多雨、夏多伏旱、冬多云雾、无霜期长、日照少、湿度大、风力小的气候特点；年均气温约18℃，年均降水量约1090mm，地质灾害主要有崩塌、滑坡等，主要分布于库岸沿线和农村地区。区域内水系河网发达，水资源丰富，长江在两江新区境内长514km。除长江、嘉陵江等干流外，区内还分布有御临河、黑水滩河、后河3条长江的一级支流，以及白云水库、卫星水库等248个水库。区内土壤主要有水稻土、紫色土、冲积土、黄壤土4个土类，以及紫色土性水稻土、棕紫色泥土、黄壤性水稻土、河流冲积土4个亚类。

3.3.1.2 范围及行政区划

重庆市两江新区是继上海市浦东新区和天津市滨海新区之后的第三个国家级开发开放新区。全区面积约1200km²。按开发建设适宜性，可开发建设面积约550km²，其余为水域、不可开发利用的山地及原生态区；涉及江北区、渝北区、北碚区三个行政区，其中，江北区包括石马河街道、大石坝街道、华新街街道、观音桥街道、五里店街道、江北城街道、铁山坪街道、寸滩街道、郭家沱街道、复盛镇、鱼嘴镇等镇街，面积约206km²；渝北区包括回兴街道、龙溪街道、龙山街道、龙塔街道、双龙湖街道、双凤桥街道、悦来街道、人和街道、鸳鸯街道、翠云街道、天宫殿街道、大竹林街道、礼嘉街道①、木耳镇、古路镇、龙兴

---

① 2011年，撤销礼嘉镇，设立礼嘉街道。

镇、石船镇、玉峰山镇等镇街，面积约 810km²；北碚区包括水土街道①、复兴街道①、施家梁镇、蔡家岗街道②等，面积约 184km²（图 3-4）。

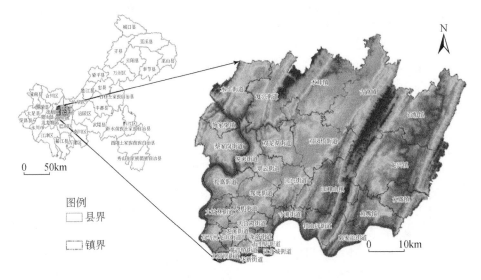

图 3-4　研究区区位及行政区划

3.3.1.3　经济社会发展概况

两江新区经济社会发展优势显著。两江新区基础设施完备、产业布局合理、交通区位明显，是渝新欧国际贸易大通道起点，也是连接西南国家贸易通道的重要节点；拥有长江上游金融中心核心区——江北嘴金融中心，中国内陆唯一的"水港+空港"双功能保税港区——两路寸滩保税港区，中西部最大的会展中心——悦来会展城，以及西部地区总部经济高地——"星座系列"总部经济产业楼宇。据渝北区、北碚区、江北区统计年鉴综合测算，2018 年末，两江新区常住人口为 335.78 万人，其中城镇人口 290.52 万人，农村人口 45.26 万人，常住人口城镇化率为 86.52%；户籍人口 262.6 万人，非农村人口 205.52 万人；2018 年末生产总值为 3121 亿元，同比增长 9%，其中，第一产业增加值为 40 亿元，比上年减少 10.7%，第二产业增加值 1183 亿元，比上年减少 11%，第三产业增加值 1898 亿元，较上年增加 37.1%；人均地区生产总值为 92 999 元；进出口总额 1851 亿元，较上年增长 9.5%；社会消费品零售总额 1363 亿元，较上年

① 2018 年，撤销水土镇，设立水土街道；撤销复兴镇，设立复兴街道。
② 2017 年，撤销蔡家岗镇，设立蔡家岗街道。

减少2.4%；乡村从业人员为36.19万人，较上年减少7.15%。

3.3.1.4　土地利用现状及其变化

2018年两江新区土地总面积为117 042.24hm²，其中耕地面积为30 572.05 hm²，占全区土地总面积的26.12%；园地面积为6477.08hm²，占全区土地总面积的5.53%，主要分布在施家梁镇、玉峰山镇、郭家沱镇、石船镇、水土街道及双龙湖街道；林地面积为22 558.34hm²，占全区土地总面积的19.27%。林地主要分布在玉峰山镇、铁山坪镇、复盛镇、龙兴镇、木耳镇、古路镇、水土街道、石船镇等镇；草地面积为357.95hm²，占全区土地总面积的0.31%；城镇建设用地面积为39 288.15hm²，占全区土地总面积的33.57%；农村居民点用地面积为6384.28hm²，占全区土地总面积的5.46%；交通用地面积为5049.26hm²，占全区土地总面积的4.31%；水域面积为4599.68hm²，占全区土地总面积的3.93%；其他用地面积1755.45hm²，占全区土地总面积的1.50%。

利用研究区2010年、2014年及2018年3个年份的土地利用现状数据库，基于ArcGIS 10.5统计功能，得到两江新区3期各个土地利用类型面积（表3-5）。总体来看，2010~2018年研究区耕地、园地以及农村居民点用地大量减少，城镇建设用地大量增加，交通用地少量增加，草地、林地、水域以及其他用地少量减少，说明城镇扩张、建设占用和居民点复垦等导致大量耕地、园地及农村居民点用地减少。具体来看，2010~2018年，研究区耕地由47 369.25hm²减少到30 572.05hm²，比例由40.47%下降到26.12%；园地由8269.75hm²减少到6477.08hm²，比例由7.06%下降到5.53%；林地由22 963.15hm²减少到22 558.34hm²，比例由19.62%下降到19.27%；草地由411.59hm²减少到357.95hm²，比例由0.35%下降到0.31%；城镇建设用地由20 658.15hm²增至39 288.15hm²，比例由17.65%上升到33.57%；交通用地由2956.36hm²增至5049.26hm²，比例由2.53%上升到4.31%；水域由4924.29hm²减至4599.68hm²，比例由4.21%下降到3.93%；其他用地由1965.15hm²减至1755.45hm²，比例由1.68%下降到1.50%；农村居民点用地由7524.55hm²减至6384.28hm²，比例由6.43%下降到5.46%，面积减少1140.27hm²，占比减少0.97个百分点。由此可见，在快速城镇化进程中，研究区农用地尤其是耕地剧烈减少。此外城镇化的快速推进和建设用地的快速扩张，直接导致研究区建设用地需求的增加，因而在积极争取建设用地指标基础上，进一步通过农村居民点布局优化，将闲置、废弃的居民点整治复垦，置换建设用地指标，同时，增加耕地面积，缓解区域耕地保护和城镇化对建设用地需求增加的矛盾，优化土地利用空间格局，提高区域土地集约利用率，释放农村土地资产价值，推动区域城乡融合发展。

表 3-5　两江新区土地利用变化

土地利用类型	2010 年		2014 年		2018 年	
	面积/hm²	占比/%	面积/hm²	占比/%	面积/hm²	占比/%
耕地	47 369.25	40.47	38 889.73	33.23	30 572.05	26.12
园地	8 269.75	7.06	7 773.57	6.64	6 477.08	5.53
林地	22 963.15	19.62	22 745.17	19.43	22 558.34	19.27
草地	411.59	0.35	388.34	0.33	357.95	0.31
农村居民点用地	7 524.55	6.43	6 970.02	5.96	6 384.28	5.46
城镇建设用地	20 658.15	17.65	30 520.94	26.08	39 288.15	33.57
交通用地	2 956.36	2.53	3 095.79	2.64	5 049.26	4.31
水域	4 924.29	4.21	4 841.71	4.14	4 599.68	3.93
其他用地	1 965.15	1.68	1 816.97	1.55	1 755.45	1.50

3.3.1.5　农村居民点用地现状

2018 年研究区农村居民点用地总规模为 6384.28hm²，共 19 882 个居民点图斑，农村居民点用地比例为 5.46%。总体空间分布看，多数农村居民点位于水土街道、木耳镇、石船镇、古路镇等两江新区北部的传统农区乡镇。其中，石船镇的农村居民点面积最大，达到 1033.65hm²，其次是古路镇 674.61hm²，面积较小的居民点多位于石马河街道、大竹林街道等街道，而观音桥街道、五里店街道等街道已完全城镇化，无农村居民点用地。

就利用状况而言，研究区农村居民点仍存在较多问题。一是农村居民点平均利用水平超标。统计分析发现，研究区人均占地 141.50m²，户均占地 581.40m²。与国家《村镇规划标准》（GB 50188—93）中人均建设用地指标相比，人均农村居民点用地偏高，其平均值几乎都大于 120.00m²。二是土地利用结构不合理。农村居民点缺乏规划，部分乡镇村庄内部非农建设用地（包括宅基地、交通用地和公共设施用地）与农用地、空闲地等交叉，非农建设用地在村庄内布局散乱无序，既把农用土地分割得分散破碎，使其不能规模化经营，又阻碍非农建设用地集聚成片，不利于村庄基础设施的投资建设。三是土地利用率低。长久以来的农村集体土地无偿使用，使建房户不仅想多占地，而且要占好地，逐步向村庄外扩张，可概括为两种态势，一种是"线型"扩张，农民建新房"沿路爬"，道路通到哪里，新房就盖到哪里；另一种是"块状"扩张，新建住宅不断向村外延伸，村庄周边新楼林立，村庄内部破败萧条，形成"空心村"。四是空间布局不合理。由于村庄规划的缺位，居民点用地布局形态无序问题较为突出；部分偏远地区依然存在较多废弃闲置的农村居民点，亟待通过居民点整治和宅基地退出等举措，缓解用地矛盾（图 3-5）。

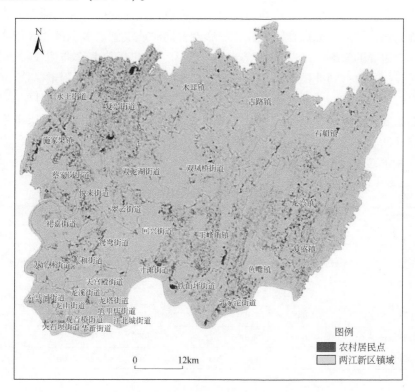

图 3-5　研究区居民点用地现状分布图

3.3.2　数据来源及处理

3.3.2.1　数据来源

本部分涉及的数据主要来源于 2018 年重庆市渝北区、江北区、北碚区两江新区部分的 1∶10 000 的土地利用矢量数据。采用 ArcGIS 按照行政区对涉及三个区的数据进行裁剪、合并与坐标转化，建立统一的土地利用矢量数据库，分别通过字段提取获得农村居民点、城市用地、道路、水系等数据。高程、坡度数据来源于 1∶25 000 重庆市两江新区数字高程模型（Digital Elevation Model，DEM）；地质灾害分布数据来源于 2017 年重庆市主城区地质灾害防治图。

3.3.2.2 农村居民点空间分异特征指标及其分级

理论分析可知，山地都市边缘区农村居民点选址布局受到人类活动的强烈扰动，既受到自然因素如高程、坡度等的影响，同时还受到众多经济社会因素如城镇化、交通等的影响，本部分在充分参考已有文献的基础上（曲衍波等，2011；孔雪松等，2012；刘仙桃等，2009），对农村居民点选址的影响因素赋值、赋分，形成农村居民点空间分异特征指标体系（表3-6）。其中，高程、坡度参照中国地形地貌划分标准，并结合实际分为五级；地质灾害依据2017年重庆市主城区地质灾害防治区划分为三级。农村居民点与水系、城镇、公路的距离均通过ArcGIS中的缓冲区分析与距离分析获取。

表3-6　农村居民点空间分异特征指标体系

指标	指标分级				
高程/m	0~200	200~300	300~400	400~500	>500
坡度/（°）	0~5	5~10	10~15	15~30	>30
地质灾害	高易发区、极易发区		中易发区		不易发区、低易发区
水系缓冲区距离/m	≤200	200~400	400~600	600~1000	>1000
城镇缓冲区距离/m	≤1000	1000~2000	2000~3000	3000~5000	>5000
公路缓冲区距离/m	≤500	500~1000	1000~1500	1500~2000	>2000

3.3.3 研究方法

首先提取出25个乡镇的农村居民点数据，通过ArcGIS进行邻域分析、缓冲区分析，在此基础上，采用多距离空间聚类、核密度等方法依次分析山地都市边缘区农村居民点空间形态、空间分异和空间格局状态。

3.3.3.1 多距离空间聚类分析

多距离空间聚类Ripley's k函数主要分析点要素，确定点要素在具体测定距离范围内为聚类或分散的状态，通常用于宏观、中观与微观多尺度的空间格局分析（张天柱等，2019），公式为

$$k(h) = \frac{A}{n^2} \sum_{i=0}^{n} \sum_{j=0}^{n} I_n(d_{ij}) \tag{3-1}$$

式中，A为研究区的面积；n为农村居民点的总数；d_{ij}为农村居民点i与农村居民

点 j 之间距离；h 为空间的尺度大小。此处，I_n 为指示函数，如 $I_n < h$，则 $d_{ij}=1$，不然 $d_{ij}=0$。

鉴于 k 函数值在一定程度上难以直观反映观测对象分布性质，杨成波和刘秀华（2017）提出对 $k(h)$ 进行开方，以保持方差的稳定性，具体如下：

$$L(h) = \sqrt{\frac{k(h)}{\pi}} - h \qquad (3\text{-}2)$$

式中，$L(h)$ 和 h 主要用于检验多尺度农村居民点空间分布格局。主要原理是 $L(h)$ 位于置信区间之上，表示空间点要素处于集聚状态；$L(h)$ 位于置信区间内，表示空间点要素呈现随机分布状态；$L(h)$ 位于置信区间之下，表示空间要素呈现均匀状态（李灿等，2013）。

3.3.3.2 核密度分析

核密度是用于估计未知的密度函数，属于非参数检验方法之一（Peng et al., 2016），主要用于探索空间要素的分布状态。核密度分为一维和二维核密度。

一维核密度：设 x_1，x_2，x_3，$\cdots$，x_n，为单元变量 x 的独立同分布的一个样本，则 x 所服从分布的密度函数 $f_n(x)$ 核密度估计为

$$f_n(x) = \frac{1}{nh}\sum_{i=0}^{n} K\left(\frac{x-x_i}{h}\right) \qquad (3\text{-}3)$$

式中，$K(\ )$ 为核密度函数；h 为核密度测算带宽。

二维核密度：基于一维核密度，可推出二维核密度估计公式。

$\text{data} = (x, y)$，令 $h = (h_x, h_y)$ 为一个窗宽向量，那么二维核密度函数为

$$f_N(x) = \frac{1}{N}\sum_{i=1}^{N} K_h(x,x_i) \qquad (3\text{-}4)$$

$$K_h(x,y) = \frac{1}{h_x h_y}\left[K\left(\frac{x-x_i}{h_x}\right)K\left(\frac{y-y_i}{h_y}\right)\right] \qquad (3\text{-}5)$$

本部分选择一维核密度进行核算（冯应斌和杨庆媛，2016），具体为 $(x-x_i)$ 为估计点到样本之间的距离；当 $h>0$，$(x-x_i)$ 为搜索带宽，h 的选择对计算结果的影响较大，随着 h 值增加，密度变化更为平滑；随着 h 值减小，密度变化更为剧烈；N 为样本数量。

3.3.3.3 分形维数模型

理论分析表明，分维理论是从局部分析整体的重要理论，通过分析局部的农村居民点斑块的总体特征，推测整个研究区的农村居民点总体空间分布格局，并在一定程度上揭示农村居民点形态的稳定和复杂状态，本部分根据斑块周长和面积的关系构建分形维数模型（王兆林等，2019），具体如下：

$$D = \frac{2\ln\left(\dfrac{p}{4}\right)}{\ln(E)} \tag{3-6}$$

式中，D 为分形维数；p 为斑块周长；E 为斑块面积。$D=1$，表示图斑形态为正方形，$D=2$ 表示图斑为复杂的形态。也就是说居民点分形维数越接近 2，居民点空间分布状态越复杂。

3.3.4 结果分析

3.3.4.1 农村居民点用地规模特征

除去 10 个完全城镇化的镇街，剩余 25 个镇街的农村居民点用地总规模为 6355.46hm²，共 19 882 个居民点图斑，农村居民点用地比例为 5.46%。由表 3-7 数据可知，研究区各镇街的农村居民点规模存在显著的差异。石船镇规模最大，达 1033.65hm²，其农村居民点用地比例在各镇街占比的排序中列第二位，为 8.00%。复兴街道农村居民点用地比例最大，在各镇街占比的排序中列第一位，为 9.16%，但其农村居民点面积仅有 562.13hm²。通过与相关区域比较，发现研究区各镇街的农村居民点用地比例和农村居民点密度水平差异较大。其中，北碚区、江北区、渝北区分别有 3 个、4 个、7 个镇街的农村居民点用地比例大于其所在区域平均水平，其余镇街小于其所在区域平均水平；北碚区、江北区、渝北区分别有 2 个、4 个、8 个镇街的农村居民点密度大于其所在区域平均水平，其余镇街小于其所在区域平均水平。整体来看，研究区农村居民点处于较为分散的状态，距离城镇远近与农村居民点规模呈现一定的相关性。距离城镇较远的区域，农村居民点用地规模较大，反之则较小。这与城镇土地地价存在一定的关系。

表 3-7　农村居民点规模统计　　　　　　　　（单位：hm²）

行政区	乡镇	农村居民点用地规模	行政区	乡镇	农村居民点用地规模
北碚区	复兴街道	562.13	江北区	鱼嘴镇	152.81
北碚区	施家梁镇	124.95	江北区	寸滩街道	52.32
北碚区	水土街道	319.09	江北区	石马河街道	8.87
北碚区	蔡家岗街道	252.82	渝北区	石船镇	1033.65
江北区	郭家沱街道	151.64	渝北区	龙兴镇	651.21
江北区	复盛镇	146.28	渝北区	悦来街道	86.89
江北区	铁山坪街道	138.12	渝北区	古路镇	674.61

续表

行政区	乡镇	农村居民点用地规模	行政区	乡镇	农村居民点用地规模
渝北区	双龙湖街道	241.5	渝北区	鸳鸯街道	70.64
渝北区	玉峰山镇	484.6	渝北区	大竹林街道	42.69
渝北区	双凤桥街道	315.76	渝北区	回兴街道	68.92
渝北区	翠云街道	79.13	渝北区	天宫镇街道	5.77
渝北区	人和街道	52.56	渝北区	木耳镇	588.37
渝北区	礼嘉街道	78.95	总计		6355.46

3.3.4.2　农村居民点用地空间格局

1）Ripley's k 函数结果

基于 ArcGIS 平台中的 Spatial Statistics 工具，设置距离步数（Distance Band）为20，步长为500m，边界校正（Bound Correction）选择为 Simulate Outer Boundary Values，$L(h)$ 选择采用 Monte Carlo 模拟，置信度设置为99%，结果见表3-8。分析可知，观音桥街道、大石坝街道等区域已经完全城镇化，除此之外，研究区农村居民点在空间上总体呈现集聚、均匀、随机三种状态。其中，鸳鸯街道、石马河街道、复兴街道、郭家沱街道、龙兴镇、石船镇、玉峰山镇的农村居民点呈集聚分布；复盛镇、古路镇、回兴街道、木耳镇、双龙湖街道的农村居民点呈均匀分布，剩余镇街的农村居民点在镇域尺度上呈随机分布。此外，距离中心城区的远近在一定程度上影响着镇街农村居民点的空间分布状态，如距城区较近的区域可能与城市的社会经济交往密切频繁，该区域的农村居民点在城市带动辐射的影响下容易变换空间分布格局，表现出与远郊区域不同的状态；而距离中心城区较远的区域的农村居民点大多为随机分布状态（图3-6）。

表3-8　农村居民点多距离空间距离结果　　　（单位：km）

镇街名称	在置信区间上方范围	在置信区间内范围	在置信区间下方范围	空间特征
蔡家岗街道	0.1~3.7	3.7~10.0	—	随机
翠云街道	0.1~2.2	2.2~10.0	—	随机
寸滩街道	0.1~6.1	6.1~10.0	—	随机
大竹林街道	0.1~3.2	3.2~10.0	—	随机
礼嘉街道	0.1~1.7	1.7~10.0	—	随机
人和街道	0.1~4.3	4.3~10.0	—	随机

续表

镇街名称	在置信区间上方范围	在置信区间内范围	在置信区间下方范围	空间特征
施家梁镇	0.1~1.4	1.4~10.0	—	随机
双凤桥街道	0.1~6.3	6.3~10.0	—	随机
水土街道	0.1~5.2	5.2~10.0	—	随机
天宫殿街道	0.1~6.1	6.1~10.0	—	随机
铁山坪街道	0.1~3.3	3.3~10.0	—	随机
鱼嘴镇	0.1~4.2	4.2~10.0	—	随机
悦来街道	1.0~3.2	3.2~10.0	—	随机
复盛镇	0.1~2.3	2.3~7.2	7.2~10.0	均匀
古路镇	0.1~3.1	3.1~7.2	7.2~10.0	均匀
回兴街道	0.1~1.4	1.4~1.8	1.8~10.0	均匀
木耳镇	0.1~3.6	3.6~6.7	6.7~10.0	均匀
双龙湖街道	0.1~3.6	3.6~6.2	6.2~10.0	均匀
石马河街道	0.1~2.6	2.6~10.0	—	集聚
鸳鸯街道	0.1~1.7	1.7~10.0	—	集聚
复兴街道	0.1~10.0	—	—	集聚
郭家沱街道	0.1~10.0	—	—	集聚
龙兴镇	0.1~10.0	—	—	集聚
石船镇	0.1~10.0	—	—	集聚
玉峰山镇	0.1~10.0	—	—	集聚

2）核密度特征

如前所述，核密度分析能够反映农村居民点在空间上的分布形态，本部分采用 ArcGIS 的核密度分析，结果如图 3-7 所示。

分析可知，2018 年农村居民点核密度最高值为 70.90 个/km²，农村居民点布局总体较为紊乱，但也有规律性，具体表现为：复兴街道的高密度区表现为上升的态势，双龙湖街道的高密度点数量增加，但每个高密度区域面积有所减少；低密度和中密度都呈“东北—西南”条带式分布，古路镇北部的中密度点增加，且木耳镇的中密度点有向古路镇北部增加的趋势。石船镇的高密度聚集区面积减少，中密度区范围增加；龙兴镇的高密度点减少，中密度区围绕新兴城镇分布；复盛镇的中高密度区范围减少。此外，2018 年双凤桥街道的居民点呈点状、条状分布，石船镇的高密度区由大规模整体变成点状布局；中高密度区开始由零散点状分布变成从木耳镇沿古路镇、双凤桥街道的带状布局，低密度区范围无明显

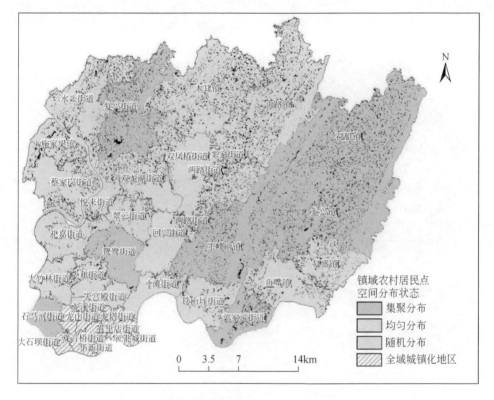

图 3-6　镇域农村居民点空间分布形态

变化差异。同时，高密度点分布散而乱，中密度点增加态势明显。总体而言，研究区的农村居民点分布呈现为镇域由地形主导、围绕城镇向中心集聚的空间格局。

3.3.4.3　农村居民点空间分异特征

受高程影响，研究区近 80% 的农村居民点分布在高程 400m 以下的低高程区域，仅有 8.10% 的农村居民点分布在高程 500m 以上的区域。而分布最多的为 200~300m 高程区间，农村居民点规模达 2870.30hm² （表 3-9）。这说明，在研究区丘陵与宽谷平行交错的地形条件下，农村居民点在高程上的分布相对合理，但仍有部分居民点位于高程较高的区域，根据实际情况将这些农村居民点搬迁复垦，有助于改善当地居民的居住生活环境，提高区域生态环境质量。

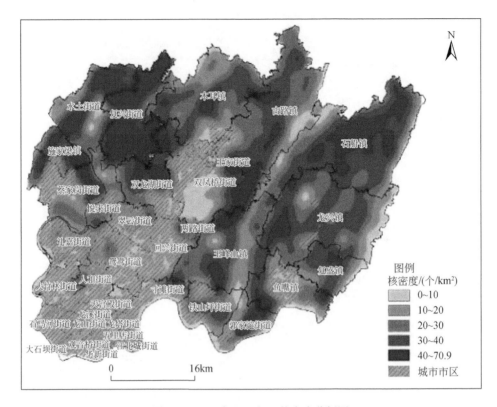

图 3-7　2018 年两江新区核密度分析图

表 3-9　不同高程农村居民点分布

项目	0~200m	200~300m	300~400m	400~500m	>500m
农村居民点面积/hm²	245.51	2870.30	1710.99	813.09	496.90
占农村居民点总规模比例/%	4.00	46.77	27.88	13.25	8.10

坡度 15°以下的农村居民点面积占比为 61.66%。15°~30°坡度范围内，农村居民点面积占比近 37.86%，而坡度超过 30°的区域农村居民点面积占比为 0.48%（表 3-10）。总体来看，约 40% 的农村居民点分布在坡度较高的区域。这些坡度较高区域的农村居民点通常位于生态脆弱区，同时农民收入偏低，应尽快通过搬迁、居民点归并等形式，实现农村居民点的布局优化，改善当地居民生活，发展生产，保护生态。

表 3-10　不同坡度农村居民点分布

项目	0°~5°	5°~10°	10°~15°	15°~30°	>30°
农村居民点面积/hm²	192.61	1406.14	2185.12	2323.44	29.48
占农村居民点总规模比例/%	3.14	22.91	35.61	37.86	0.48

地质灾害是影响农村居民点布局的重要因素，通常农村居民点选址会避开地质灾害频发、多发区域。通过缓冲区分析发现，超过92.77%的农村居民点布局在地质灾害不易发区、低易发区，说明研究区农村居民点总体上不存在较大的地质灾害风险。尽管如此，依然有5.31%的农村居民点分布在高易发区、极易发区（表3-11），该部分农村居民点应进行危房改造，有条件的地区实施易地搬迁工作，以保护生态环境，保障居民生命财产安全。

表 3-11　不同地质灾害发生区农村居民点分布

项目	高易发区、极易发区	中易发区	不易发区、低易发区
农村居民点面积/hm²	326.17	117.84	5692.78
占农村居民点总规模比例/%	5.31	1.92	92.77

城镇化是两江新区农村发展的重要影响因素。受城镇化影响，研究区48.47%的农村居民点分布于城镇1000m缓冲范围内，而离城镇3000m以上的农村居民点规模较小，占比不到10%，说明研究区的多数农村居民点与城市保持密切联系，两者之间呈现正向相关关系，距离城镇越近的区域，农村居民点规模越大，同时受到的城镇辐射影响越强；但是距离城镇越近的区域，农村居民点个体占地规模越小，用地越集约（表3-12）。

表 3-12　不同城镇缓冲区农村居民点分布

项目	≤1000m	1000~2000m	2000~3000m	3000~5000m	>5000m
农村居民点面积/hm²	2974.70	1617.82	1003.89	519.57	20.81
占农村居民点总规模比例/%	48.47	26.36	16.36	8.47	0.34

河流、湖泊、水库等水系对农村居民点的布局也具有重要影响。多数农村居民点距离水系较远，超过1000m的占比为39.36%，13.29%的农村居民点位于水系200m缓冲区内。距离水系较近或者较远均存在一定弊端，距离水系较近容易对水体产生污染，同时容易产生洪涝；距离水系较远，不利于配置水利设施。因而，应因地制宜地制定布局优化策略，保障生产与生活（表3-13）。

表 3-13　不同水系缓冲区农村居民点分布

项目	≤200m	200~400m	400~600m	600~1000m	>1000m
农村居民点面积/hm²	815.62	834.94	786.04	1284.68	2415.51
占农村居民点总规模比例/%	13.29	13.61	12.81	20.93	39.36

交通也是影响农村居民点布局的重要因素。农村居民点一般沿着重要交通线进行分布，统计发现研究区 18.77% 的农村居民点分布于区级以上公路 500m 缓冲区内，交通便捷。但是有超过 47% 的农村居民点距离主要交通干线超过 2000m，交通出行条件亟待改善（表 3-14）。

表 3-14　不同公路缓冲区居民点分布

项目	≤500m	500~1000m	1000~1500m	1500~2000m	>2000m
农村居民点面积/hm²	1152.01	811.42	710.49	566.05	2896.82
占农村居民点总规模比/%	18.77	13.22	11.58	9.23	47.20

3.3.4.4　农村居民点分形特征

农村居民点斑块的分形特征在一定尺度上可以反映居民点用地的复杂情况，一般认为斑块分形维数越高，区域居民点用地越复杂，受人类活动的扰动越强烈。本部分基于分维理论，利用 ArcGIS 10.5 软件中的统计工具，统计研究区镇域农村居民点用地的斑块总面积和总周长，按照分形维数的计算公式，做出各行政村农村居民点用地分形维数分析图（图 3-8）。结果显示，研究区农村居民点用地分形维数整体上呈现出西部高、东部低的空间特征。一般而言，分形维数越小，农村居民点用地斑块形状越简单、稳定，农村居民点的发展前景越可观。研究区农村居民点分形维数介于 1.0322~1.1805，其中东北部的石船镇、古路镇等地的分形维数较小，这些地区社会经济活动相对有序，用地规划性强，农村居民点斑块相对规整；而西北部的双龙湖街道、复兴街道等地的分形维数偏大，说明这些地区农村社会经济活动比较复杂，用地规划性弱，农村居民点空间形态较为复杂，需要通过农村居民点布局优化与土地整治，为农村居民的生产生活提供便利。

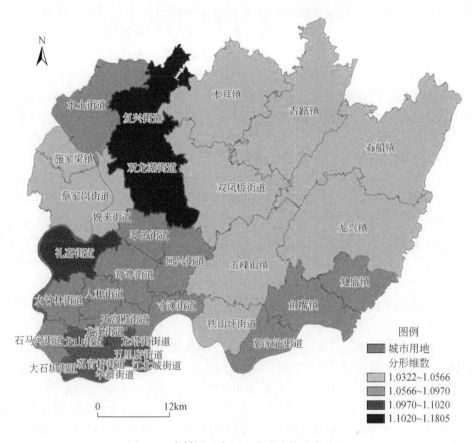

图3-8 农村居民点用地分形维数分布特征

3.4 本章小结

（1）2018 年重庆市建设用地面积为 692 598.58hm²，其中农村居民点用地 353 792.36hm²，占建设用地面积的 51.08%。2008～2018 年，重庆市各区县建设用地规模变化呈现出明显的空间差异，总体呈现出"一高两低"的空间分异特征，即主城都市区建设用地年均增长率较高，渝东北三峡库区城镇群和渝东南武陵山区城镇群的建设用地年均增长率较低；研究期内重庆市大部分区县的农村居民点呈减少态势，仅有涪陵区、武隆区、沙坪坝区等区县的农村居民点规模有所增加。农村居民点变化的空间格局与建设用地变化的空间格局大体一致。

（2）将重庆市各区县人均农村居民点用地规模划分为五个类型：合标型、

低度超标型、中度超标型、严重超标型和极度超标型。低度超标型分布较为集中，主要集中在渝东北三峡库区城镇群和渝东南武陵山区城镇群的大部分区县，少部分分散分布于主城都市区；中度超标型分布广泛，主要集中在主城都市区，还分布在渝东北三峡库区城镇群的垫江县、梁平区、巫溪县，渝东南武陵山区城镇群的黔江区；严重超标型分布较为分散，主要集中在主城都市区的部分区县：九龙坡区、渝北区、巴南区、江津区、荣昌区；极度超标型仅有沙坪坝区和南岸区。

（3）丘陵山区农村居民点用地规模特征在镇域尺度具有明显差异。两江新区农村居民点总面积最大的为石船镇（1033.65hm²），农村居民点用地比例最大的为复兴街道（9.16%）。城镇化对农村居民点的现状规模具有一定影响，距离市区较近的乡镇城镇化水平较高，农村居民点用地规模相对较小。

（4）两江新区农村居民点总体呈条带状分布、组团式聚集的空间格局特征。镇域尺度上，重庆市两江新区农村居民点呈现出集聚、均匀、随机三种分布状态。居民点图斑尺度上，重庆市两江新区农村居民点为由地形主导、围绕城镇向中心集聚的空间格局。其具体表现为农村居民点受地形限制总体上呈条带状分布，并以此在城镇周边集聚，形成若干聚集区。

（5）受高程、坡度、地质灾害、水系、城镇化等因素影响，丘陵山区的农村居民点体现出较为显著的空间分异特征，不同地域条件下农村居民点用地规模具有较大差异。数据显示，两江新区8.10%的农村居民点分布在高程500m以上山区，38.34%的农村居民点分布在坡度15°以上区域，5.31%的农村居民点分布在地质灾害高易发区、极易发区，39.36%的农村居民点位于河流水系1000m缓冲区之外，25.17%的农村居民点分布在城镇2000m缓冲区之外，47.20%的农村居民点距主要公路距离大于2000m。这些农村居民点自然条件和区位条件较差，应尽快实施综合整治，改善人居环境，提升居民生活质量。

（6）两江新区农村居民点分形维数与土地利用规划和原生地形条件关系密切。两江新区农村居民点分形维数介于1.0322~1.1805，整体上呈现出西部高、东部低的空间特征。其中，东北部的石船镇、古路镇等地的分形维数较小，农村居民点斑块相对规整；而西北部的双龙湖街道、复兴街道等地的分形维数偏大，农村居民点空间形态较为复杂。

参 考 文 献

陈昌玲，许明军，诸培新，等. 2020. 近30年来江苏省农村居民点时空格局演变及集约利用变化 [J]. 长江流域资源与环境，29 (10)：2124-2135.

冯应斌，杨庆媛. 2016. 1980-2012年村域居民点演变特征及其驱动力分析 [J]. 农业工程学报，32 (5)：280-288，315.

孔雪松，刘耀林，邓宣凯，等.2012.村镇农村居民点用地适宜性评价与整治分区规划［J］.农业工程学报，28（18）：215-222.

李灿，张凤荣，姜广辉，等.2013.京郊卫星城区域农村居民点土地利用特征分析［J］.农业工程学报，29（19）：233-243.

刘仙桃，郑新奇，李道兵.2009.基于Voronoi图的农村居民点空间分布特征及其影响因素研究–以北京市昌平区为例［J］.生态与农村环境学报，25（2）：30-33.

曲衍波，张凤荣，郭力娜，等.2011.北京市平谷区农村居民点整理类型与优先度评判［J］.农业工程学报，27（7）：312-319.

王秀兰，包玉海.1999.土地利用动态变化研究方法探讨［J］.地理科学进展，18（1）：81-87.

王兆林，杨庆媛，王轶，等.2019.山地都市边缘区农村居民点布局优化策略——以重庆渝北区石船镇为例［J］.经济地理，39（9）：182-190.

杨成波，刘秀华.2017.重庆市北碚区农村居民点用地景观变化及驱动因素分析［J］.山地学报，35（6）：890-898.

张天柱，张凤荣，谢臻，等.2019.精准扶贫背景下云南少数民族山区农村居民点空间格局演变［J］.农业工程学报，35（9）：246-254.

Peng J, Zhao S, Liu Y, et al. 2016. Identifying the urban-rural fringe using wavelet transform and kernel density estimation：A case study in Beijing City, China［J］. Environmental Modelling & Software，83：286-302.

第 4 章　丘陵山区农村居民点演变特征及驱动机制

农村居民点演变特征及驱动机制是农村居民点空间重构体系的重要组成部分，农村居民点的区位特征、空间分布特征、景观格局特征、用地数量演变特征及其驱动机制分析是后续农村居民点空间重构研究的前提和基础。农村居民点空间格局演变受自然环境、社会经济条件等的影响，其影响因素及驱动机制也具有地域分异性。

农村居民点作为人类社会的聚落形态，是在一定的社会生产力和生产关系下人类活动与自然环境相互作用、相互影响的产物。同一区域的农村居民点在不同时期所表现出的人地关系不同，如规模大小、空间分布和结构形态等，随社会生产力的发展逐渐变化。生产力水平较低阶段，农村居民点的形态、分布主要受自然条件影响和约束；生产力水平较高阶段，人文因素特别是制度政策因素成为主要因素。立足于区域差异研究农村居民点的形成、发展、分布和形态演化等，是正确认识农村居民点演化规律、科学编制农村居民点整治规划和村庄规划的基础。

美国著名心理学家马斯洛指出，人类有多种需求，且具有层次性，人的需求由低级向高级不断发展，由低到高依次为生理需求、安全需求、社交需求、尊重需求、自我价值实现需求。转型时期，农户在经济收入、社会生活等方面都发生了很大差异，当农户处于较低收入时，一般先考虑有稳定的居住场所。随着支付能力的提高，农户会通过改建、新建或迁居来满足家庭对房屋居住条件及居住环境的更高要求。在低级需求向高级需求的演进过程中，农村居民点在空间和数量上不断发生变化，从形成到消亡过程中无不伴随着人类的利用活动，其动力来自农户对各类需求的满足，马斯洛需要层次论可为研究农村居民点演变驱动力提供理论指导。

基于上述分析，本章通过对市域、区域、村域三个层面农村居民点演变特征及驱动机制的探讨，提炼并形成农村居民点演变特征及驱动机制探测技术，探索丘陵山区农村居民点的演变机理，深化对农村居民点发展过程的认识。

4.1　丘陵山区市域农村居民点演变特征及驱动机制分析

4.1.1　丘陵山区市域农村居民点演变特征分析

农村居民点用地是重庆市建设用地的主体，用地面积大，2018 年重庆市建设用地为 692 598.58hm²，其中农村居民点用地面积为 353 792.36hm²，占建设用地的 51.08%。开展整治工程，农村居民点能释放较多的建设用地指标，助推重庆市的城镇化、工业化建设。1997～2018 年，重庆市农村居民点用地面积共减少 9900hm²，年均减少 450hm²，22 年间农村居民点用地规模变化较小（表 4-1 和图 4-1）。

表 4-1　重庆市 1997～2018 年土地利用面积变化　（单位：万 hm²）

年份	农用地	建设用地	农村居民点用地
1997	695.09	49.25	36.37
1998	694.53	46.96	36.39
1999	693.29	50.59	36.34
2000	692.9	51.14	36.38
2001	693.07	51.46	36.37
2002	693.42	51.95	36.35
2003	695.39	54	36.27
2004	694.4	55.89	36.12
2005	694.5	56.91	36.08
2006	694.15	57.75	36.02
2007	693.55	58.58	35.96
2008	692.4	59.32	35.79
2009	714.25	58.93	36.25
2010	712.94	60.49	36.19
2011	740.14	61.9	35.97
2012	710.93	62.93	35.72
2013	737.38	63.75	35.46
2014	708.77	64.28	35.13
2015	735.39	65.76	34.90
2016	733.60	67.57	35.46

续表

年份	农用地	建设用地	农村居民点用地
2017	732.74	68.46	35.42
2018	731.96	69.26	35.38
增量	36.87	20.01	−0.99
动态度/%	0.24	1.85	−0.12

注：表中数据来源于1997~2018年重庆市土地利用变更调查数据库。土地利用动态度反映区域土地利用类型面积变化幅度和变化速度以及区域土地利用变化中的类型差异。单一土地利用动态度是某研究区一定时间范围内某一土地利用类型的数量变化情况，其表达式为 $K = \dfrac{U_b - U_a}{U_a} \times \dfrac{1}{T} \times 100\%$，式中 K 为研究时段内某一土地利用类型的动态度；U_a 为研究期初某一土地利用类型的数量；U_b 为研究期末某一土地利用类型的数量；T 为研究时段，当研究时段设定为年时，K 值就是该研究区某一土地利用类型的年变化率

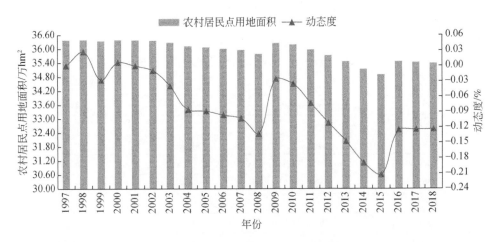

图4-1　1997~2018年重庆市农村居民点用地面积和动态度变化图

资料来源：1997~2018年重庆市土地利用变更调查数据库，历年动态度以1997年为基期年

　　从图4-1可见，重庆市农村居民点用地面积缓慢波动减少，其动态度总体呈波动下降趋势。在直辖初期，农村居民点面积基本保持不变，变化程度较小。2000年以来，受西部大开发政策以及直辖效应的影响，城镇化速度加快，农村居民点用地面积呈现较快的下降趋势。2006~2008年，经济的快速发展拉动农村富余劳动力从农村流入城市，农村宅基地需求趋缓，大量乡镇企业破产，农村居民点用地面积下降。另外，2006年全市城乡建设用地增减挂钩试点工作开展，部分农村居民点通过整治被复垦，农村居民点面积的减少速度加快。而后随着农民新村的建设加速，以及旧居民点的拆除，全市农村居民点面积又出现增长和减少的波动。

从人均农村居民点用地来看，1997～2018 年，虽然重庆市农村居民点用地总量呈现出波动起伏、缓慢减少的趋势，但人均农村居民点用地面积持续增长，年均增长 6.69m^2（图 4-2）。主要原因为，随着城镇规模不断扩张，农村居民点用地缓慢减少；同时随着农村经济的发展，城镇化速度的加快，农村劳动力不断向城镇转移，农村人口迅速减少。但是部分进城务工人员依然保留着农村旧宅基地和承包地，导致农村居民点用地面积减少的速率小于农村人口减少的速率，使得农村居民点用地面积变化和人均农村居民点用地面积变化呈反向变化。

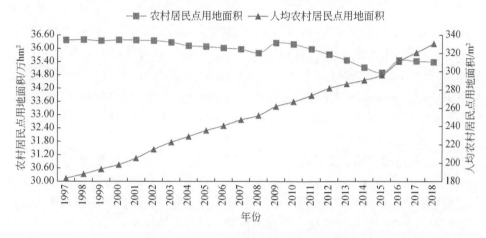

图 4-2　1997～2018 年重庆市农村居民点用地面积及人均农村居民点用地面积变化图
资料来源：1997～2018 年重庆市土地利用变更调查数据库

4.1.2　丘陵山区市域农村居民点空间格局演变驱动机制分析

农村居民点作为农户生产生活和社会活动的载体，是乡村人地关系的核心，其空间分布和格局演变是农户与其所居住空间系统要素在一个非均质、非静态范围的空间博弈过程。农村居民点的地域分异与格局演变能揭示不同阶段、不同地区的人地关系互动的足迹（李君和李小建，2009；张佰林等，2014）。影响农村居民点空间格局演变的因素分为自然条件、社会经济、农户行为、政策法规四类。其中，自然条件是农村居民点空间格局演变的重要影响因素，地形、气候等自然条件是客观存在并且长期保持不变的，现阶段，随着人类适应自然环境能力的不断增强，自然条件对农村居民点空间格局演变的驱动作用并不显著，而社会经济、农户行为、政策法规已经成为农村居民点空间格局演变的重要驱动力。农村不断改善的经济社会条件对农户居住区位的选择产生了较大影响；农户对其聚居地域环境认知的历史惯性影响着其居住区位选择的演进状态；国家近年来在城乡融合和乡村振兴中的一系列政策将进一步影响农村居民点布局的发展态势。

4.1.2.1 社会经济对农村居民点空间格局演变的驱动

1）城镇化和工业化发展对农村居民点空间格局演变的影响

重庆市处于经济快速增长期，工业化和城镇化水平不断提高。城镇对乡村的辐射增强，辐射范围也逐步扩大；工业化的快速发展，使得社会产业结构中工业部门比例日益上升，工业企业不断增加。工业化发展速度的加快、产业结构的升级以及农业产业的非农化使得农村人口不断向非农业人口转变。伴随农村人口减少态势，重庆市广泛开展农村建设用地复垦，复垦项目数量及规模均逐年上升，2008 年重庆市复垦农村建设用地 307.84km^2，至 2012 年复垦规模增加至 5828.62km^2，从分布区域来看，主要在经济发展速度较快的主城都市区以及人口转移现象明显的渝东北三峡库区城镇群和渝东南武陵山区城镇群，其极大地促进了农村居民点用地的演变。

2）农村基础设施及交通条件对农村居民点空间格局演变的驱动

农村基础设施及交通条件已成为农村居民点用地布局的重要影响因素。交通一直都是农户住房选址的重要参考指标，作为信息流、物质流的重要载体，其在转型时期的重要性更加被强化。交通不便利、区域经济就业环境较差对农户住房改迁有着巨大的推力。城乡一体化背景下，农村医疗、教育等公共服务配套设施的加强，购物、娱乐、休闲等商业设施的完善，以及网络信息设施的逐步覆盖均对农村居民点用地演变起到很强的向心吸引力作用，农村居民点用地逐步由分散向集中演变。

4.1.2.2 农户行为对农村居民点空间格局演变的驱动

农户是农村居民点中重要的经济活动主体，是居住空间系统中重要的内部构成要素，其居住行为直接决定农村居民点的空间布局和景观特征。农户生产方式的转变、居住需求层次的提高以及家庭居住观念的改变，使影响其居住区位选择的驱动力的重要程度也不断发生变化。

1）农户生计方式转变

农村经济多样化发展迅速，农户开始寻求生计方式的转变，农户从专业农业生产逐渐向兼业型生产方式转变。当其他行业收入超过农业生产收入时，农户逐渐放弃以农业为主的生产生活方式，伴随而来的是对土地依赖程度逐渐降低，对交通等的需求迅速上升。再加上意识上受城镇居住环境影响强烈，农户提高居住环境质量的愿望强烈，希望追求便利的交通条件，享受完善的公共服务设施，农村社区化的愿望强烈。农户群体对于居住方式、居住环境的要求也在不断发生变化，从而影响着农村居民点用地的演变。

2）农户经济收入增加

经济是人类最基本的活动。经济发展水平及速度一直都是农村居民点用地演变最基本、最重要的驱动力。经济发展的不同阶段，农村居民点用地演变的模式呈现出不同的特征，而区域经济发展水平的差异直接导致农村居民点用地演变模式差异化。经济发展水平较高，农户收入相对高，农户对住宅的需求也相应更高，农村居民点用地演变表现为规模和用地强度的快速扩张。经济发展速度则影响农户收入增长速度，进而影响农户建房意愿，最终导致农村居民点用地演变速度的改变。2008 年重庆市农村居民人均纯收入为 4621 元，到 2012 年增加至 13 781 元，相应地，重庆市人均农村居民点用地从 2008 年的 238.03m^2 增长至 2018 年的 330.59m^2。家庭收入的增加为农户改善生活环境、寻求更好的生活条件提供有力支持。

3）家庭规模小型化

家庭结构从来不是一成不变的，其受所处社会环境变动的影响。中国的家庭结构一直处于变动之中，相对于以私有土地制度为主体的农耕社会，当代中国家庭结构的变化更为显著。20 世纪 80 年代以来，传统的集体经济制度逐渐被以家庭经营为主的生产方式所取代；计划生育政策的实施改变了农民的生育观念，使得农民的生育行为从传统时期的多生多育转变为优生优育，农村家庭的人口数量逐渐减少，随着二孩政策的实施，农村家庭人口数量又发生一定变化；工业化及城镇化进程的加快吸引了大量农村劳动力向城市迁移，并且农村劳动力在非农领域的收入逐渐增多，非农领域收入成为增加家庭收入的主要途径，促使我国农村家庭规模呈现小型化、核心化的变动。

回顾历次全国人口普查数据，家庭户均规模呈持续下降态势。从 1982 年第三次全国人口普查的 4.41 人、1990 年第四次全国人口普查的 3.96 人、2000 年第五次全国人口普查的 3.44 人、2010 年第六次全国人口普查的 3.10 人到 2020 年第七次全国人口普查的 2.62 人，中国家庭户均规模已降至 3 人以下。近年来，随着现代生活观念的普及，我国农村的平均家庭规模逐渐缩减。例如，随着农户家庭子女长大成家立业，家庭结构出现分化，此时农民需要通过建新房给后代留下足够的居住空间。为新婚夫妇提供独立的居住空间是消除代际摩擦、维系家庭和睦的手段之一。在这种情况下，农户的建房欲望大大增强，从而带动农村居民点空间格局演变。

4.1.2.3　政策法规对农村居民点空间格局演变的驱动

政策法规具有动态性、周期性，会推动农村居民点空间格局波浪状向前发展，其作用的空间尺度在一定程度上受行政范围的影响（海贝贝等，2013）。制度管理对农村居民点空间格局演变的影响滞后于自然系统和土地利用的经济社会效应所带来的影响。当农村居民点用地演变带来负面的自然、经济、社会效应时，体制系统可以通过法律法规和政策以及管理手段来调整，可以通过直接的行政机制作用于空间结构要素，并进一步影响居民点空间分布格局，也可以间接作用于农户行为主体，规范居住区选址行为。

1）乡村振兴与新农村建设——山区农村人居环境改造和土地整治

乡村振兴是党的十九大做出的重大决策部署，是决胜全面建成小康社会、全面建设社会主义现代化国家的重大历史任务，是新时代"三农"工作的总抓手。乡村振兴要求乡村产业振兴、乡村人才振兴、乡村文化振兴、乡村生态振兴、乡村组织振兴，这必然要求农村建设用地要集约高效利用，实施土地整治是实现乡村振兴的必由之路。经过十余年的发展，我国土地整治的内涵和外延不断扩展，已经逐步演变为对"田、水、路、林、村"进行综合整治。新农村建设是农村土地整治的重要内容，一方面，对低效利用或闲置的农村宅基地进行整治，将大大激活村内闲置零散建设用地，实现土地利用由粗放型向集约型转变，缓解新增建设用地和耕地占补平衡的压力。另一方面，按照新农村建设"生产发展、生活宽裕、乡风文明、村容整洁、管理民主"的要求，从经济、政治、文化、社会、生态等方面着力推进村庄整治，将农村过去的"散、乱、脏、差"的形象彻底扭转，建设居住相对集中、产业集聚发展、基础配套设施完善、城乡公共服务设施一体化的新农村，促进农村地区与城市地区的生活方式接轨。

2）土地管理制度改革与创新——城乡建设用地增减挂钩和"地票"交易制度

2008年12月重庆市成立了农村土地交易所，推出了"地票"交易制度，从资金和用地空间上支撑了农村居民适度集中居住、农房改造和新农村建设。一方面，农户将自家低效利用或未利用的宅基地用于复垦，复垦一定程度上改善了农村居民点布局散乱的现状，引导农村居民点合理布局。另一方面，"地票"交易收益也通过直拨的方式支付给"地票"生产者，成为农民新建房屋、改善生产生活条件的重要资金来源。截至2020年底，重庆市农村土地交易所累计交易"地票"面积约为33.95万亩，累计成交价款约为665.31亿元，成交均价约为19.60万元/亩；"地票"质押8760亩，金额为12.89亿元。

3）促进农村经济发展的政策措施——现代农业示范工程和乡村旅游业发展

寻求农村经济发展方式多元化，改变传统单一的农业生产方式，促进农民增收已成为农村经济的主要发展目标。近年来，重庆市各区县努力实践，借助政府对"三农"领域的大力扶持，开展现代农业综合示范工程、乡村旅游等（图4-3

和图4-4）有利于农村经济发展的有益探索。

图4-3　重庆市现代农业综合工程示范区县

图4-4　重庆市乡村旅游发展重点区域图

实施现代农业综合示范工程，是全面推进农业现代化建设的重要探索，不仅可以促进农业产业化、规模化发展，还能促进现代农业发展导向下的农村居民点空间优化布局。现代农业可为当地农民带来短期的劳务收入，同时，现代农业伴随下的土地流转、土地经营条件改善和土地财产价值增值可为农民带来长期的财产性收入。另外，在现代农业生产方式下，农民从土地的束缚中解脱出来，到城市务工或者从事非农产业，也可以获得工资性和经营性收入，作为农户修建房屋、改善生活的资金。

随着城乡统筹的不断推进，乡村旅游迅速发展，其内容和形式不断丰富、多元化，促进了农村地区休闲旅游经济的发展，同时带动了农民增收以及农村居民点的布局调整。乡村旅游的发展，有利于促进农村新兴产业的开发。通过发展乡村旅游，可以促进农业向第二、第三产业延伸，并产生叠加或乘数效应，吸引大量农民参与和直接从事旅游服务业，促进农村剩余劳动力就业向非农领域转移，形成农村经济新的增长点，增加农民收入，促进生产发展和生活宽裕，有利于农村环境面貌改变。通过吸纳资本投资乡村旅游开发，可以缓解目前新农村建设投入的不足，加快改变农村面貌，实现布局优化、村庄绿化、环境美化，改善农村人居环境，提升农村公共服务水平和生活质量。

4.2　丘陵山区区域农村居民点演变特征及驱动力分析：两江新区实证

4.2.1　数据与方法

4.2.1.1　数据来源及处理

作为内陆开放新区和中西部重要增长极，重庆市两江新区是国家划定的第三个国家级开发开放新区。自 2010 年 6 月 18 日挂牌成立以来，两江新区成为重庆市主要的城市扩张区域，也是农村居民点的重点调控区域。该区域农村居民点邻接都市区，城乡土地供需矛盾尤为突出。同时，伴随发展环境的急剧变化，两江新区农村居民点近期变化剧烈。因而选择两江新区农村居民点作为研究对象，具有典型性和代表性。本部分数据包括两大类：第一类是空间矢量数据，主要来源于重庆市渝北区、江北区和北碚区 2010 年、2014 年和 2018 年 3 个时期的 1 : 10 000 的土地矢量数据库中涉及两江新区的部分。本书通过 ArcGIS 10.5 建立两江新区空间数据库，再统一各专题图件的空间投影坐标系。第二类是相关统计数据，主要来源于重庆市、北碚区、渝北区、江北区三个时段的统计年鉴及其统计公报中涉及的两江新区相关乡镇部分中的人口、城镇化率等社会经济数据。

4.2.1.2　核密度分析

核密度分析是研究农村居民点空间形态的重要方法之一，前述核密度分析分为一维核密度分析和二维核密度分析，此处继续沿用一维核密度分析。核密度分析通过阐述要素在同一时间点出现的频次确定该类要素的空间分布状态，具体是分布点密集的区域事件发生的概率高，分布点稀疏的区域事件发生的概率低，核密度值的高低即代表研究对象在空间上的集聚程度（谭雪兰，2011）。该方法能直观表现研究对象的分布概率（李婷婷和龙花楼，2014）。具体计算公式为

$$f_n(x) = \frac{1}{nh} \sum_{i=1}^{n} k\left(\frac{d_i}{h}\right) \tag{4-1}$$

式中，$f_n(x)$ 为核密度值；h 为核密度测算带宽；n 为带宽范围内的点数；$k(\ )$ 为核密度函数；d_i 为估计点 x 到样本点 x_i 的距离。

本书利用 ArcGIS 10.5 的核密度分析模块对研究区农村居民点的空间格局演变特征开展核密度分析。为凸显研究区农村居民点空间分布特点，经过反复测试，选择带宽为 1500m，生成核密度图。

4.2.1.3　景观格局分析方法

景观格局指数高度浓缩了景观格局的信息，该指数能够反映景观的结构组成以及空间配置，是目前研究农村居民点演变的主流方法之一，为农村居民点整治与优化布局提供依据。景观格局分析可以从看似无序的景观斑块镶嵌中发现有意义的规律。通过计算景观格局指数，获取研究区土地利用和农村居民点的景观结构组成、空间格局、时空演化特征。多样化的景观格局指数包含了复杂丰富的景观格局信息，能够客观展现景观的组成、空间分布等特征（吴江国等，2013）。利用景观格局分析技术（关小克等，2013；杨成波，2018），本书选择三类指标来反映农村居民点的演变规律：①斑块规模指标，包括斑块个数（NP）、斑块类型面积（CA）、平均斑块面积（MPS）、最大斑块指数（LPI）和周长面积比（PARA）；②斑块形状指标，包括景观形状指数（LSI）和标准化景观形状指数（NLSI）；③空间构型指标，包括斑块密度（PD）、斑块分散度（RC）、斑块占景观比例（PLNAD）及分形维数（D）。在 ArcGIS 10.5 支持下，将农村居民点用地矢量数据转换成 5m×5m 的栅格数据，应用景观格局分析软件 Fragstats 4.2，对选择的景观格局指数进行计算（表4-2）。

表4-2　景观格局指数

指标类型	具体指标	指标公式	备注
斑块规模指标	斑块个数（NP）	$NP = n_i$	式中，n_i 为斑块个数（个）；i 为斑块编码，下同。当 n_i 等于1时，说明只有一个斑块。该指标是对景观异质性和破碎程度的简单描述
	斑块类型面积（CA）	$CA = \sum_{j=1}^{n} a_{ij} \times \dfrac{1}{10\,000}$	式中，a_{ij} 为斑块 ij 的面积（km²）；ij 为斑块纵横编码，下同；CA 为某一斑块类型的所有斑块面积之和。当 CA 逐渐接近0时，说明该斑块在景观中越来越少
	平均斑块面积（MPS）	$MPS = \dfrac{A_i}{n_i}$	式中，A_i 为 i 类型斑块总面积；n_i 为 i 类型斑块总个数
	最大斑块指数（LPI）	$LPI = \dfrac{\max a_{ij}}{A} \times 100$	式中，a_{ij} 为斑块 ij 的面积；A 为景观总面积
	周长面积比（PARA）	$PARA = \dfrac{P_{ij}}{a_{ij}}$	式中，P_{ij} 为斑块 ij 的周长；a_{ij} 为斑块 ij 的面积；PARA 为两者的比例，没有单位，取值范围为 PARA>0
斑块形状指标	景观形状指数（LSI）	① $LSI = \dfrac{0.25E}{\sqrt{A}}$ ② $LSI = \dfrac{E}{2\sqrt{\pi A}}$	通过计算区域内某斑块形状与相同面积的圆或正方形之间的偏离程度来测量形状复杂程度。式中，E 为景观中所有斑块边界的总长度；A 为景观总面积。公式①是以正方形为参照物，公式②是以圆形为参照物
	标准化景观形状指数（NLSI）	$NLSI = \dfrac{e_i - \min e_i}{\max e_i - \min e_i}$	式中，e_i 为 i 类型斑块的周长，其取值范围为 $0 \leqslant NLSI \leqslant 1$；$\min e_i$ 为 e_i 的最小可能值；$\max e_i$ 为 e_i 的最大可能值
空间构型指标	斑块密度（PD）	$PD = \dfrac{N_i}{A}$	式中，N_i 为景观中 i 类型斑块的个数；A 为景观总面积。PD 反映每平方千米的斑块数，取值范围为 PD>0
	斑块分散度（RC）	$RC = \dfrac{n \times a_{ij}}{A^2}$	式中，a_{ij} 为斑块 ij 的面积；n 为斑块的数量；A 为景观总面积。RC 反映农村居民点斑块与邻近斑块的集聚程度
	斑块占景观比例（PLAND）	$PLAND = \dfrac{\sum_{j=1}^{n} a_{ij}}{A}$	式中，PLAND 为 i 类型斑块面积占景观总面积的比例；a_{ij} 为斑块 ij 的面积；A 为景观总面积；n 为 i 类型斑块总个数

续表

指标类型	具体指标	指标公式	备注
空间构型指标	分形维数（D）	$①\ D = \dfrac{2\ln(0.25\,P_{ij})}{\ln a_{ij}}$ $②\ D = \dfrac{2\ln\left(\dfrac{P}{4}\right)}{\ln A}$	①式中，P_{ij} 为斑块 ij 的周长；a_{ij} 为斑块 ij 的面积。该指标无单位，反映空间尺度范围内的形状复杂性。 ②式中，D 为分形维数；P 为斑块周长；A 为斑块面积。 D 值越大，表明斑块形状越复杂。D 值范围一般为 $1.0 \sim 2.0$，D 值为 1.0 代表斑块形状为正方形

4.2.1.4　单一土地利用动态度

单一土地利用动态度即度量土地利用类型数量变化的指标（倪永华等，2013）。它用土地转移流净值占基期某土地利用类型面积的比例来表示。本书运用该指标计算某单元村范围内农村居民点用地转移流量（马彩虹等，2013），并根据指标计算结果，通过聚类分析划分农村居民点空间格局的演变类型。

$$K = \frac{R_{\text{in}} - R_{\text{out}}}{(S_i, t_1) \times T} \times 100\% \tag{4-2}$$

式中，K 为农村居民点转移流值；R_{in} 为村域尺度农村居民点用地转入流值；R_{out} 为村域尺度农村居民点用地转出流值；(S_i, t_1) 为研究初期村域农村居民点用地面积；T 为研究时段。

4.2.1.5　农村居民点演变驱动因素指标体系构建

根据文献综述及研究区域自然经济社会特征，拟定自然驱动力、社会经济驱动力两方面共 10 个指标作为影响农村居民点演变的驱动因素（表 4-3）。

表 4-3　农村居民点演变驱动因素指标描述

驱动力类型	指标层	备注
自然驱动力	高程（m）	DEM，将图斑转为点，通过 3D 分析提取
	坡度（°）	DEM，将图斑转为点，通过坡度分析提取
	地质灾害	通过重庆市主城区地质灾害图获取研究区地质灾害等级数据
	距离水域距离（m）	矢量数据库，基于 ArcGIS 邻域分析测算

驱动力类型	指标层	备注
社会经济驱动力	距离城市距离（m）	矢量数据库，基于 ArcGIS 邻域分析测算
	距离道路距离（m）	矢量数据库，基于 ArcGIS 邻域分析测算
	距离耕地距离（m）	矢量数据库，基于 ArcGIS 邻域分析测算
	总人口数（人）	江北区、渝北区、北碚区统计年鉴
	人均 GDP（万元）	江北区、渝北区、北碚区统计年鉴
	第二、第三产业比例（%）	江北区、渝北区、北碚区统计年鉴

4.2.1.6　空间回归模型

1）空间权重矩阵

空间权重矩阵是空间计量经济模型的关键，也是区域之间空间影响的体现，地区间的相关程度随相隔距离远近而不同，相隔距离越远，相关程度越弱，反之则越强，因此需要度量区域之间的空间距离，并可定义空间权重矩阵 W：

$$W = \begin{bmatrix} w_{11} & \cdots & w_{1n} \\ \vdots & & \vdots \\ w_{n1} & \cdots & w_{nn} \end{bmatrix} \tag{4-3}$$

式中，n 为空间单元个数；W 为一个主对角线元素为 0（同一区域的距离为 0）的 n 阶对称矩阵；w_{ij} 为区域 i 与区域 j 间的空间距离。不同空间权重矩阵的区别在于对区域之间的空间距离定义不同，常见的空间权重矩阵定义方式有两种，分别为一阶邻接权重矩阵（0–1 矩阵）、空间反距离权重矩阵。

（1）一阶邻接权重矩阵。一阶邻接权重矩阵即基于地理相邻关系的简单权重矩阵，若两区域相邻，则区域之间的经济交流会更频繁，相应的区域间的相关性也会更大。从理论上讲，相邻关系可以分为三种类型，第一种是"车相邻"（图 4-5），两个相邻区域具有公共边；第二种是"象相邻"，两个相邻区域具有共同的顶点，但没有共同的边；第三种是"后相邻"，两个相邻区域具有公共边和顶点（杨学龙等，2015）。本书采用"车相邻"定义其相邻关系，这种设置方式因简单而被广泛使用，即如果区域 i 与区域 j 有共同的边界，则 $w_{ij}=1$，否则 $w_{ij}=0$。

（2）空间反距离权重矩阵。与一阶邻接权重矩阵类似，空间反距离权重矩阵只是将相邻关系定义为区域间的地理距离，记区域 i 与区域 j 间的地理距离为 d_{ij}，定义距离的倒数作为空间权重的元素：

$$w_{ij} = \begin{cases} 1/d_{ij} & i \neq j \\ 0 & i = j \end{cases} \tag{4-4}$$

式中，d_{ij} 为以地区经纬度确定的空间距离（km）（刘艳军等，2008）。距离越近，d_{ij} 值越小，$1/d_{ij}$ 值越大，即权重值越大，区域间的相关性越大；距离越远，d_{ij} 值越大，$1/d_{ij}$ 值越小，即权重值越小，区域间的相关性越小。

图 4-5　"车相邻"图示

2）全局空间自相关

空间自相关模型主要考察要素空间地域分布相关性，其原理是考虑点的位置及其属性的变化，通过空间赋值状况来计算各个变量之间的相关关系（刘彦随，2011）。结果中，若相似的值在空间上互相毗邻，则两者被描述为极相关；若数值未能获得具体模式，则为随机状态。莫兰指数（Moran's I）是一种通用的空间自相关测量方法，计算公式为

$$\text{Moran's } I = \frac{\sum_{i=1}^{n} \sum_{j=1}^{m} w_{ij}(x_i - \bar{x})(x_j - \bar{x})}{s^2 \sum_{i=1}^{n} \sum_{j=1}^{m} w_{ij}} \tag{4-5}$$

式中，x_i 为点 i 的值；x_j 为点 i 邻近点 j 的值；w_{ij} 为空间权重矩阵；s^2 为 x 值与 x 均值的方差；n 为点数；x 为测量空间自相关的权重。

莫兰指数值域为 $[-1, 1]$。其中，莫兰指数值域为 $(0, 1]$，表示空间相关性为正，其值越大，空间相关性越明显；莫兰指数值域为 $[-1, 0)$，表示空间相关性为负，其值越小，空间差异越大；莫兰指数为 1，表示完全正相关，空间呈随机性；莫兰指数为 -1，表示完全负相关，空间呈相关性；莫兰指数为 0，表示不相关。莫兰指数值的显著性检验有两个标准系数，检验统计量 Z 值和概率 P 值。Z 值 < -1.65 或 > 1.65，P 值小于 0.1 时，置信率为 90%；Z 值 < -1.96 或 > 1.96，P 值小于 0.05 时，置信率为 95%；Z 值 < -2.58 或 > 2.58，P 值小于 0.01 时，置信率为 99%。

3）普通最小二乘线性回归

普通最小二乘线性回归是最基本的回归模型，对于每一个空间单元 A_i（$i =$

$1,2,\cdots,n$），计算公式为

$$Y = \sum_{q=1}^{Q} X_{iq}\beta_q + \varepsilon_i \qquad (4\text{-}6)$$

式中，Y 为因变量；X_{iq}（$q=1,2,\cdots,Q$）为自变量；β_q 为回归系数；ε_i 为误差项。

4）空间滞后模型和空间误差模型

空间计量模型是研究要素空间关系的重要研究方法，可以分为空间滞后模型（Spatial Lag Model，SLM）和空间误差模型（Spatial Error Model，SEM）。

SLM 方程为

$$Y = \rho W_y + X\beta + \varepsilon \qquad (4\text{-}7)$$

式中，Y 为因变量；ρ 为回归系数；W_y 为权重；X 为自变量；β 为参数；ε 为误差项。

SEM 方程为

$$Y = X\beta_0 + \sigma W_u + \varepsilon \qquad (4\text{-}8)$$

式中，Y 为因变量；X 为自变量；β_0 为参数；σ 为空间自回归系数；W_u 为权重；ε 为误差项。

4.2.2 农村居民点时空演变特征分析

4.2.2.1 农村居民点区位特征演变分析

1）自然区位特征演变

从农村居民点数量来看，研究区按不同高程划分为山区（≥400m）、丘岗区（200~400m）和平坝区（<200m）3 个地貌类型区，并将农村居民点的 3 期数据与其叠加发现，在平坝区，农村居民点数量总体呈逐年递增趋势；而在海拔200m 以上地区，农村居民点数量在 2010~2018 年先递减后递增。3 期数据比较显示，农村居民点主要集中在 200~400m 的丘岗区，2010 年、2014 年、2018 年居民点数量分别占当年居民点总数量的 79.06%、77.88%、76.61%。按不同坡度将研究区划分为 0°~5°、5°~10°、10°~15°、15°~25°、≥25° 5 个坡度级，并将农村居民点的 3 期数据与其叠加发现，当坡度为 0°~15°时，2010 年、2014年、2018 年农村居民点数量分别为 17 004 个、15 890 个、16 702 个，分别占2010 年、2014 年、2018 年当年居民点数量的 60.20%、59.45%、58.61%。按距水域距离将研究区划分为 0~500m、500~1000m、1000~1500m、1500~2000m、≥2000m 共 5 个区域，并将农村居民点的 3 期数据与其叠加发现，在距离水域的距离<1500m 的范围内，2010 年、2014 年、2018 年农村居民点数量分别为 22 826 个、21 570 个、22 869 个，分别占当年居民点量的 80.81%、

80.70%、80.25%（表4-4）。由此可见，研究区农村居民点主要集中在地势相对平坦、坡度相对缓和，以及距离水域相对较近的地方。

表4-4　农村居民点区位演变特征

指标	等级划分	农村居民点个数（NP）/个			农村居民点类型面积（CA）/km²			农村居民点平均斑块面积（MPS）/m²		
		2010 年	2014 年	2018 年	2010 年	2014 年	2018 年	2010 年	2014 年	2018 年
高程	<200m	1085	1097	1141	2.82	2.83	2.62	2599.08	2579.76	2296.23
	200~250m	6217	6155	6261	15.96	15.54	13.90	2567.15	2524.78	2220.09
	250~300m	7521	7108	7424	18.35	16.95	15.36	2439.84	2384.64	2068.97
	300~400m	8593	7553	8147	23.35	19.67	17.92	2717.33	2604.26	2199.58
	≥400m	4831	4816	5524	14.79	14.71	14.04	3061.48	3054.4	2541.64
坡度	0°~5°	2516	2373	2505	8.52	7.87	7.08	3386.33	3316.48	2826.35
	5°~10°	6706	6210	6393	22.18	20.14	18.00	3307.49	3243.16	2815.58
	10°~15°	7782	7307	7804	19.91	18.33	16.84	2558.47	2508.55	2157.87
	15°~25°	9013	8649	9441	20.91	18.97	17.78	2232.33	2193.32	1883.28
	≥25°	2230	2190	2354	4.54	4.40	4.14	2035.87	2009.13	1758.71
距水域距离	0~500m	9486	9119	9648	24.72	23.12	21.18	2605.95	2535.37	2195.27
	500~1000m	8068	7540	7914	21.91	20.02	18.28	2715.67	2655.17	2309.83
	1000~1500m	5272	4911	5307	13.99	12.81	11.76	2653.64	2608.43	2215.94
	1500~2000m	3061	2854	3056	8.16	7.53	6.91	2665.80	2638.40	2261.13
	≥2000m	2360	2305	2572	6.49	6.22	5.71	2750.00	2698.48	2220.06
距道路距离	0~1000m	9211	8388	8678	25.01	22.30	19.59	2715.23	2658.56	2257.43
	1000~2000m	6299	5866	6295	16.51	14.57	12.87	2621.05	2483.8	2044.48
	2000~3000m	4117	3959	4051	10.73	10.07	9.09	2606.27	2543.57	2243.89
	3000~4000m	2662	2561	2547	6.57	6.27	5.52	2468.07	2448.46	2167.26
	≥4000m	5958	5955	6926	16.45	16.49	16.78	2760.99	2769.1	2422.75
距城市距离	0~1000m	8665	7347	7205	24.58	19.76	17.05	2836.70	2689.53	2366.41
	1000~2000m	5589	5324	5257	13.98	13.21	11.00	2501.34	2481.22	2092.45
	2000~3000m	3502	3487	3491	8.48	8.34	7.25	2421.47	2391.74	2076.77
	3000~4000m	2963	2990	3280	7.23	7.23	6.59	2440.09	2418.06	2009.15
	4000~5000m	7004	7581	9264	19.58	21.16	21.95	2795.55	2791.19	2369.39
	≥5000m	524	0	0	1.41	—	—	2690.84	—	—

从农村居民点用地面积来看，2010~2018年研究区农村居民点用地减少11.43km²，下降15.2%。比较发现，在200~400m的丘岗区，2010年、2014年、2018年农村居民点用地面积分别占当年农村居民点用地总面积的76.60%、74.84%、73.90%；在0°~15°区域，2010年、2014年、2018年农村居民点用地面积分别占当年农村居民点用地总面积的67.24%、66.48%、65.66%；在距离水域距离<1500m的范围内，2010年、2014年、2018年农村居民点用地面积分别占当年农村居民点用地总面积的80.54%、80.27%、80.23%。不难发现，这与居民点数量分布特征具有相对一致性，均意味着研究区内农村居民点按照"地势较低、坡度较缓、距离水域近"的特点集中布局。

从农村居民点平均斑块面积来看，在不同高程等级上研究区农村居民点平均斑块面积均呈逐年下降趋势。比较发现，2010~2018年高程在300~400m的农村居民点平均斑块面积下降517.75m²，降幅最为明显，而高程为400m及以上的农村居民点，其平均斑块面积最大；在不同坡度级上，农村居民点平均斑块面积亦呈逐年下降趋势，其中坡度为0°~5°的区域下降最多，达559.10m²；在距水域距离上，不同等级农村居民点的平均斑块面积同样呈现逐年下降趋势，但差距不明显。

2）社会经济区位特征演变

按距道路距离将研究区的农村居民点划分为0~1000m、1000~2000m、2000~3000m、3000~4000m、≥4000m共5个等级区域，数据显示，在距离道路4000m以内的范围内，以道路为参照，农村居民点数量呈由近及远的减少趋势；在距离道路距离≥4000m的区域，交通通达度不高，农村居民点数量相对却较多。同时，面积较大的居民点分布在距离道路3000m以内范围内，且在2010~2018年呈现下降趋势。另外，农村居民点平均斑块面积在2010~2018年下降2036.51m²，其中减少最多的是距离道路距离为1000~2000m的区域，下降了577.08m²（表4-4）。由此可见，在既定范围内，交通通达度是影响农村居民点数量的主要因素，交通越方便，农村居民点数量越多、规模越大。

按距城市距离将研究区的农村居民点划分为0~1000m、1000~2000m、2000~3000m、3000~4000m、4000~5000m、≥5000m共6个等级区域，数据显示，在距离城市1000m范围内和距离城市4000~5000m范围内，农村居民点数量较多。这两个等级范围内农村居民点的数量特征在2010年、2014年和2018年具有一致性。但是，距城市越近的区域，农村居民点平均斑块面积不一定最大；在距离城市较远的区域，农村居民点平均斑块面积反而较大。另外，农村居民点平均斑块面积也是逐年下降，其中减少较多的是距离城市距离0~1000m和3000~4000m的区域，农村居民点平均斑块面积分别下降469.50m²和431.37m²。由此可见，距离城市越近，城市配套设施越齐全，生产、生活越方便，是农村居民点分布的重要区域，但受土地和人口城镇化的驱动，其变化亦更为剧烈。

4.2.2.2　农村居民点总体格局演变分析

如前所述，核密度分析能够反映农村居民点在空间上的分布形态，本部分采用 ArcGIS 的核密度分析模块，将 2010 年、2014 年、2018 年的农村居民点进行核密度计算，最后得到三个时期的核密度分布图（图 4-6～图 4-8）。

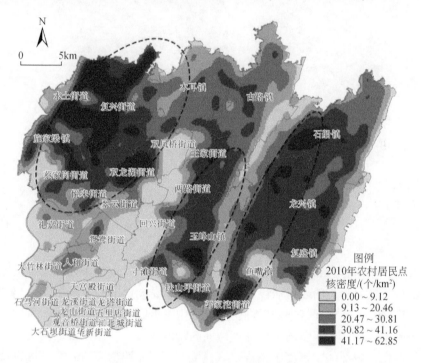

图 4-6　2010 年两江新区核密度分布图

（1）在 3 个时期内，两江新区农村居民点的核密度值先减后增再减。2010 年农村居民点核密度最高值为 62.85 个/km²，2014 年为 73.53 个/km²，2018 年则为 55.87 个/km²，单位面积内农村居民点数量减少；三个时期的农村居民点的低密度值占大部分范围。

（2）两江新区农村居民点总体分布散乱，但也具有依山脉带状分布、沿城区外围环状分布的规律。2010 年农村居民点高度聚集在水土街道和复兴街道，其余高密度区布局在玉峰山地带、玉峰山镇、双凤桥街道及古路镇；还有一部分聚集分布在石船镇、龙兴镇、郭家沱街道和复盛镇；可见农村居民点空间布局是

79

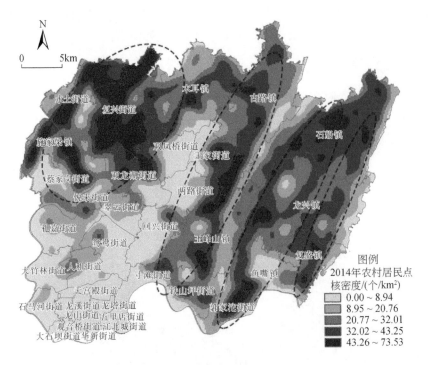

图 4-7　2014 年两江新区核密度分布图

带状分布，依山脉而布局。2014 年随着城市扩张，水土街道的农村居民点高密度区减少，复兴街道的农村居民点向西转移，双龙湖街道和木耳镇开始出现大部分高密度区；玉峰山地带增加了高密度区，中密度区范围开始扩大；石船镇的高密度区范围增加，龙兴镇的中低密度区向高密度区转移，龙兴镇的高密度区布局在东西两侧，中部的中密度区围绕主城镇散布，郭家沱街道的高密度区围绕鱼嘴镇东侧增加，说明城市的发展对农村居民点的布局有一定吸引力。2018 年复兴街道的高密度区依然表现为上升的态势，双龙湖街道的高密度区数量增加，每个高密度区的面积有减少；如图 4-8 所示，中密度区域沿曲线增加，且曲线条带上的高密度区数量增加，古路镇北部的中密度区增加，且木耳镇的中密度区有向古路镇北部增加的趋势。石船镇的高密度区增加，中密度区范围增加，龙兴镇的高密度点增加，中密度区围绕新兴城镇分布；复盛镇的中高密度区范围减少，2014年新增的高密度区随着鱼嘴镇的城市发展而有所减少，郭家沱街道的高密度区也减少；2018 年的高密度区分布较为集中，中密度区范围增加明显。

（3）2010～2018 年，研究区农村居民点从集中到分散，聚集区从西向东逐步转移。2010～2014 年，以西部水土镇、东部龙兴镇为代表的镇街属高值迁出；

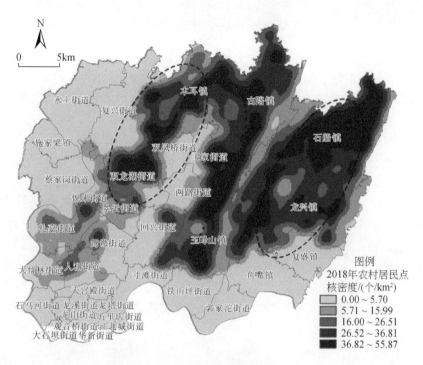

图 4-8　2018 年两江新区核密度分布图

以西部蔡家岗街道、北部木耳镇、中部双凤桥街道为代表的镇街紧随其后，属较高值迁出；而以西部复兴街道、东部石船镇、中部玉峰山镇为代表的镇街，则属较高值迁入。2014～2018 年，石船镇、古路镇、龙兴镇等镇街有大量新增农村居民点，而鱼嘴镇和郭家沱街道的农村居民点数量略有减少。研究时段内，水土街道、木耳镇和龙兴镇变化较为剧烈，在第一阶段其农村居民点以高值迁出为主要特征，而在第二阶段，其农村居民点以高值迁入为主要特征。农村居民点空间分布格局表现为高密度值由整变多而散，中高密度值由零散变带状分布。2014年、2018 年双凤桥街道居民点呈点状、条状分布，2018 年石船镇的中高密度区开始由零散点状分布变成带状分布，低密度区范围无明显变化差异。

采用核密度分析法生成研究区 2010 年、2014 年和 2018 年农村居民点核密度趋势数据。总体而言，研究区农村居民点用地聚集于区域北部，覆盖木耳镇、古路镇、石船镇等镇，呈现"西疏中密东集中"特征，西部农村居民点密度高，中部农村居民点密度低，东部农村居民点则呈组团式分布。

4.2.2.3 农村居民点景观格局演变分析

本书从斑块规模、斑块形状及空间构型3个方面对11个景观格局指数进行测度，并分三个时段：第一时段（2010～2014年）、第二时段（2014～2018年）和全时段（2010～2018年），分析2010～2018年研究区农村居民点景观格局演变特征。

1）斑块规模

使用斑块个数、斑块类型面积、平均斑块面积及最大斑块指数4项指标对农村居民点的斑块变化进行测度，发现2010年、2014年和2018年的斑块个数分别为21 314个、17 081个和22 890个；斑块类型面积从68.56km²下降到57.06km²；平均斑块面积从0.22km²下降到0.18km²；最大斑块指数从1.00上升到1.49。2010～2018年研究区农村居民点呈现斑块个数上升、斑块类型面积下降、平均斑块面积减小、最大斑块面积增大的趋势（图4-9）。这说明两江新区设立以后，农村居民点动态变化剧烈，破碎化、零星化、缩小化现象突出。2014年前后是两江新区农村居民点发展的关键时刻，斑块个数发生从减到增的转折。

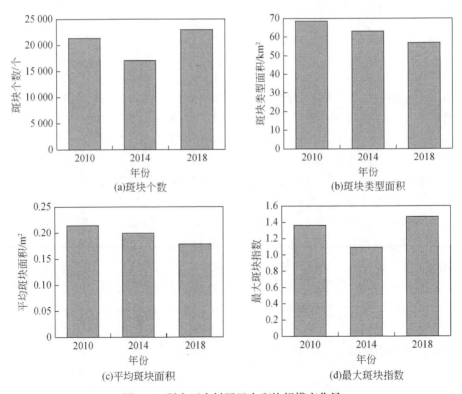

图4-9 研究区农村居民点斑块规模变化量

　　4 个斑块规模指标中，变化最剧烈为最大斑块指数，全时段内增长率为 47.52%，其中第二时段增长率高于第一时段 33 个百分点，表明某些特定区域的农村居民点规模急速扩大。斑块个数在第一时段减少 19.87%，在第二时段增长 34.01%，最终在全时段保持小幅增长。这说明研究区的农村居民点随着新区的设立经历了调整反复的过程。斑块类型面积和平均斑块面积在全时段的减小速率逐渐加大，其降低率分别为 16.82% 和 16.96%，说明区内农村居民点的破碎化加剧。

　　图 4-10 反映各镇街的斑块个数、斑块类型面积、平均斑块面积和最大斑块指数在 2010 年、2014 年和 2018 年的空间格局。总体上，研究区各斑块规模指标呈西南向东北递增的趋势，西北部城区农村居民点分布极少，东南部社会经济地位相对较低，农村居民点分布较为集聚。

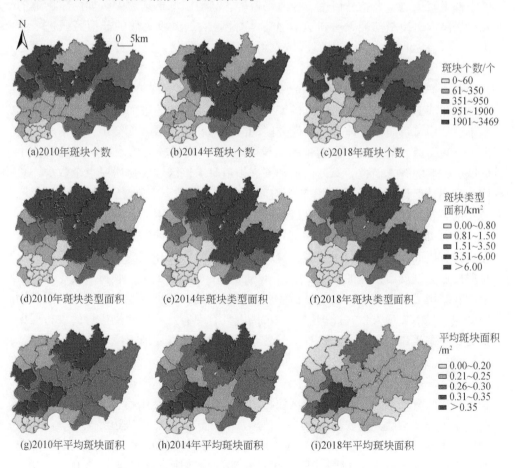

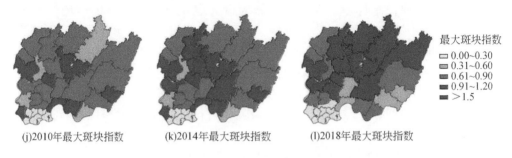

(j)2010年最大斑块指数　　(k)2014年最大斑块指数　　(l)2018年最大斑块指数

图4-10　研究区农村居民点斑块规模指标空间演变图

　　从单项斑块规模指标来看，2010～2018年斑块个数低值区域不断扩散，新增中部王家街道、大竹林街道、寸滩街道等；高值区域迅速萎缩，如两路街道的农村居民点斑块全部消失。到2018年，农村居民点斑块个数的低值区域进一步扩大，涵盖39%的镇街；中值区域农村居民点仅在龙兴镇、石船镇、复兴街道等少数区域聚集分布。

　　斑块类型面积变化同斑块个数变化的空间趋势基本保持一致，西北部缩小，中部及北部保持一定农村居民点的聚集。由于斑块个数的增加及斑块类型面积的减小，平均斑块面积总体减小，研究区的西北部和东南部表现突出，包括水土街道、复兴街道、复盛镇、鱼嘴镇等。至2018年，规模较大的农村居民点均位于离城区较近的鸳鸯街道、翠云街道和回兴街道等。该区域农村居民点个数少、总体规模小，但保留的农村居民点平均面积较大。加之该区域已成为城市扩张区域，这类农村居民点未来将发展成为城中村或转作城市用地。

　　最大斑块指数的高值区从中部零星分散逐步向周围扩散，并向东南部聚集。在平均斑块面积降低的同时，最大斑块指数高值的出现和扩散，说明研究区的农村居民点受到城市扩张的双重影响。一方面，由于城市扩张，农村居民点逐步被占用和转用；另一方面，由于城市发展的辐射带动，各类资源聚集于城市及其周围区域，吸引大量人口来此聚居，城市周围具有交通及地理区位优势的农村居民点成为外来人口居住的主要选择，导致个别农村居民点用地规模增大。

2）斑块形状

　　表4-5采用4个斑块形状指标，即景观形状指数、标准化景观形状指数、周长面积比及分形维数，测度研究区农村居民点斑块形状变化趋势。其中，农村居民点景观形状指数先增长后降低，总体增加。农村居民点斑块边界复杂，2010～2014年景观形状指数增大，逐渐偏离规则的几何形状。但从2014年起研究区农村居民点用地形状趋向规则。标准化景观形状指数则加速递减，2010年、2014年和2018年分别为0.21、0.20和0.18。比较而言，景观形状指数比标准化景观

形状指数反映出更多的居民点斑块变化信息。

表4-5　研究区农村居民点斑块形状指标变化

指标	2010 年	2014 年	2018 年
景观形状指数	460. 29	545. 54	525. 62
标准化景观形状指数	0. 21	0. 20	0. 18
周长面积比	60. 4	58. 91	61. 06
分形维数	−0. 28	1. 29	0. 64

　　周长面积比可以表示用地斑块的边界曲折程度。研究区斑块周长面积比先减后增，总体小幅度增加，边界曲折程度变化总体较小。第一时段变化率为−2.47%，第二时段为3.65%，全时段为1.09%（表4-6）。从前文斑块类型面积、平均斑块面积大幅度下降结果可见，研究区农村居民点斑块面积不断减小，且第二时段降幅大于第一时段，与周长面积比的变化趋同。由此可以推断，面积减小是周长面积比增加的主要原因。

表4-6　研究区农村居民点斑块形状指标变化率　　　　（单位:%）

时段	标准化景观形状指数	景观形状指数	周长面积比	分形维数
2010 ~ 2014 年	−4. 76	18. 52	−2. 47	—
2014 ~ 2018 年	−10. 00	−3. 65	3. 65	−50. 39
2010 ~ 2018 年	−14. 29	14. 19	1. 09	—

　　分形维数反映斑块形状的复杂程度。2010 年农村居民点分形维数为负，分形维数很低，意味着空间利用粗放，有大量闲置土地。2014 年增加至 1.29，农村居民点斑块形态发生剧烈变化，形状趋于复杂、不规则，边界曲折程度增加，但集约利用程度有较大提高。2018 年分形维数为 0.64，比 2014 年下降 50.39%，说明农村居民点用地复杂程度降低，逐渐规则化。这可能是由于政策引导加强，农村居民点用地逐步科学化和规范化。

　　从图 4-11 可以发现，在空间分布上，景观形状指数和标准化景观形状指数的分布格局和趋势基本一致，东北部逐步向西北部递减的趋势明显。以石船镇、龙兴镇为代表的东北部地区，景观形状指数较高，形状相对复杂，农村居民点演变方式以自然发展为主，人为干预少。至 2018 年，结合斑块类型面积演变特征可知，木耳镇、古路镇等新增的农村居民点多以粗放式扩张为主。从时间上看，景观形状指数及标准化景观形状指数的增大主要集中在东北部地区。其余区域基本保持平稳。

周长面积比的空间演变主要在第二时段（2014～2018年）较为显著，第一时段（2010～2014年）则未发生明显变化；第二时段，周长面积比大范围增加，涵盖中部、北部的多数镇街。2014年周长面积比处于80.01～90.00的镇街个数为10个，2018年则有15个。同时，西北部和东南部的水土镇、木耳镇、鱼嘴镇等的周长面积比显著提高，农村居民点的斑块边缘趋向复杂。

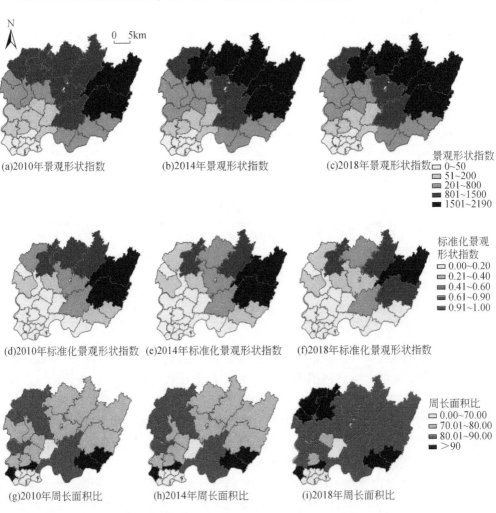

(a)2010年景观形状指数　　(b)2014年景观形状指数　　(c)2018年景观形状指数

景观形状指数
□ 0～50
▨ 51～200
▨ 201～800
▨ 801～1500
■ 1501～2190

(d)2010年标准化景观形状指数　(e)2014年标准化景观形状指数　(f)2018年标准化景观形状指数

标准化景观
形状指数
□ 0.00～0.20
▨ 0.21～0.40
▨ 0.41～0.60
▨ 0.61～0.90
■ 0.91～1.00

(g)2010年周长面积比　　(h)2014年周长面积比　　(i)2018年周长面积比

周长面积比
□ 0.00～70.00
▨ 70.01～80.00
▨ 80.01～90.00
■ ＞90

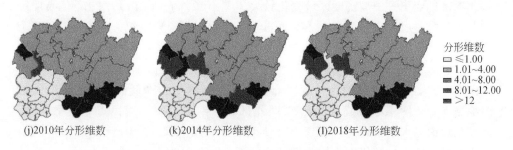

(j)2010年分形维数　　　(k)2014年分形维数　　　(l)2018年分形维数

图4-11　研究区农村居民点斑块形状指数空间演变图

　　分形维数的变化主要集中在西南部城区附近。受城市蔓延的影响，城市周围的农村居民点斑块变化剧烈，被逐步侵占。在转为其他用地类型的过程中，斑块形状趋向不规则化。在经历剧烈的形状变化之后，悦来街道的农村居民点斑块零星化，分形维数转为低值。

3) 空间构型

　　斑块密度反映研究区农村居民点在空间上的聚集—分散情况；斑块分散度反映农村居民点用地在空间上的邻近程度；斑块占景观比例可表征农村居民点在整个景观中的地位。据表4-7和表4-8，研究区农村居民点的斑块密度总体较低，变化不大。2010～2014年，密度小幅度降低，而在2018年又回升至与2010年持平的水平。斑块分散度持续降低，第一时段降低9.81%，第二时段降低5.05%，全时段降低14.36%，说明农村居民点的分散程度逐渐降低，聚集程度提高，与邻近农村居民点的距离缩短。

　　斑块占景观比例越大，表示某一类景观中最大的斑块所占面积越大，在景观中的优势度越高。在整个景观中，农村居民点的斑块占景观比例呈持续下降趋势，第一时段下降较快，全时段下降14.29%，同斑块类型面积结果一致，说明农村居民点用地面积逐渐缩小。

表4-7　研究区农村居民点空间构型指标及变化率

指标	指标值			变化率/%		
	2010 年	2014 年	2018 年	2010 年	2014 年	2018 年
斑块密度/（个/km^2）	10.42	9.85	10.5	−5.47	6.60	0.77
斑块分散度	4552.16	4105.62	3898.25	−9.81	−5.05	−14.36
斑块占景观比例	0.35	0.31	0.3	−11.43	−3.23	−14.29

　　从空间格局来看，研究区斑块密度呈非常明显的梯度变化，由西南部稀疏向

东北部密集变化，中高密度区域变化较大［图4-12（a）~（c）］。东北部的石船镇和龙兴镇农村居民点一直保持高密度聚集。2018年新增古路镇、复兴街道两个高密度区域。研究区中部受到两个方向的压力，靠近城区的农村居民点斑块密度降低，远离城区的农村居民点斑块密度增加。如图4-12（d）~（f）所示，2010~2018年，两江新区全域的农村居民点的斑块分散度不断降低，斑块之间的邻近度提高，聚集度不断提高。2010年西北部和东南部的农村居民点呈分散分布，以铁山坪镇、水土街道为代表。2014年西北部和东南部的斑块分散度逐渐降低，水土街道、铁山坪镇等镇斑块分散度均低于6000，复兴街道、施家梁镇、鱼嘴镇及复盛镇仍保持较高水平。至2018年，仅剩下东南部的鱼嘴镇、复盛镇和城区周围的零星斑块为高分散的居民点布局形式。

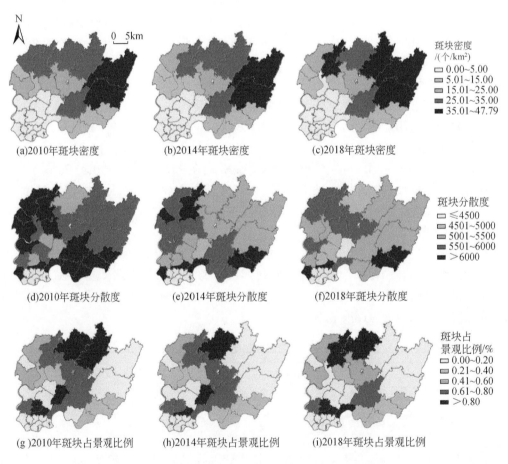

图4-12　研究区农村居民点景观分布格局指标空间演变图

2010~2018 年，农村居民点的斑块占景观比例不断减少 [图 4-12（g）~
（i）]，在景观中的地位逐渐降低。2010 年、2014 年、2018 年农村居民点的斑块
占景观比例小于 0.4 的镇街主要分布在东北部和西南部区域。中部区域的农村居
民点逐渐被其他用地类型取代。城区周围的农村居民点拆迁难度大，至 2018 年
仍然保持优势景观地位。而北部古路镇、木耳镇等镇的城市辐射相对较弱，农村
居民点的景观优势保持较高水平。

4.2.2.4　农村居民点动态演变分析

按照动态度公式得到研究区 2010~2018 年 367 个村级单位居民点动态度
（K）。农村居民点动态度可反映其用地量的变化情况，当其值为正时，表示净流
入；反之，表示净流出。2010~2018 年农村居民点用地空间演变主要呈现转出
状态。其中，2010~2014 年（第一时段）和 2014~2018 年（第二时段）两个时
间段，各村的居民点的演变特征不同。2010~2014 年是研究区的规划初期，处
于基础开发阶段，杂乱落后的基础设施和陈旧破烂的居民点需进行拆迁及整治。
2014~2018 年，研究区进入"形态开发、功能开发"战略新阶段，城镇化、工
业化高速发展，人口急速集聚。若将研究区农村居民点空间格局的演变分为自然
正向演变（$0\% < K \leq 5\%$）、自然负向演变（$-5\% \leq K \leq 0\%$）、加速正向演变
（$5\% < K \leq 20\%$）、加速负向演变（$-20\% < K \leq -5\%$）、剧烈正向演变（$K > 20\%$）
和剧烈负向演变（$K < -20\%$）6 种类型，则第一时间段中，自然负向演变
（$-5\% \leq K \leq 0$）占比最大，其次为加速正向演变（$5\% \leq K < 20\%$）；第二时间段
中，自然负向演变（$-5\% \leq K \leq 0$）占比最大，其次为加速负向演变（$-20\% \leq
K \leq -5\%$）（图 4-13~图 4-16）。

1）自然演变类型

（1）自然正向演变类型（$0\% \leq K \leq 5\%$）。该类型是指在村级范围内农村居
民点转入速率低且数量少，存在轻微增加，该类型的居民点地势相对平坦，低洼
起伏地段很少。第一时间段，该类型的村庄比较分散，主要有复兴街道、翠云街
道、木耳镇；第二时间段，该类型的村庄的数目持续下降，分布相对集聚，主要
有礼嘉街道、大竹林街道、天宫殿街道、双龙湖街道、玉峰山镇和龙兴镇。该类
型农村居民点增加位置在两个时间段的重合性较小，且第一时间段到第二时间
段，农村居民点 45 个下降到 33 个，占地面积从 21.37km² 下降到 13.27km²，平
均高程从 327.76m 下降到 306.05m，平均坡度从 14.27° 下降到 13.69°。

（2）自然负向演变类型（$-5\% \leq K \leq 0\%$）。该类型是指在村级范围内农村居
民点转出速率低且数量少，存在轻微减少，该类型的居民点地势较高，基础设施
落后。该类型的居民点主要集中于江北金融中心和现代服务业区，第一时段有水

土街道、施家梁镇、蔡家岗街道、双龙湖街道、龙兴镇。第二时段有复兴街道、双凤桥街道、水土街道、木耳镇。第一时段到第二时段，农村居民点由 220 个增加到 221 个，占地面积从 19.22km² 下降到 18.99km²，平均高程从 320.47m 下降到 309.18m，平均坡度从 14.07° 下降到 13.87°。该类型农村居民点在所有的类型中占比最多。

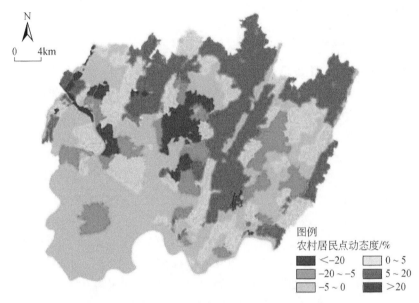

图 4-13 2010~2014 年研究区农村居民点动态度分布

2）加速演变类型

（1）加速正向演变类型（5%<K≤20%）。该类型是指在村级范围内农村居民点转入数量与规模都较高，动态度为正值，表明农村居民点出现规模化的扩展。该类型的农村居民点主要分布于龙石先进制造区和水复生态产业区。第一时段有古路镇、石船镇、复兴街道、木耳镇；第二时段有鸳鸯街道、人和街道。第一时段到第二时段，农村居民点由 56 个降至 25 个，占地面积从 21.13km² 下降到 9km²，说明该类型增长趋势在减缓，平均高程从 346.98m 下降到 302.15m，平均坡度从 14.47° 下降到 13.64°。

（2）加速负向演变类型（-20%≤K<-5%）。该类型转出农村居民点高于转入农村居民点，属于转出动态度高值区，因受公共政策、城镇化、城市规划等的影响，农村居民点需要转变成城镇建设用地或基础设施用地，有大量的农村居民点转出。村级范围内农村居民点转出数量与规模都较高，动态度为负值，为加速负向演变。从第一时段到第二时段，农村居民点由 28 个上升到 56 个，占地面积

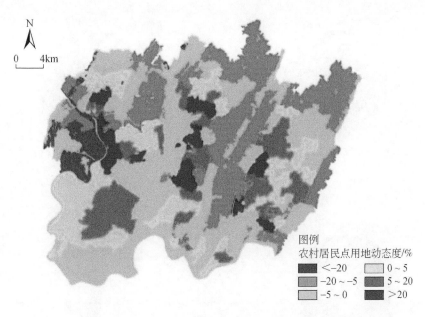

图 4-14　2014～2018 年研究区农村居民点动态度分布图

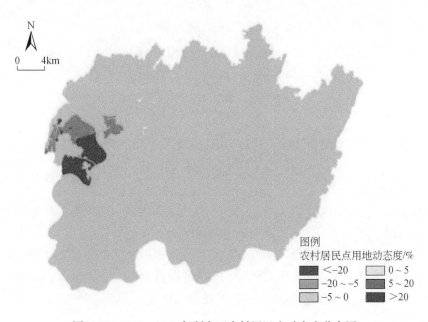

图 4-15　2010～2018 年研究区农村居民点动态度分布图

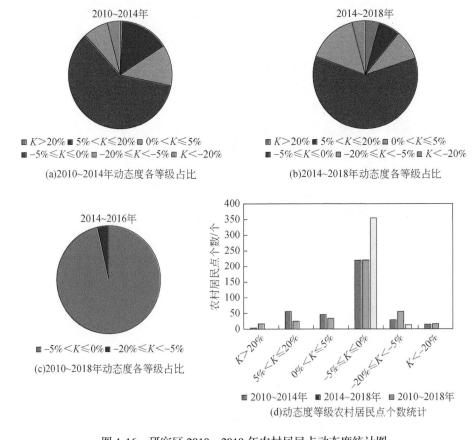

图 4-16 研究区 2010～2018 年农村居民点动态度统计图

从 11.79km² 上升到 20.92km²，说明加速负向演变的趋势在增加，平均高程从 316.44m 上升到 318.03m，平均坡度从 13.99° 上升到 14.05°。

3）剧烈演变类型

（1）剧烈正向演变类型（$K>20\%$）。该类型转入农村居民点远高于转出农村居民点，属于转入动态度高值区，在经济发展水平较高的村庄，因城镇化、交通条件等优势，大量的农村居民点转入。该类型的农村居民点分布较分散，第一时段有 3 个乡镇属于转入动态度高值区，第二时段有 16 个，占地面积从 0.01km² 扩大到 4.47km²，平均高程从 303.56m 下降到 302.55m，平均坡度从 11.15° 上升为 13.25°。

（2）剧烈负向演变类型（$K<-20\%$）。都市边缘的乡镇受到城市建设扩展和城乡一体化的影响，其农村人口往城市集中，开始定居城市，农户身份发生转

变，农户不再以农业为主，而是以第二、第三产业就业为主。第一时段主要有北部新区、蔡家高技术产业区和水复生态产业区，大致分布于双凤桥街道、悦来街道北部以及水土街道东部；第二时段大致分布在蔡家岗街道、施家梁镇、水土街道西南部。大规模拆迁从 15 个村上升至 16 个村，占地面积从 4.51km² 下降到 3.03km²，平均高程从 320.85m 下降到 285.6m，平均坡度从 12.46° 上升到 13.57°。

4.2.3　农村居民点演变驱动力分析

4.2.3.1　全局空间自相关分析

1）方法与指标

用普通最小二乘法（Ordinary Least Square，OLS）中的拉格朗日值和增强拉格朗日值，对 SLM 模型或 SEM 模型进行选择，在此基础上，基于 GeoDa 软件，分别以农村居民点演变的 11 个指标为因变量 Y，以自然和社会经济因素驱动的 10 个潜在驱动因子为自变量 X，建立空间回归模型。

演变特征指标分别为斑块个数（NP）、斑块类型面积（CA）、平均斑块面积（MPS）、最大斑块指数（LPI）、景观形状指数（LSI）、标准化景观形状指数（NLSI）、周长面积比（PARA）、分形维数（D）、斑块密度（PD）、斑块分散度（RC）、斑块面积比（PLAND）。潜在驱动因子分别为高程（GC）、坡度（DXPD）、地质灾害（DZZH）、距离水域距离（SYL）、距离城市距离（CS）、距离道路距离（DL）、距离耕地距离（GD）、总人口数（ZRK）、人均 GDP（GDP）、第二、第三产业比例（ESC）。

2）驱动因素识别结果

2010~2018 年研究区农村居民点驱动因素识别结果见表4-8。回归模型的 R^2 均较高，拟合程度较好。除 R^2 外，判断空间自回归模型稳定性的指标有 AIC 和 Log Likelihood 指标，AIC 越低而 Log Likelihood 越高则模型越稳定，由此判断模型具有一定的可靠性和稳定性。模型的结果也均通过 P 值检验。因地质灾害因子对所有演变指数不显著，故表4-8 中未列出。

表 4-8　2010~2018 年研究区农村居民点驱动因素空间回归结果

潜在驱动因子	NP	CA	PLAND	PD	MPS	RC	LPI	LSI	NLSI	PARA	D
常数项	0.00	0.01 **	0.64	0.00 **	0.01 ***	0.16	0.15	0.57	0.00 ***	0.00 ***	0.01 **
GC	0.96	0.02 **	0.56	0.84	0.98	0.53	0.01 **	0.37	0.39	0.85	1.00
DXPD	0.01 ***	0.00 ***	0.01 ***	0.14	0.1 *	0.08 *	0.06 *	0.68	0.35	0.03 **	0.88

潜在驱动因子	NP	CA	PLAND	PD	MPS	RC	LPI	LSI	NLSI	PARA	D
SYL	0.76	0.63	0.15	0.52	0.37	0.97	0.16	0.04 **	0.33	0.02 **	0.60
CS	0.06 *	0.20	0.10 *	0.00	0.01 **	0.65	0.58	0.46	0.76	1.00	0.79
DL	0.43	0.69	0.02 **	0.00	0.62	0.96	0.42	0.07 *	0.00 ***	0.74	0.01 ***
GDP	0.01 ***	0.27	0.03 **	0.23	0.76	0.41	0.80	0.01 ***	0.32	0.50	0.26
ESC	0.00	0.01 **	0.94	0.02 **	0.53	0.26	0.28	0.72	0.00 ***	0.10	0.14
ZRK	0.88	0.25	0.68	0.74	0.78	0.97	0.00 ***	0.32	0.27	0.02 ***	0.67
GD	0.95	0.96	0.51	0.75	0.99	0.15	0.10 *	0.13	0.27	0.62	0.10 *
R^2	0.71	0.58	0.26	0.63	0.48	0.20	0.48	0.36	0.68	0.35	0.56
AIC	−48.09	−2.79	−22.08	−52.68	3.33	3.71	−20.90	−9.29	−56.06	21.27	−42.62
Log Likelihood	35.04	12.40	22.04	37.34	9.33	9.15	21.45	15.65	39.03	0.36	32.31

* 为在 0.01 的水平上显著。

** 为在 0.05 的水平上显著。

*** 为在 0.001 的水平上显著

表 4-8 显示，研究所选择的自然、社会、经济因素对农村居民点的演变具有较强的解释性。其中，对斑块个数、标准化景观形状指数、斑块密度、斑块类型面积和分形维数的解释程度较高，R^2 均大于 0.5。

3）自然因子的影响

自然因子对居民点演变的影响具体体现在如下方面：①坡度对农村居民点演变的驱动作用最大，分别与斑块个数、斑块类型面积、平均斑块面积、斑块面积比、最大斑块指数、周长面积比、斑块分散度存在显著正相关关系，说明研究区新增的农村居民点用地多处在地形条件较差、以农村居民点景观占优势的区域。同时，这些新增居民点具有平均斑块面积大、边界曲折化、粗放化发展、斑块分散的特征。②高程也是重要的自然驱动力，对农村居民点斑块类型面积和最大斑块指数具有显著正向作用。地势较高区域的农村居民点总规模和单个农村居民点规模更易扩大。③距离水域距离对农村居民点的形状产生正向作用，与景观形状指数和周长面积比都具有显著正相关关系。距离水域距离越远，则斑块的形状越复杂粗放，说明远离水域的农村居民点斑块受人类活动的影响小，呈现出自然的发展状态。总体来看，自然因子与农村居民点的空间回归模型结果说明，研究区农村居民点在地形条件较差、远离水域的地方受到自然驱动力较大，存在总体规模大、斑块面积大、发展粗放等特点；而在地形条件较好或距离水域较近的区域，农村居民点的演变与自然条件缺乏显著的相关关系。

4）经济因子的影响

经济因子对农村居民点变化的影响体现在斑块规模、斑块形状及空间构型多方面。①距离城市距离越远，农村居民点斑块个数新增越多，斑块面积比越大，其平均斑块面积越大。这是由于邻近城市区域的农村居民点易被占用，故处于偏远区域的农村居民点规模壮大，占比相对上升。②人均 GDP 增速快的区域居民点斑块个数、斑块面积比和景观形状指数上升也快。③第二、第三产业比例上升与斑块类型面积、斑块密度及标准化景观形状指数的增长成正比。④道路周围的农村居民点容易被转化为其他用地类型，因此距离道路越远的区域，农村居民点景观优势越大。另外，距离道路距离与斑块形状的复杂程度也成正比，包括景观形状指数、标准化景观形状指数和分形维数，靠近道路的农村居民点斑块形状趋于规则、规范。

5）社会因子的影响

社会因子对农村居民点演变的驱动作用不明显，仅对最大斑块指数和斑块形状产生推动作用，对农村居民点的空间构型不具有显著影响。总人口数和距离耕地距离对最大斑块指数存在正向作用。随着城市的迅速发展，边缘区的农村居民点也成为人口流入的热点，从而导致某些区域农村居民点规模扩大。远离耕地的农村居民点更易发展成规模较大的斑块。由于规模更大的农村居民点通常拥有更好的交通条件、基础设施及工作机会，故农户更愿意向规模大的农村居民点迁入，进而推动特定区域农村居民点单个斑块面积增大。同时，社会因子推动斑块形状的复杂化、边缘的去曲折化，总人口数与最大斑块指数、周长面积比呈正相关关系，距离耕地距离与最大斑块指数、分形维数成正比。由于大量人口涌入，而农村居民点规划滞后，斑块的形状复杂化，农村居民点粗放扩张。

4.2.3.2　局部空间自相关分析

基于上述理论分析框架，结合研究成果（姜广辉等，2006；宋戈等，2012；曲衍波等，2011；孔雪松等，2012；王兆林等，2019）充分考虑研究区的实际状况，利用上述反映两江新区农村居民点演变特征的 11 个指标，分别与自然、社会、经济驱动因子进行空间自相关分析，甄别演变的驱动力。对因变量的 11 个指标分别用全局莫兰指数和 LISA 指数进行空间自相关检验，判断其是否存在空间溢出效应。模型结果均通过检验，说明两江新区农村居民点的分布在行政村之间存在显著空间自相关性，即在空间上呈集聚状态，适宜构建空间回归模型。

1）全局空间自相关

基于表4-9，利用全局空间自相关指数法分析两江新区农村居民点演变的全局空间自相关关系，从而探讨农村居民点的演变在时间和空间上是否存在显著的聚集或者离群现象（图4-17）。

表4-9　空间自相关显著性检验指标

一级指标	二级指标
斑块规模	斑块个数
	斑块类型面积
	平均斑块面积
	最大斑块指数
斑块形状	景观形状指数
	标准化景观形状指数
	周长面积比
	分形维数
空间构型	斑块密度
	斑块分散度
	斑块面积比

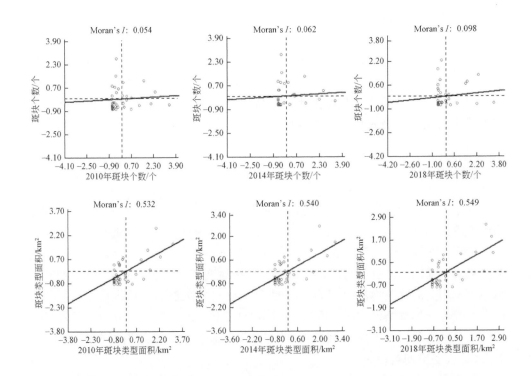

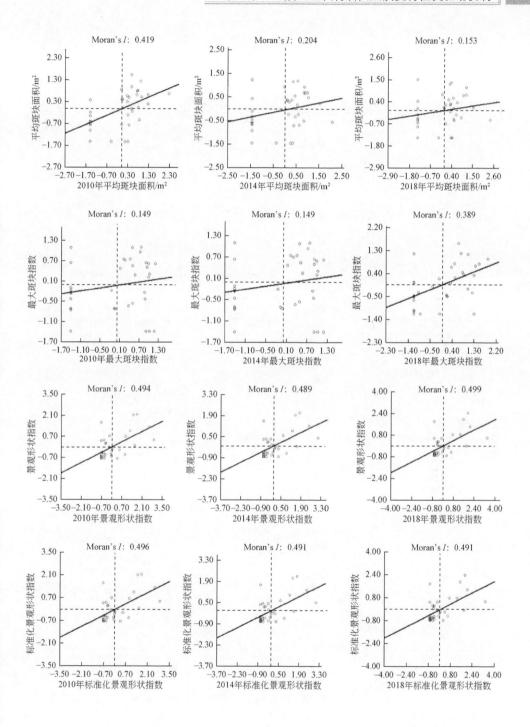

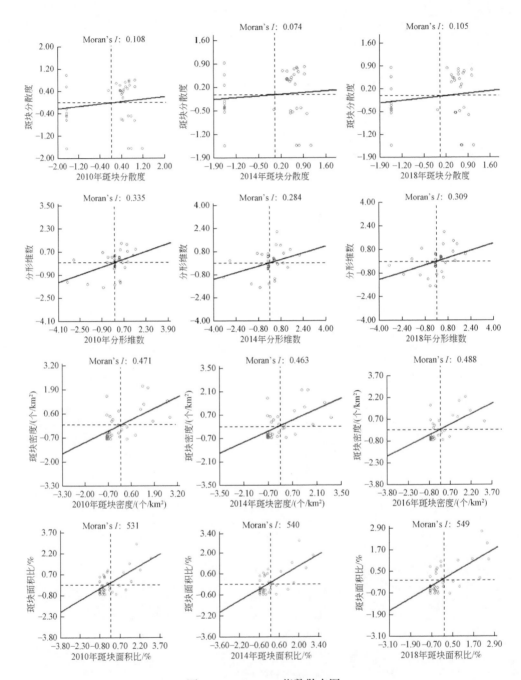

图 4-17　Moran's I 指数散点图

2010 年、2014 年、2018 年两江新区的全局莫兰指数均为正值，说明各乡镇或街道之间具有显著的正向经济社会相互影响，致使相邻地区具有相似的属性值；说明两江新区各个乡镇或街道的农村居民点演变的驱动机制均存在显著的空间正相关关系。也就是说，两江新区农村居民点演变过程中，在空间上呈现明显的集聚形态。

2010 年、2014 年、2018 年两江新区的全局莫兰指数均为正值，但波动性较大，说明两江新区农村居民点演变的空间正相关性较强，但是随时间的推移，空间相关性存在变化；群聚现象明显，但是随时间的推移，群聚现象会稍微变化。农村居民点演变速度高的乡镇趋向于相互聚集在一起，表现出了强烈的全局空间正相关，农村居民点演变速度低的乡镇也更趋向于相互聚集。

各散点分布于图的 4 个象限，其中较多的点分布于一、三象限，较少的点分布于二、四象限，说明两江新区农村居民点的演变在时间和空间上呈现出较强的空间自相关关系。两江新区农村居民点演变过程，在空间上的分布状态并非完全的随机状态，而是在整体上呈现一定程度的聚集状态。与前述一致，正值的全局空间自相关性系数，在一定程度上显示研究地区间要素具有显著的正向相互联系，导致空间上毗邻的地区具有相似的属性值。

2）局部空间自相关

基于表 4-10，采用局部空间自相关指数法分析两江新区农村居民点演变的局部空间自相关关系，LISA 指数的计算借助 GeoDa 软件实现。

表 4-10　主成分分析指标

一级指标	二级指标	年份	特征根	变异系数/%
斑块规模	斑块个数	2010	—	—
		2014	—	—
		2018	—	—
	斑块类型面积	2010	—	—
		2014	—	—
		2018	—	—
	平均斑块面积	2010	—	—
		2014	—	—
		2018	—	—
	最大斑块指数	2010	—	—
		2014	—	—
		2018	—	—

一级指标	二级指标	年份	特征根	变异系数/%
斑块形状	景观形状指数	2010	—	—
		2014	—	—
		2018	—	—
	标准化景观形状指数	2010	2.257	20.517
		2014	2.253	20.482
		2018	2.080	18.910
	周长面积比	2010	—	—
		2014	—	—
		2018	—	—
	分形维数	2010	—	—
		2014	—	—
		2018	—	—
空间构型	斑块密度	2010	6.688	60.798
		2014	6.662	60.561
		2018	6.734	61.220
	斑块分散度	2010	—	—
		2014	—	—
		2018	—	—
空间构型	斑块面积比	2010	—	—
		2014	—	—
		2018	—	—

注:"—"是指主成分影响力度指标的特征根小于1,说明该因素的影响力度不如一个基本的变量

利用 SPSS 软件对两江新区农村居民点演变特征的 11 个指标进行主成分分析,甄别演变驱动力的主成分。

表 4-10 显示的主成分中,斑块密度和标准化景观形状指数的特征根大于 1,所以这两个指标为主成分。2010 年,斑块密度和标准化景观形状指数的主成分方差占所有主成分方差的 81.315%,2014 年占 81.043%,2018 年占 80.130%。

2010~2018 年,两江新区农村居民点的局部莫兰指数见表 4-11。由于演变特征主成分的关系,表 4-11 中只列了斑块密度和标准化景观形状指数的局部莫兰指数,可以看到,2010 年、2014 年和 2018 年的斑块密度和标准化景观形状指数的局部莫兰指数为正数且均大于 0.5,表明两江新区各个乡镇(或街道)农村居民点

的演变与周围相邻区域农村居民点的演变呈空间正相关关系，具有趋同现象。

表 4-11　2010～2018 年局部莫兰指数

主成分	年份	局部莫兰指数
斑块密度	2010	0. 633 304
	2014	0. 631 720
	2018	0. 598 601
标准化景观形状指数	2010	0. 618 650
	2014	0. 620 485
	2018	0. 580 458

基于两江新区农村居民点演变的主成分指标和局部莫兰指数，以 2010 年、2014 年、2018 年三年为例，根据散点的分布位置可以得到两江新区各个乡镇（或街道）局部空间自相关的区域类型（图 4-18）。

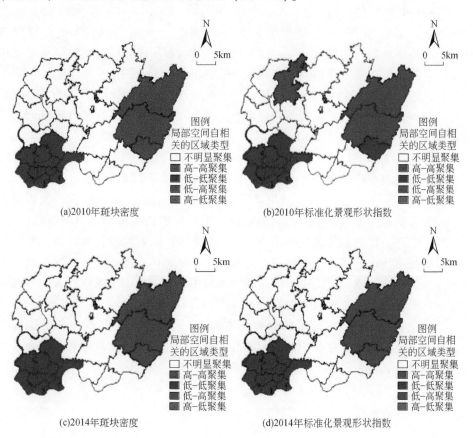

(a)2010年斑块密度　　　　(b)2010年标准化景观形状指数

(c)2014年斑块密度　　　　(d)2014年标准化景观形状指数

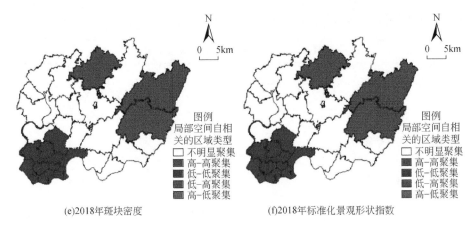

(e)2018年斑块密度　　　　　　(f)2018年标准化景观形状指数

图4-18　两江新区农村居民点主成分的 LISA 聚集性示意图

　　两江新区农村居民点演变有五种聚集情况，分别是高–高（H–H）聚集、高–低（H–L）聚集、低–低（L–L）聚集、低–高（L–H）聚集以及不明显（Not Significant）聚集。高–高聚集和低–低聚集的乡镇对应的局部莫兰指数为正，表明该区域农村居民点演变与周围相邻区域农村居民点的演变呈空间正自相关关系，其具有聚集分布的现象；高–低聚集和低–高聚集这种异常现象一般是因为行政区域内的政府对用地结构进行了大幅度改造，如因为经济需要对某区域进行大面积建设用地的扩张；不明显聚集，说明农村居民点演变具有随机分布的现象。

　　两江新区 2010 年、2014 年和 2018 年局部空间自相关系数为正，表明两江新区农村居民点演变趋向于相互聚集，表现出强烈的局部空间正相关，说明局部地区群聚现象显著。寸滩街道、五里店街道、江北城街道、华新街道、观音桥街道、大石坝街道、龙溪街道、石马河街道、大竹林街道和鸳鸯街道城镇化率高，农村居民点少，所以农村居民点表现为低–低聚集；而石船镇、龙兴镇、复盛镇和木耳镇是重庆市的国家统筹城乡综合配套改革试验区，因此加快推进了农村人口向城市的快速转移，又由于重庆市新区的城市魅力，吸引了大量的人，导致城市建成区土地的扩张，所以农村居民点表现为高–高聚集。

　　总体上，局部地区以显著的群聚现象为主，但也有地区呈现不明显聚集现象，如两江新区的西北部、中部和东南部。农村居民点演变速度高和低的乡镇更加趋向于聚集，也就是高–高聚集和低–低聚集。

4.3 重庆市县域农村居民点演变特征及驱动机制：万州区实证

4.3.1 研究区概况

万州区处于三峡库区，东与重庆市云阳县相邻，南靠重庆市石柱县和湖北省利川市，西连重庆市梁平区、忠县，北邻重庆市开州区和四川省开江县，东经 107°52′22″~108°53′25″，北纬 30°24′25″~31°14′58″。水路距离重庆市 327km，是长江流域的十大港口之一（图 4-19）。万州区地势中间低南北高，属典型亚热带湿润季风气候区，四季分明，降水充沛。2013 年，行政辖区包括 29 个建制镇、12 个乡和 11 个街道办事处，村民委员会 448 个，村民小组 3311 个，土地面积

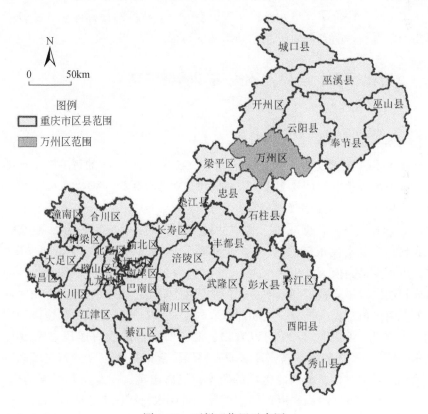

图 4-19 万州区位置示意图

3457km^2。全区常住人口中，城区人口95.34万人，城镇化率59.67%，地区生产总值70 203亿元，农民人均纯收入8618元。万州区为渝东北区域重要的工业、商贸、文化、交通中心和三峡工程移民最多的区县。

万州区既具备较好的经济社会条件，又处于库区生态脆弱和渝东北三峡库区城镇群发展大环境中；既有在渝东北的核心地位，又保留西部大农村的固有弊端；这些有利与不足充分体现在万州区的农村区域，特别是农村居民点空间格局中，以其为研究对象，既能反映三峡库区农村居民点的时空格局演变特征，又能体现转型时期新农村建设和农村土地综合整治特别是农村居民点整治的实践需求。

这里以万州区为三峡库区典型区县案例，以三峡工程蓄水前（1995年）、蓄水后（2012年）为两个时间点，选择村庄进行时空格局特征分析。以"1995年第一次全国土地调查""2009年第二次全国土地调查"基础空间数据作为基本数据源，分别代表三峡工程蓄水前后的状态，以万州区各乡镇、村域单元、农村居民点用地为综合评价研究单元，构建表征空间演变特征的指标体系，从分布、形态等角度挖掘和诊断农村居民点的动态演变特征。

4.3.2 万州区农村居民点格局演变特征识别

4.3.2.1 农村居民点密度特征

采用Kernel核密度估计法生成万州区1995年和2012年的每平方千米的农村居民点数量趋势数据（图4-20），农村居民点密度体现出"西密东疏"和从"高值成片集聚"向"多点小规模分布"转变的特征。

（1）农村居民点密度减小，呈"西密东疏"的整体空间差异。①1995年万州区农村居民点密度最高值为13.5个/km^2，平均值为2.80个/km^2。2012年农村居民点密度最高值为8.90个/km^2，平均值为2.56个/km^2，表明在单位面积范围内农村居民点最高数量降低明显，但均值差别不大，即两个时段万州区农村居民点的低密度值都占大部分，说明库区农村居民点布局较分散，单位面积内农村居民点个数低。②从图4-20可以看出，两个时间点的农村居民点密度都呈现"西密东疏"的整体趋势，高密度区即农村居民点聚集区主要分布在城区以西附近、沿江一带的乡镇，如西北区域的余家镇、后山镇，以及东北区域的白羊镇、太安镇。次高密度区沿高密度区周围扩散，说明农村居民点空间分布具有一定集聚性，高密度区从中心向外扩散。低密度区即农村居民点稀疏区主要位于东南部的茨竹乡、龙驹镇、梨树乡、地宝土家族乡（简称地宝乡）等乡镇片区。③农村

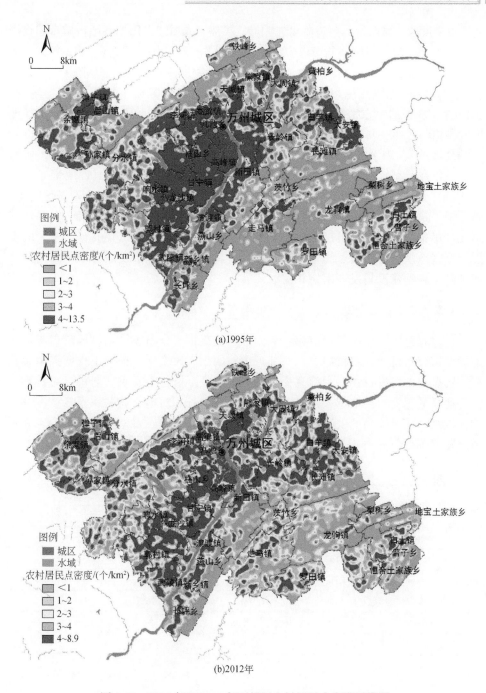

图 4-20　1995 年和 2012 年万州区农村居民点密度示意图

居民点密度值在城区及其附近降低。因城区扩展，农村建设用地逐渐被城市建设用地占用，1995 年万州区部分街道农村居民点还占有较高比例，而在 2012 年大部分街道实现 90% 以上的土地城镇化，使农村居民点密度值在城区出现塌陷区。

（2）农村居民点密度从"高值成片集聚"向"多点小规模分布"转变。①1995 年农村居民点密度的空间分布更集聚，农村居民点密集区域位于沿江西岸的街道与乡镇，集聚于沿江平缓河谷地带，高密度区集聚在龙都街道和城区外沿的高峰镇①，密度大致在 7 个/km²以上；低密度区主要在万州区东南部，农村居民点仅在建制镇或乡政府驻地有少量集中布局。②2012 年沿河谷地带布局的模式被打破，高密度区的空间分布呈现"多点小规模分布"的趋势，高峰镇、龙沙镇、武陵镇、天城镇②、余家镇等有一定数量的农村居民点集聚，但整体并不成片集聚；低密度区虽也在东南部，但与 1995 年相比，其数量有了较大的发展，这些地区农村居民点的增加一是与人口规模和当地经济发展有关，二是与交通基础设施的建设与发展密切相关。

4.3.2.2　农村居民点的邻近分布特征

通过农村居民点与邻近道路、不同地形等级程度分布表征农村居民点与周边地理要素分布特征。农村居民点与邻近道路的距离值变化，在一定程度揭示了农村居民点与外界进行物质、信息交流的便利程度。值越小，农村居民点对外和对内交通联系越便利，值越大则说明农村居民点对外和对内交通联系不畅。本部分选择铁路、国道、高速公路、省道、县道作为农村居民点对外联系的通道，邻近道路距离统计值见表 4-12，空间分异程度见图 4-21。

表 4-12　农村居民点邻近道路距离

邻近道路距离	1995 年农村居民点		2012 年农村居民点	
	统计/个	比例/%	统计/个	比例/%
0~300m	2945	30.15	3948	44.24
300~600m	2152	22.03	2432	27.25
600~1200m	2512	25.71	1992	22.32
1200~2000m	1449	14.83	466	5.22
>2000m	711	7.28	87	0.97
合计	9769	100	8925	100

---

① 2021 年，撤销高峰镇，设立高峰街道。
② 2021 年，撤销天城镇，设立天城街道。

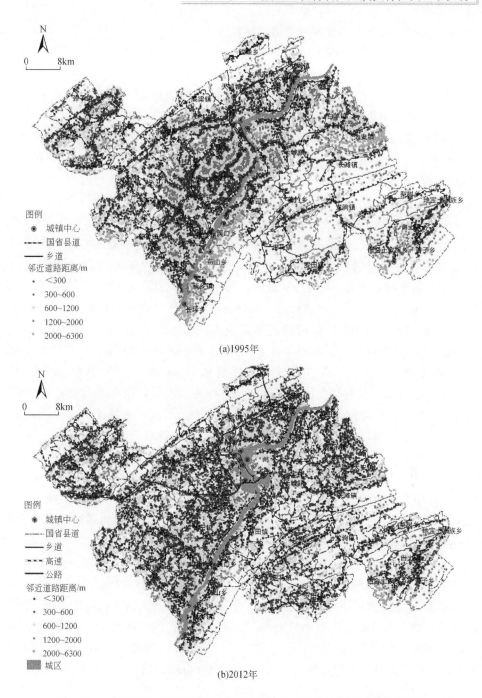

(a)1995年

(b)2012年

图 4-21　1995 年和 2012 年万州区农村居民点与道路的邻近距离空间分异

1）农村居民点空间分布受交通影响加大

计算 1995 年、2012 年的农村居民点与两个时间段的道路的邻近距离。结果显示，农村居民点之间的邻近程度有所减弱。1995 年农村居民点的平均最邻近距离为 309.55m，最小值为 97.43m，2012 年农村居民点的平均最邻近距离为 337.01m，最小值为 112.94m。

（1）道路对农村居民点布局的影响程度增加。1995 年农村居民点与道路的邻近距离最小值为 0.04m，最大值为 6279.4m，均值为 793.87m；2012 年农村居民点与道路的邻近距离最小值为 0.02m，最大值为 4231.9m，均值为 471.06m。从均值和最大值来说，万州区农村居民点与道路的邻近距离有所减小，即有更多的农村居民点用地沿道路布局。1995 年农村居民点与道路的邻近距离在 300m 以内的有 2945 个，占农村居民点总数的 30.15%；处于 300~600m 的农村居民点有 2152 个，占农村居民点总数的 22.03%；处于 600~1200m 的农村居民点有 2512 个，占农村居民点总数的 25.71%；处于 1200~2000m 的农村居民点有 1449 个，占农村居民点总数的 14.83%；>2000m 的农村居民点有 711 个，占农村居民点总数的 7.28%。2012 年与道路的邻近距离在 300m 以内、300~600m、600~1200m、1200~2000m 和>2000m 的农村居民点分别有 3948 个、2432 个、1992 个、466 个和 87 个，分别占农村居民点总数的 44.24%、27.25%、22.32%、5.22% 和 0.97%。从时间变化上来说，与道路的邻近距离在 600m 以内的农村居民点数量比例显著增加，在 1200m 以上的农村居民点数量及其比例在急剧减少，即农村居民点分布对道路的空间依赖性更明显（表 4-12）。

（2）农村居民点与道路的邻近格局呈"西近东远"的空间分异特征。图 4-21 显示，无论是 1995 年，还是 2012 年，与道路的邻近距离较大的农村居民点主要分布在恒合土家族乡（简称恒合乡）、梨树乡、茨竹乡和白羊镇，表明这些乡镇的农村居民点距离道路较远，对外的交通联系不便；与道路的邻近距离较小的农村居民点分布于城区附近以及李河镇、天城镇、高梁镇、熊家镇、龙沙镇等，表明这些乡镇的农村居民点对内和对外的交通联系比较方便。从时间上看，1995~2012 年平均最邻近道路距离有较大的变化，1995 年距道路 300m 以内的居民点较少，而 2012 年距道路 300m 以内的居民点明显增加，尤其沿江和城区附近，距道路 2000m 以上的农村居民点明显减少，只在西部边角的村落存在，这说明 1995~2012 年万州区的交通体系发生极大变化，高速、铁路的建设运营，新农村和土地整治工程带来的乡道建设都使得农村居民点在分布位置上发生变化。

2）农村居民点空间分布受地形影响减弱

自然环境因素包括自然资源和自然条件，如地形、水、气候、土壤等。针对研究区的面积、气候、土壤等要素在区内的差异不明显，选取高程与坡度两个因子来探讨地形因素对万州区农村居民点分布的影响。

（1）不同高程范围内的农村居民点空间分布变化。将万州区高程按照 DEM<200m（Ⅰ）、200≤DEM≤500m（Ⅱ）、500<DEM≤1000m（Ⅲ）、DEM>1000m（Ⅳ）分为四区并计算不同高程范围内 1995 年和 2012 年农村居民点数量、总面积、平均斑块面积 3 项指标。Ⅰ级区在 1995~2012 年无论是居民点数量、总面积，还是平均斑块面积都在减小，原因是三峡工程的建设，高程 175m 以下的居民点全部拆迁，大部分农村居民点都就地后置，故 17 年期间高程在 200m 以下的农村居民点数量和总面积都大大降低，这也是目前大型基础设施建设工程成为影响土地利用剧变的驱动机理之一。从Ⅱ~Ⅳ级区的整体变化来看，两个年份的农村居民点在高程 200m 以上区域的分布特征一致，即随着高程上升，其总面积、平均斑块面积均减小。从数量上看，1995~2012 年农村居民点增加数量和比例最多的是Ⅱ级区，其次为Ⅲ级区。从农村居民点数量上看，Ⅲ级区和Ⅳ级区略有增加，Ⅰ级区和Ⅱ级区减少，整体表明万州区农村居民点空间格局演变过程中，Ⅱ级区和Ⅲ级区的总面积是缓慢增加，而Ⅰ级区总面积是剧烈减少的（表 4-13）。

表 4-13　1995 年、2012 年不同高程范围内农村居民点分布特征

指标名称	DEM<200m（Ⅰ）		200m≤DEM≤500m（Ⅱ）		500m<DEM≤1000m（Ⅲ）		DEM>1000m（Ⅳ）	
	1995 年	2012 年	1995 年	2012 年	1995 年	2012 年	1995 年	2012 年
农村居民点数量/个	295	93	4 642	3 865	4 542	4 633	290	334
总面积/hm²	961.59	226.31	11 002.44	15 912.57	9 388.83	10 427.10	573.16	744.45
平均斑块面积/m²	32 596.27	24 334.41	23 701.94	41 170.94	20 671.14	22 506.15	19 764.14	22 288.92

（2）不同坡度范围内的农村居民点空间分布变化。将万州区坡度按照 SLOPE<8°（Ⅰ）、8°≤SLOPE≤15°（Ⅱ）、15°<SLOPE≤25°（Ⅲ）、SLOPE>25°（Ⅳ）分为 4 区，计算不同坡度范围内 1995 年和 2012 年农村居民点数量、总面积、平均斑块面积 3 项指标。万州区农村居民点用地规模并不是随坡度的增加而减小，这与很多实证研究结果不同。①从总面积数量和平均斑块面积变化上看，1995~2012 年农村居民点总面积和平均斑块面积主要在Ⅲ级区、Ⅰ级区和Ⅱ级区增加，在Ⅳ级区减少，即 17 年间，处于 25°以上的农村居民点正逐步转移到较低坡度区域，这与国家开展的退耕还林和土地集约等工作相一致。②坡度与农村居民点分布的关系并不呈现一种正相关或负相关的线性联系，这主要也与三峡为多山多峡谷地带，15°以上地区占比较大的现实条件以及农村居民点发展中地形

条件的限制性基础因素正在减弱有关（表4-14）。

表4-14 1995、2012年不同坡度范围内农村居民点分布特征

指标名称	SLOPE<8° （Ⅰ）		8°≤SLOPE≤15° （Ⅱ）		15°<SLOPE≤25° （Ⅲ）		SLOPE>25° （Ⅳ）	
	1995年	2012年	1995年	2012年	1995年	2012年	1995年	2012年
农村居民点数量/个	1 493	1 213	3 137	3 124	3 733	3 571	1 406	1 017
总面积/hm²	3 635.88	5 268.84	7 431.96	8 458.20	8 230.76	11 893.67	2 627.42	1 689.70
平均斑块面积/m²	24 352.85	43 436.52	23 691.30	27 074.90	22 048.65	33 306.27	18 687.20	16 614.55

4.3.3 万州区农村居民点形态演变特征识别

4.3.3.1 农村居民点形态由较规则转为不规则和无序化

通过反距离权重（Inverse Distance Weighted，IDW）法、样条（Spline）函数法、局部多项式插值（LPI）和通用克里金（Kriging）法对1995年和2012年农村居民点的景观形状指数进行空间插值，并对插值结果进行交叉检验，最终选择通用克里金法作为插值方法，得到1995年和2012年的万州区农村居民点形态空间分异图（图4-22）。

（1）1995年万州区农村居民点的景观形状指数在0.92~1.5，形状整体比较规则，复杂程度不高，不规则的农村居民点主要位于万州区城区、长江西岸各镇。而万州区东部地势高、地形破碎，农村居民点顺应地形而建，因而规模小，形状也较规则，仅仅在龙驹镇、走马镇政府所在地出现稍稍大于1.3的景观形状指数。

（2）2012年农村居民点的景观形状指数大大增加。东部区域的景观形状指数呈上升趋势，除原有龙驹镇、走马镇之外，东部区域各个乡镇的景观形状指数上升较快；景观形状指数超过2.5的农村居民点主要零落分布在万州区城区附近、西部的分水镇和东南部的太安镇等地。

4.3.3.2 农村居民点平面形态和扩展特征各异

选择万州区代表不同地貌特征、区位特征的7个乡镇在不同时间节点上的用地范围，并对比其平面形态，不难发现，地形、交通、中心城区等不同地域环境

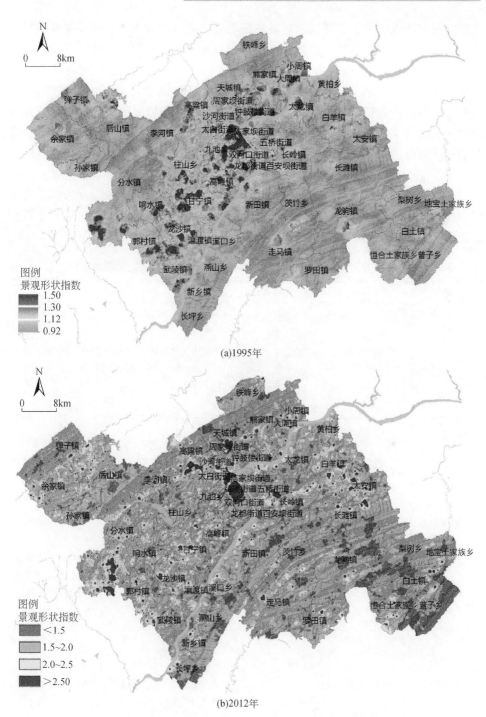

图 4-22　1995 年和 2012 年万州区农村居民点形态空间分异图

下的农村居民点平面形态特征和扩展特征表现不同（表4-15）。城郊型乡镇仍以就地组团式快速扩展为主，受城区中心作用以及城市规划影响，城郊型乡镇如天城镇、新田镇扩展规模和方向明显，《重庆市万州城市总体规划（2003～2020）—2011年修改》已将天城镇、长岭镇、高峰镇纳入中心城市发展组团，这些邻近城区的乡镇空间扩展会越来越大。河谷型乡镇以就地团状式扩展或搬迁团状式扩展为主，基础设施普遍较完善，内部联系紧密且居住、生产、交通、公共活动功能分区明确，但万州区河谷型乡镇的形态变化具有明显特点：受三峡工程影响，乡镇扩展多为搬迁，呈团状式扩展，如瀼渡镇、小周镇和太龙镇；丘陵区乡镇分布具有明显的公路、河道以及山麓线指向性，农村居民点平面形态及扩展方向呈条带状，如分水镇；山区乡镇农村居民点布局在坡度较平区域，平面形态呈弧线式扩展，但扩展不明显。

表4-15　万州区乡镇中几种典型农村居民点平面空间形态扩展特征表

类型	主要扩展形式	形态变化示意图	主要特征
城郊型乡镇	就地组团式快速扩展		规模大，邻近城区，基础设施配置好，扩展方式受城区影响大，面临转型时机
河谷型乡镇	就地团状式扩展		规模大、布局紧凑、边界明显；平缓地形，交通或水源优势度高。有一定范围平缓地形可供扩展，因三峡工程蓄水影响，乡镇就地向后扩展
	搬迁团状式扩展		规模较大、聚落边界明显，如小周镇、太龙镇、瀼渡镇。乡镇常建于平缓地形上，受三峡蓄水影响，乡镇整体搬迁。扩展空间受限
丘陵区乡镇	一字式扩展		规模较小，沿道路延伸，形态狭长，联系不便，如分水镇沿国道、高速狭长延伸呈一字式扩展，公共基础设施不易分配

类型	主要扩展形式	形态变化示意图	主要特征
丘陵区乡镇	弧线式扩展		规模一般，主要沿沟渠或道路呈弧线式扩展。内部构成均质化
山区乡镇	弧线式扩展		规模一般，选址于坡度平缓和山麓之处，或沿主要道路呈弧线式扩展，地形环境限制较大
	弧线式狭长不明显扩展		规模小，沿河流或主要道路延伸，受地形影响，延伸难度大，聚落边界模糊

4.3.4　农村居民点时空格局演变驱动机制分析

本部分以村级行政空间为单元，采用传统回归和空间回归方法对万州区农村居民点空间格局演变的驱动因子进行综合分析，从中寻找关键性因素。特别说明的是万州区的高笋塘街道、牌楼街道、陈家坝街道、钟鼓楼街道等 10 个街道人口城镇化率较高，故不纳入本部分研究范围。

4.3.4.1　农村居民点时空格局的空间自相关特征的确定

1）驱动机制评价指标的选取

本书依据前人研究成果，结合实地调查，因地制宜地选择村域农村居民点面积变化率为因变量，探讨其与地形、人口、经济以及与道路、行政中心的距离等相关指标的关系。具体指标见表 4-16。

表 4-16　驱动机制评价指标集

指标类型	具体说明	指标类型	具体说明
因变量	村域农村居民点面积变化率（VRS）	见式（4-9）	特殊因子	三峡工程（VTGS）	1995 年、2012 年沿江 18 个乡镇各村域水域面积变化率

指标类型		具体说明	指标类型		具体说明
自然	地形等级面积比例（$T_1 \sim T_5$）	见式（4-10），地形等级特指低地形、中低地形、中地形、中高地形、高地形	人口	人口密度变化率（VEP）	
资源	村域耕地面积变化率（VFARM）		交通可达性	主要道路影响范围面积变化率（$R_1 \sim R_4$）	见式（4-12），影响范围特指主要道路沿线 0～2 km、2～4 km、4～6 km、6～8 km 缓冲区
经济	地均 GDP 变化率（VEG）	见式（4-11）		乡级道路影响范围面积变化率（$C_1 \sim C_4$）	见式（4-13），影响范围特指乡级道路沿线 0～1.8 km、1.8～3.6 m、3.6～4.8 km、4.8～7.4 km 缓冲区
	第二、第三产业比例变化率（VEi）		区位可达性	城区中心影响范围面积比例（$M_1 \sim M_4$）	见式（4-14），影响范围特指城区中心 0～14 km、14～28 km、28～42 km、42～56 km 缓冲区
	农民人均收入变化率（VES）			建制镇中心影响范围面积比例（$D_1 \sim D_4$）	见式（4-15），影响范围特指建制镇中心 0～3.5 km、3.5～7.0 km、7.0～10.5 km、10.5～14.0 km 缓冲区

各指标计算方法如下。

$$VRS = \frac{rs_{2010} - rs_{1995}}{2a} \times 100\% \tag{4-9}$$

式中，VRS 为村域农村居民点面积变化率；rs_{2012} 为 2012 年村域农村居民点面积；rs_{1995} 为 1995 年村域农村居民点面积。

$$T_i = \frac{\text{不同等级地形在村域内面积}}{\text{村域总面积}} \times 100\% \tag{4-10}$$

$$VEG = \left(\sqrt[15]{\frac{E^{2012}}{E^{1995}}} - 1 \right) \times 100\% \tag{4-11}$$

式中，VEG 为地均 GDP 变化率；E^{1995} 为村域 1995 年的地均 GDP 值；E^{2012} 为村域 2012 年的地均 GDP 值。同理，VEi、VES 和 VEP 均按照式（4-11）进行计算，

仅将 E 更改为某村某年的第二、第三产业比例、农民人均收入和人口密度即可。

$$R_i = \frac{r_i^{2012} - r_i^{1995}}{S} \times 100\%$$
(4-12)

式中，R_i 为主要道路影响范围面积变化率；r_i^{1995} 为 1995 年主要道路沿线各缓冲区（0~2km、2~4km、4~6km、6~8km）在村域内的面积；r_i^{2012} 为 2012 年主要道路沿线各缓冲区（0~2km、2~4km、4~6km、6~8km）在村域内的面积；S 为村域总面积。

$$C_i = \frac{c_i^{2012} - c_i^{1995}}{S} \times 100\%$$
(4-13)

式中，C_i 为乡级道路影响范围面积变化率；c_i^{1995} 为 1995 年乡级道路沿线各缓冲区（0~1.8km、1.8~3.6m、3.6~4.8km、4.8~7.4km）在村域内的面积；c_i^{2012} 为 2012 年乡级道路沿线各缓冲区（0~1.8km、1.8~3.6m、3.6~4.8km、4.8~7.4km）在村域内的面积；S 为村域总面积。

$$M_i = \frac{城区中心各缓冲区在村域内面积}{村域总面积} \times 100\%$$
(4-14)

$$D_i = \frac{建制镇中心各缓冲区在村域内面积}{村域总面积} \times 100\%$$
(4-15)

为消除不同量纲的影响，必须对各指标数据进行标准化，标准化公式为

$$X_i = \frac{x_i - \bar{x}}{SD}$$
(4-16)

式中，X_i 为数据标准化值；x_i 为数据原值；$\bar{x}$ 为数据平均值；SD 为标准差。

2）多重共线性分析

在构建回归模型之前，需要对选择的驱动评价指标之间是否存在线性关系进行分析。如果指标因子表征的共同信息重合，就会存在较严重的多重共线性问题。多重共线性检验目前常用 t 检验、F 检验和方差扩大因子（Variance Inflation Factor，VIF）法，本节选择方差扩大因子法来反映模型及相关参数是否受多重共线影响，通常将 VIF>10 的解释变量删除，通过对表 4-16 中指标的分析，将 VE_i、T_4、T_5、R_2、R_3、R_4、C_2、C_3、C_4、M_2、M_3、M_4、D_2、D_3、D_4 剔除，保留 12 个评价指标。

3）农村居民点结构格局的空间自相关确定

根据空间自相关方法，先建立 4~12km 距离不等的权重矩阵，再基于 GeoDa 软件对万州区村域农村居民点面积变化率（VRS）和 12 个评价指标进行空间自相关指数的计算，结果见图 4-23。1995~2012 年村域农村居民点面积变化率和大部分评价指标都表现出了空间自相关，随着距离的增大而减少。

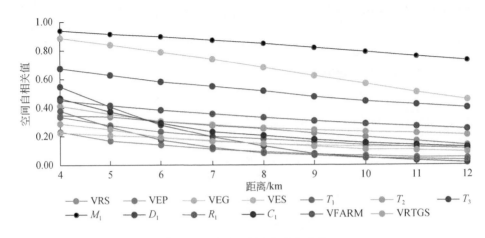

图4-23　各变量的空间自相关值

4.3.4.2　农村居民点时空格局演变的全局回归分析

1）全局回归模型的判定

全局回归模型可整体分析评价因子对农村居民点时空格局的影响。对于 SLM 和 SEM 两种空间回归模型的选择，可通过模型残差的莫兰指数进行检验，并使用 OLS 模型的 4 个拉格朗日乘数（Lagrange Multiplier）和稳健算子拉格朗日乘数（Robust Lagrange Multiplier）方法检验结果（表4-17），可以看出，LM-lag 和 LM-error 均显著，但 Robust LM-lag 比 Robust LM-error 更显著，因此本部分将选择 SLM 模型进行全局回归模型的模拟。

表4-17　OLS 模型拉格朗日乘数统计量检验

拉格朗日乘数统计量	MI/DF	T 值	P 值
莫兰指数（error）	0.371	14.41	0.000
LM-lag	1	192.92	0.000
Robust LM-lag	1	8.98	0.003
LM-error	1	185.32	0.000
Robust LM-error	1	1.38	0.240

2）模型的估计与分析

（1）空间全局回归模型估计。在 GeoDa 通过因变量和自变量分别构建基于一阶邻接空间权值矩阵的 OLS 模型和 SLM 模型，分析结果如表4-18 所示。

表 4-18　1995～2012 年村域农村居民点面积变化率的回归模型分析结果

变量	OLS 模型			SLM 模型		
	相关系数	T 值	P 值	相关系数	Z 值	P 值
常数	1.245	3.949	0.000	0.731	2.703	0.007
VEP	−0.004	−0.011	0.991	0.142	0.510	0.610
VEG	−0.570	−1.574	0.116	−0.639	−2.112	0.035
VES	−0.821	−2.248	0.025	−0.292	−0.955	0.340
T_1	−1.466	−2.556	0.011	−0.742	−1.546	0.122
T_2	3.002	7.502	0.000	2.598	7.525	0.000
T_3	−1.374	−3.401	0.001	−0.832	−2.454	0.014
M_1	−0.238	−0.601	0.548	−0.448	−1.349	0.177
D_1	0.362	0.973	0.331	0.021	0.066	0.947
R_1	1.569	4.454	0.000	0.991	3.352	0.001
C_1	−0.108	−0.315	0.753	−0.008	−0.028	0.978
VFARM	−0.790	−2.223	0.027	−0.816	−2.730	0.006
VTGS	−0.268	−0.473	0.637	−0.508	−1.073	0.283
VRS				0.564	12.879	0.000
	R^2：0.392　LIK：−1799.71			R^2：0.62　LIK：−1730.11		
	AIC：3625.42　SC：3680.99			AIC：3488.23　SC：3548.08		

　　从表 4-18 中可以得出：SLM 模型的 LIK 值为−1730.11，大于 OLS 模型的−1799.71；其 AIC 和 SC 值则低于 OLS 模型，SLM 模型的 R^2 为 0.62 大于 OLS 模型的 0.392，根据空间回归模型评价原则，SLM 模型最大似然估计值 LIK 相对 OLS 模型要大，并且估计值为负值，表示模型拟合较好，同时 SLM 模型的 AIC 值比 OLS 模型的 AIC 值要小，表示拟合较好。通过上述研究分析可得出 SLM 模型在考虑空间自相关情况下，比 OLS 模型有明显改善。

　　（2）结果分析。表 4-18 中 SLM 模型各相关系数值表明：①从整体层面上看，村域农村居民点面积变化率与 VEP、T_2、R_1、D_1 表现出正相关，与 VEG、VES、T_1、T_3、M_1、C_1、VFARM、VFARM、VTGS 都表现出负相关，从相关系数绝对值来讲，中低地形面积比例（T_2）和主要道路影响范围（0～2km）面积变化率（R_1 的）相关系数最大；②中低地形面积比例和主要道路影响范围（0～2km）面积变化率与村域农村居民点面积变化率呈强烈正相关，两项指标对农村居民点整体变化影响显著；村域耕地面积变化率、中地形面积比例与村域农村居民点面积变化率呈较强烈的负相关，两者对农村居民点整体变化影响同样显著，其他因素作用并不明显；③通过 OLS 模型和 SLM 模型的比较，SML 模型考虑了空间关联作用，其结果减弱了中低地形面积比例和中地形面积比例在 OLS 模型中的显著作用，同时增强了地均 GDP 变化率、村域耕地面积变化率与城区中心影响范围（0~14km）面积比例对村域农村居民点面积变化率的显著作用。

4.3.4.3　农村居民点时空格局演变的局部空间回归分析

全局空间回归模型是在一般回归分析理论的基础上引入了空间依赖性理论和技术，从模型的相关系数可看出，不同评价指标对农村居民点时空格局演变的影响程度不同，但是同一个评价指标在 SLM 模型研究中存在作用大小相同的假设，忽略了空间分异性特征，这影响农村居民点时空格局驱动机制评价的精确性。

地理加权回归（Geographically Weighted Regression，GWR）模型是同时考虑空间关联和空间分异性两大地理特征的回归模型，可获得不同评价指标随地理位置变化而变化的参数估计，可用于反映各评价指标对农村居民点时空格局作用的分异程度。本书以万州区 1995~2012 年村域农村居民点面积变化率为因变量构建 GWR 模型，以期识别出在不同地理位置上各评价指标对村域农村居民点面积变化率的影响和范围。

1）最优带宽计算结果

应用 ArcGIS 10.5 软件中的 GWR 模块，分别选用固定型与调整型的 AIC 带宽方法、固定型与调整型的 CV 带宽方法共 4 种方法进行运算，结果见表 4-19。

表 4-19　不同方法下 GWR 模型最优带宽选择

项目	AIC 带宽方法		CV 带宽方法	
空间核	调整型	固定型	调整型	固定型
带宽	18 048.58		18 012.22	
残差平方和	15 725.43	20 180.50	15 605.14	20 160.12
有效数目	93.17	65.47	93.56	65.35
Sigma	5.99	6.584	6.000	6.587
AIC	3 478.86	3 549.79	3 455.01	3 543.61
R^2	0.835	0.703	0.838	0.703
R^2 adjusted	0.737	0.62	0.74	0.62

两个回归模型的 AIC 值相差大于 3，则认为较优选择为 AIC 值小的模型。从表 4-19 可以看出，调整型空间核的拟合度明显高于固定型空间核。在 CV 与 AIC 两种调整型空间核中，CV 带宽方法优于 AIC 带宽方法；调整型 CV 带宽方法得

到的 AIC 值为 3455.01, 与 OLS 模型 (3625.42) 和 SLM 模型 (3488.23) 相比, 其差值大于 3, 证明通过调整型 CV 带宽方法确定的带宽构建的 GWR 模型拟合效果较好。

2) 回归系数

GWR 模型拟合的各评价指标统计情况见表 4-20, 结果表明, 所有评价指标都存在正负向影响, 但正负比例有差异, 大部分指标负向影响超过了正向影响。仅有 T_2、R_1、C_1、D_1、VEP 为正向影响超过负向影响, 对农村居民点面积变化的影响是正向驱动, 而其他指标或是负向驱动, 或者是驱动范围有局限。

表 4-20 GWR 模型参数估计值的统计描述

描述指标	最小值	最大值	中位数	平均值	负值率/%
常数项	−5.82	2.69	−1.01	−1.08	59.89
VEP	−1.45	3.69	0.13	0.22	46.33
VEG	−1.89	3.69	−0.46	−0.09	60.45
VES	−11.93	4.48	−0.85	−1.64	66.10
T_1	−19.46	4.34	−1.26	−2.26	65.16
T_2	−0.55	6.26	2.94	2.87	4.52
T_3	−3.59	2.77	−0.42	−0.33	59.13
M_1	−6.77	0.67	−1.45	−1.92	91.90
D_1	−1.50	1.86	0.35	0.36	35.97
R_1	−0.19	4.22	1.35	1.41	10.92
C_1	−1.71	1.41	0.21	0.23	24.67
VFARM	−5.17	1.64	−0.99	−1.11	60.08
VTGS	−6.87	5.49	−0.64	−0.68	62.52

3) 各评价因子局部驱动分析

(1) 农村居民点空间格局演变局部拟合度分异明显。从图 4-24 可以看出局部回归模型拟合度在空间上存在分异, 拟合度的高值区和低值区分布都比较集中。高值区主要分布在万州区城区以西附近与西部丘陵区的交叉区域, 行政上有柱山乡、李河镇和分水镇的一部分, 长江东岸东南角的走马镇的拟合度较高。而整体拟合度较低的地区位于长江东北岸的白羊镇以及黄柏乡、太安镇的一部分。村域范围来看, 拟合度的平均值大约在 0.66 左右, 具有较高的拟合程度。平均值没有达到经典回归模型要求的 0.8, 是由于农村居民点空间格局演变过程中受到政策、市场化影响, 这些因子很难定量化, 并且评价指标在各个村域的作用程度不等，但整体上来说，该拟合度可以说明农村居民点面积变化的原因和发展趋势。

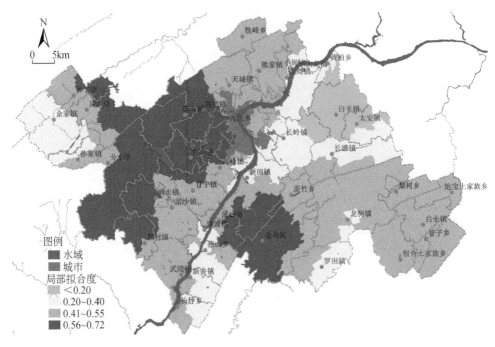

图 4-24　万州区农村居民点局部拟合度分布图

（2）人口密度变化率正向驱动较明显，但局部限制大。图 4-25 为万州区人口密度变化率的回归系数分异图，大于 0 的回归系数分布与小于等于 0 的回归系数分布整体呈两大区域。第一，大于 0 的回归系数主要分布在万州区西南余家镇、孙家镇至长江东岸的走马镇、罗田镇，为人口密度变化率驱动农村居民点面积变化的正向作用区域，尤其以分水镇为主，回归系数大于 2。另外，万州区城区正北方向的熊家镇、大周镇、小周镇部分村落人口密度变化率的回归系数主要为 0.01~2.00，同样为人口密度变化率驱动农村居民点面积变化的正向作用区域。第二，小于等于 0 的回归系数也主要分布在两大片：①城区以西的高梁镇、李河镇、高峰镇、柱山乡和几个街道的小部分区域，该区域是城市扩展方向之一，人口和用地逐渐向城市转移，故村域农村居民点面积变化率值不高甚至出现负值，该区域村域农村居民点面积变化率受人口的影响非常小；②万州区东部偏远山区的梨树乡、地宝乡、白土镇、长滩镇等，该区域农村居民点增加不受人口影响，当地农户对居住的要求并不受人口数量影响，而是根据收入和传统习俗等因素增加住房，扩大农村居民点用地，故人口因子在该区域驱动作用不明显。通过对人口密度变化率对农村居民点变化的影响看出，人口因子不是在任何一个区域都能成为正向驱动因子的，它在农村居民点自然演变路径中的作用较明显。

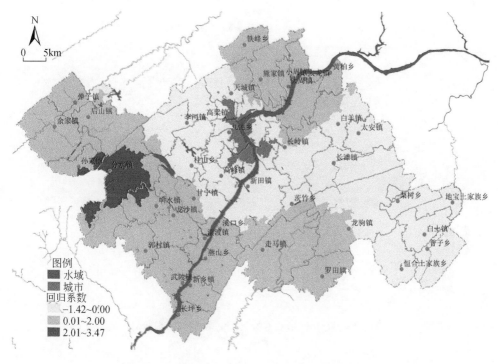

图 4-25　万州区人口密度变化率的回归系数分异图

（3）地均 GDP 变化率有一定正向驱动，但作用范围小。图 4-26 为万州区地均 GDP 变化率的回归系数分异图。大部分相关研究证明地均 GDP 变化率与农村居民点面积变化呈正相关。但本案例研究中 60% 以上乡镇的地均 GDP 变化率的回归系数小于等于 0，同人口密度变化率的负回归系数分布比较一致，位于万州区西北和东北区域，说明该区域地均 GDP 变化率与农村居民点面积变化呈负相关，实质上是城区中心村域农村居民点面积变化率很低，大部分转为城市建设用地；另外，回归系数为负值的区域也表明地均 GDP 变化率在该范围的驱动作用不明显。而回归系数大于 0 的区域主要是万州区的西南、长江两岸和东南的部分村落。郭村镇、龙沙镇、响水镇、武陵镇、罗田镇的地均 GDP 变化率的回归系数高于 1.5，说明万州区南部区域农村居民点面积变化受到来自地均 GDP 变化率的正向驱动。

（4）农民人均收入变化率具有一定正向驱动，但作用范围较小。图 4-27 为万州区农民人均收入变化率的回归系数分异图。与许多研究不同的是，本案例中

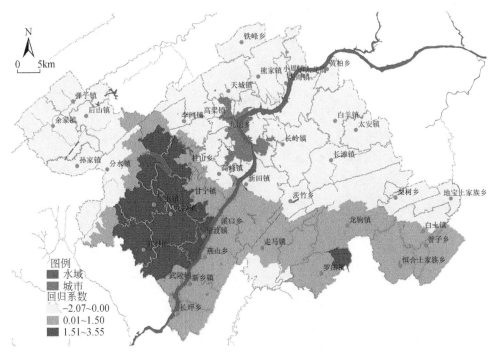

图 4-26　万州区地均 GDP 变化率的回归系数分异图

农民人均收入变化率整体对农村居民点面积变化的驱动不大，并且小于等于 0 的回归系数占到绝大部分区域，大于 0 的回归系数仅分布在西南方向，以响水镇为中心，周边的郭村镇、分水镇、龙沙镇、武陵镇等的回归系数高于 1.50；另外高值区域周边的瀼渡镇、新乡镇、长坪乡等以及东南的梨树乡、地宝乡、白土镇、长滩镇等的回归系数在 0.01～1.50，即万州区西南和东南区域的农村居民点面积变化受农民人均收入变化率正向驱动较高。从人口密度变化率、地均 GDP 变化率和农民人均收入变化率来看，局部回归分析能更清晰地辨明具体哪些村域受人口、经济指标的主导驱动，哪些村域则不受人口、经济指标的影响或者说有其他更主导的驱动因子作用。例如，万州区西部丘陵乡镇如龙沙镇、武陵镇、分水镇，农户收入较高，整个农村居民点受到人口、经济的正向影响加速发展。

（5）低地形面积比例的正向驱动范围很小。图 4-28 为万州区低地形面积比例的回归系数分异图。相关研究表明，城乡农村居民点用地大部分布局在平缓地形和低海拔区域，即低地形面积比例越大，农村居民点在此区域新增和扩展的可能性越高。但在本案例研究中，低地形面积比例的回归系数在大部分地区为负数，低地形面积比例与农村居民点变化呈负向的范围高于呈正向的范围。仅万州

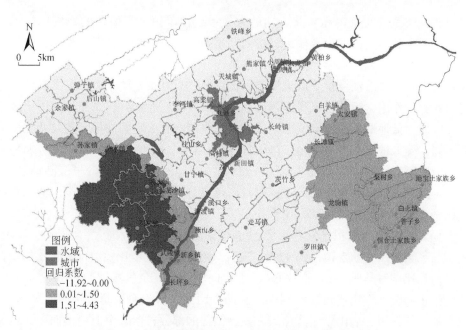

图 4-27 万州区农民人均收入变化率的回归系数分异图

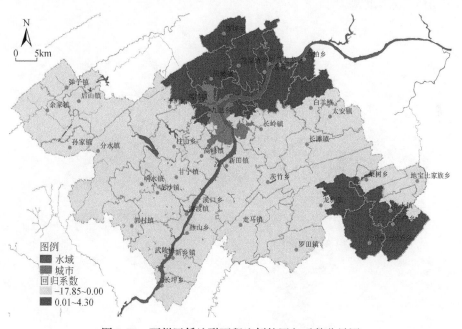

图 4-28 万州区低地形面积比例的回归系数分异图

区正北天城镇、熊家镇和东北方向的太龙镇、白羊镇，东南角的龙驹镇、恒合乡、普子乡和白土镇等少数偏远村落回归系数大于0。原因有三：第一，沿江乡镇受三峡工程影响，水面上升，居民点搬迁，布局在平缓地区的农村居民点用地大量减少，导致沿江乡镇受低地形驱动作用小，只有太龙镇、黄柏乡受到低地形正向的驱动作用；第二，万州区西部地区地形较好，但农村居民点发展历史高于东部区域，低地形面积比例范围内的农村居民点已有一定的规模，故其变化率的值不高，受低地形面积比例正向驱动作用非常小；第三，东部偏远村落地形复杂，但同时农村居民点在直辖以前个数少、规模小，还有一定的平缓陆地区域，在一定的收入提高和政策引导下，农村居民点选址易偏于低地形范围，低地形面积比例对该范围的正向驱动作用大。

(6) 中低地形面积比例有很强的正向驱动，且作用范围大，图 4-29 显示，其回归系数大于0的乡镇占到95%，仅仅只有走马镇、罗田镇的部分村落的中低地形面积比例对其驱动作用不明显或为反向驱动，其余区域回归系数皆大于0，该因子正向驱动作用明显且范围大。驱动作用大，回归系数超过4的有分水镇、响水镇、郭村镇、后山镇、武陵镇和龙沙镇等的部分村落，中低地形面积比例驱动明显。这项结论与大部分相关研究结论相似，农村居民点的发展由低地形区域向中低地形区域扩展。

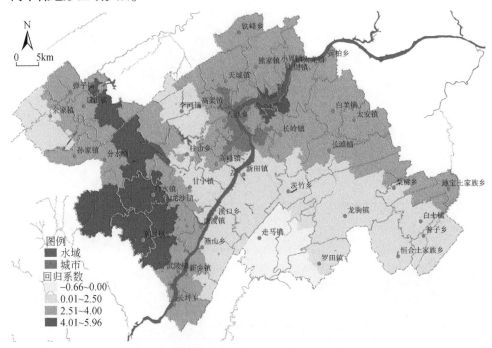

图4-29　万州区中低地形面积比例的回归系数分异图

（7）中地形面积比例有一定正向驱动，作用范围偏小。如图 4-30 所示，大于 0 的回归系数分布在三个小范围区域：万州区城区以北的天城镇、高梁镇和熊家镇等；东南角的恒合乡、龙驹镇和罗田镇等；西南角的郭村镇和响水镇等，表明在地形破碎的自然因素背景下，该区域农民居住空间进一步向中地形扩展，如万州区东南部地形起伏高，大部分为高地形等级，区域农村居民点发展也只能选择在中地形等级区域。图 4-28～图 4-30 反映的是地形因子的局部驱动作用，地形作为居民点布局的基础因子，作用范围广，但在三峡库区这一特别地域内，位于长江附近的低地形面积比例对农村居民点驱动并不呈正向影响。同时，在万州区东部山区村落中，地形因子对部分农村居民点呈现一定正向影响。

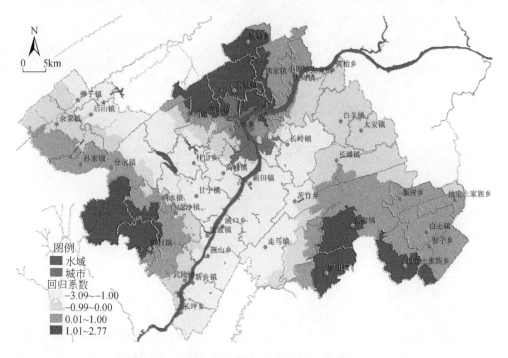

图 4-30　万州区中地形面积比例的回归系数分异图

（8）城区中心影响范围面积比例的正向驱动作用范围受限。图 4-31 为城区中心影响范围（0～14km）面积比例的回归系数分异图。研究区内回归系数以负数为主，即受城区影响驱动很小，仅仅只有柱山乡、高峰镇和新田镇部分村落回归系数高于 0 但都小于 1。城区中心作用范围较小，仅在 14km 内，该因子影响表现在两个方面：一是城区用地扩展致使影响范围内村落用地发生转型；二是受城市影响，农村地区各项功能发生变化，如居住更为集中、生活方式更接近城市。城区中心影响结果的空间表现是农村居民点用地增加并不明显，而物质表现是农村居民点功能复杂化和多样化，但物质表现无法在图上体现。

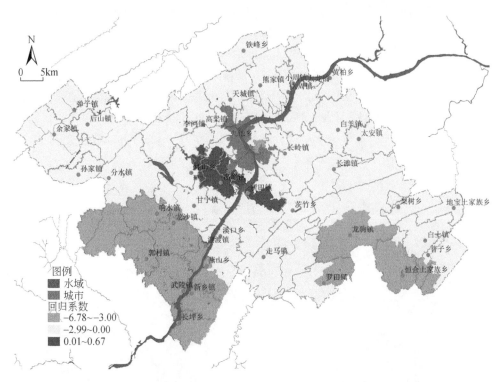

图4-31　万州区城区中心影响范围（0～14km）面积比例的回归系数分异图

（9）建制镇中心影响范围面积比例有较高的正向驱动。图4-32为建制镇中心影响范围（0～3.5km）面积比例的回归系数分异图，大于0的乡镇布局呈两带：一是从新田镇开始至长坪乡的沿江一带，二是从西至东的弹子镇至地宝乡。这两大区域的农村居民点空间格局演变受建制镇影响，而回归系数小于等于0的农村居民点发展主要受到其他的驱动因子影响。

（10）主要道路影响范围面积变化率有较广的正向驱动。图4-33为主要道路影响范围（0～2km）面积变化率的回归系数分异图，已有研究表明主要道路对农村居民点增加呈正向驱动，这在万州区亦有很好体现，仅有东南角的白土镇、地宝乡、普子乡、梨树乡、恒合乡等乡镇的农村居民点的回归系数低于0。整体来说，主要道路影响范围（0～2km）面积变化率对农村居民点面积变化有较高的正向驱动，作用范围广。

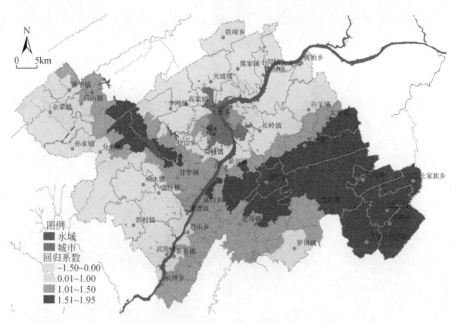

图 4-32 万州区建制镇中心影响范围 (0～3.5km) 面积比例的回归系数分异图

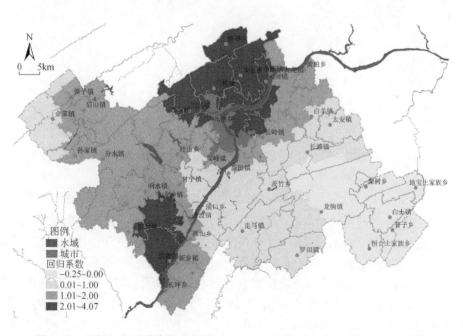

图 4-33 万州区主要道路影响范围 (0～2km) 面积变化率的回归系数分异图

（11）乡级道路影响范围面积变化率有一定正向驱动，但作用强度不大。图4-34为乡级道路影响范围（0~1.8km）面积变化率的回归系数分异图，回归系数大于0的乡镇数量高于回归系数为负值的，回归系数小于等于0的乡镇仅分布在西南区域，但回归系数大于1的乡镇不多，仅在太龙镇和黄柏乡。乡级道路在农村地区分布广，对农民居住生活影响大，但同时作用范围小，作用强度不大。

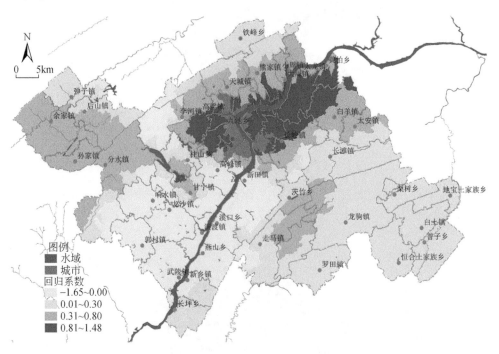

图4-34 万州区乡级道路影响范围（0~1.8km）面积变化率的回归系数分异图

（12）村域耕地面积变化率正负驱动分异明显，且负向驱动作用强度大。图4-35为万州区村域耕地面积变化率的回归系数分异图，其正向驱动和负向驱动分异明显，正向驱动作用范围在万州区东部区域，负向驱动作用范围在万州区西部区域包括城区附近。因土地综合整治和新农村建设，东部区域耕地和农村居民点用地都有较高的提升。西部区域耕地的负向驱动作用强度大，其中武陵镇、新乡镇、郭村镇、高梁镇等乡镇回归系数在-5.10~-2.75，说明耕地的变化对农村聚落的变化是负向驱动的，在有限的土地资源中，西部区域耕地和农村聚落用地存在"资源互抢"和潜在空间冲突情况，负向驱动明显。

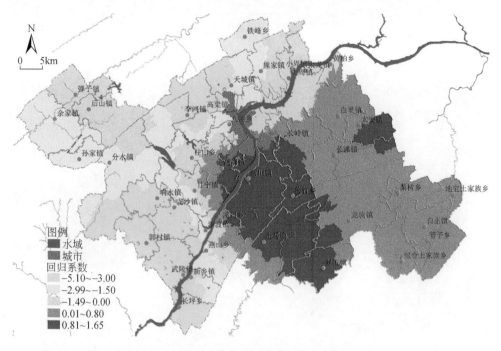

图 4-35　万州区耕地面积变化率的回归系数分异图

（13）三峡工程正负向驱动分异明显，具备明显的作用强度。选择三峡库区蓄水涉及的 18 个乡镇各村域水域面积变化率反映三峡工程对农村居民点演变的影响，从图 4-36 看出，沿江长坪乡、武陵镇、新乡镇、燕山乡、瀼渡镇和太龙镇、白羊镇和黄柏乡等乡镇的农村居民点演变是负向的，而新田镇、高峰镇、甘宁镇、溪口乡的回归系数为正，原因是三峡工程虽导致一定农村聚落被淹没，"就地后靠"政策使乡镇内部农村居民点发生位置上的迁移，但规模不一定减少，农村居民点呈正向演变模式。

4）基于乡镇范围的农村居民点驱动因子作用归纳

对各因子驱动作用的空间分异与空间关联的分析表明，不同乡镇农村居民点变化的主导因素差异明显（表 4-21）。

（1）自然环境基础较差区域主要为地形、道路和政策调控等因素驱动。东部偏远山区自然基础较差，新建农村居民点多选在中低地形范围之内；同时农村居民点及空间演化受到乡级道路、建制镇中心区位因素影响；区域实施土地综合整治和新农村建设，农村居民点规模有了较大的发展，耕地保有量也得到提高。该区域以后的乡村发展应以地形等基本自然因素为基底，通过政策制度实施公共基础设施建设和生态移民。

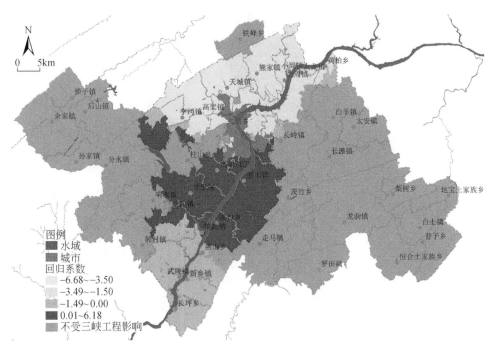

图4-36　万州区三峡工程的回归系数分异图

（2）丘陵低山区域受社会经济、耕地等正负向驱动明显。在万州区西部丘陵低山区域，农村居民点发展受社会经济因素驱动明显，因农村居民点本身有较长历史发展，在低地形范围内占一定比例，转型期间该区域农村居民点逐步向中低地形和中地形扩展。同时，区内耕地和农村居民点用地常集中在中低地形和中地形范围，存在"资源争夺"的境况，区内耕地面积变化率成为农村居民点面积变化率的负向驱动因素。今后该区域乡村发展应积极实施土地综合整治和新农村建设，集中建设高标准基本农田和集聚性强的农民新村，提高农村居民点功能，走综合性功能发展道路。

（3）长江沿岸区域受政策调控、区位影响明显。万州区长江沿岸乡镇，如北部的大周镇、小周镇、太龙镇、黄柏乡，南部的溪口乡、燕山乡、瀼渡镇等，因大型水利工程等政策调控影响，农村居民点在区位、规模上都有巨大的调整，政策调控成为其农村居民点空间格局演化的最大主导因子，同时区位因子对其演化也存在较大的驱动作用。

（4）城区周边乡镇受区位因子驱动明显。万州区城区周边乡镇，包括城区北部的天城镇、高梁镇，东部的柱山乡、高峰镇、九池乡主要受城区中心影响，新田镇、长岭镇受主要道路辐射范围的影响，农村居民点有较大发展，如天城

镇、高梁镇、新田镇农村居民点都有较大规模的发展；但同时近城区的乡村发展
面临用地和人口的转型，加之三峡工程对万州区城区西南部的影响，以及万州区
城市规划的指导，西南部的农村居民点同样存在较大规模的负增长。

表 4-21　万州区不同区域农村居民点变化的主要驱动因子分析

区域	主要特征	主要驱动因子
分水镇、响水镇、郭村镇、龙沙镇、武陵镇、瀼渡镇	位于万州西南部与长江西岸之间，分水镇和武陵镇为中心镇。新增农村居民点明显	正向驱动：中低地形面积比例、人口密度变化率、地均GDP 变化率、农民人均收入变化率； 负向驱动：村域耕地面积变化率、三峡工程
余家镇、孙家镇、后山镇、弹子镇、李河镇	万州西部一角，以余家镇为中心，农村居民点以正增长为主	正向驱动：中低地形面积比例、人口密度变化率、主要道路影响范围面积变化率； 负向驱动：村域耕地面积变化率
甘宁镇、柱山乡、高峰镇、九池乡	位于城区周边、西部的中心区域，新增农村居民点少	正向驱动：地均 GDP 变化率、中低地形面积比例、城区中心影响范围面积比例； 负向驱动：低地形面积比例、村域耕地面积变化率
高梁镇、天城镇、铁峰乡、熊家镇	万州城区以北区域，以天城镇为中心，农村居民点正增长	正向驱动：中低地形面积比例、中地形面积比例、主要道路影响范围面积变化率、城区中心影响范围面积比例； 负向驱动：耕地面积变化率、三峡工程
新田镇、长岭镇	万州城区以东，以负增长为主	正向驱动：中低地形面积比例、主要道路影响范围面积变化率； 负向驱动：中地形面积比例
溪口乡、燕山乡、新乡镇、长坪乡	万州城区以南，长江以东集中乡镇。农村居民点减少多、增加少	正向驱动：中低地形面积比例、人口密度变化率、建制镇中心影响范围面积比例、主要道路影响范围面积变化率； 负向驱动：村域耕地面积变化率、三峡工程
走马镇、罗田镇、茨竹乡	万州城区以南，边贸乡镇。农村居民点变化大	正向驱动：建制镇中心影响范围面积变化率、主要道路影响范围面积变化率、村域耕地面积变化率、人口密度变化率、地均 GDP 变化率
龙驹镇、恒合乡、普子乡、梨树乡、地宝乡、白土镇	万州偏远山区东部，大部分农村居民点变化率较高	正向驱动：中低地形面积比例、低地形面积比例、建制镇影响范围面积比例、农民人均收入变化率、中地形面积比例、乡级道路影响范围面积变化率、耕地面积变化率
白羊镇、太安镇、长滩镇	万州城区以东，邻近云阳县，农村居民点增长有负有正	正向驱动：中低地形面积比例、建制镇影响范围面积比例、主要道路影响范围面积变化率、乡级道路影响范围面积变化率、耕地面积变化率

区域	主要特征	主要驱动因子
大周镇、小周镇、太龙镇、黄柏乡	万州城区东北部,长江两岸。农村居民点负增长	正向驱动:中低地形面积比例、低地形面积比例、主要道路影响范围面积变化率、人口密度变化率、乡级道路影响范围面积变化率; 负向驱动:三峡工程、村域耕地面积变化率

4.4 本 章 小 结

(1) 重庆市农村居民点用地总体上呈现出在波动中缓慢减少的趋势,1997~2002 年重庆市农村居民点用地面积基本保持不变,2003~2018 年重庆市农村居民点用地面积总体呈持续缓慢下降趋势。人均农村居民点用地呈持续增长趋势,农村居民点用地面积变化和人均农村居民点用地面积变化呈反向变化。经济发展水平和速度、城镇化和工业化发展、农村基础设施及交通环境驱动农村居民点用地演化。

(2) 农村居民点主要集中在地势相对平坦、坡度相对较缓的区域,邻近水域,并且分布格局在研究时段内保持稳定。距离道路越远,农村居民点越少,多数农村居民点布局在道路缓冲区 4000m 以内。农村居民点在城市周围聚集,同时也在距离城市 4000~5000m 处聚集,但是在 5000m 以外完全消失。城市缓冲区1000m 内和道路缓冲区 3000~4000m 内,农村居民点的平均斑块面积收缩剧烈。

(3) 研究时段内两江新区农村居民点空间格局演变表现为从"单点高值集中"转向"多点中高值集中"。同时,居民点景观格局呈现从西南向东北演变的趋势,在多个景观指数变化上表现明显。研究区内农村居民点在新区设立以后,动态变化剧烈,一方面破碎化、零星化特征加剧;另一方面,用地形状规则化,斑块密度保持平稳,聚集程度提高。农村居民点用地虽在整个景观中的地位保持稳定,但正逐步转向其他用地类型,比例逐渐降低。

(4) 2010~2018 年,两江新区农村居民点动态度 (K) 为负,转出度均高于转入度。2010~2014 年,北部农村居民点用地存在净流入;2014~2018 年,除中部零星高转入度以外,大部分地区为高转出度。六种演变类型中,自然负向演变类型的村庄占比最高。

(5) 两江新区农村居民点演变的自然驱动力主要作用于地形条件较差、地势高、远离水域、农村居民点景观优势度大的区域,坡度是最主要的自然驱动力;经济对农村居民点演变的驱动作用复杂,在斑块规模、斑块形状及空间构型上均有不同的驱动作用;交通道路条件及城市扩张推动农村居民点斑块的形状向规则化发展；社会驱动力推动个别斑块规模扩大及斑块形状复杂化。

（6）万州区农村居民点邻近性减弱，呈"西密东疏"的空间分布特征。农村居民点布局受道路影响逐步加大，受地形因子限制作用减弱。万州区农村居民点用地规模增大，空间异质性显著。农村居民点扩展速度呈"中心减缓、边缘增加"特征，空间扩展以一字式和就地团状式为主，增加的农村居民点用地主要来自耕地；减少的部分主要为城镇化进程中聚落转型和库区蓄水淹没的居民点用地。万州区农村居民点形态结构由较规则向不规则转变。从农村居民点形态的时间特征来看，形态扩展具有随意性和盲目性；从空间特征来看，西部乡镇高于东部乡镇、北部乡镇高于南部乡镇、城区周围乡镇高于万州区边界乡镇。

（7）农村居民点时空演变总是向集中和分散两个方向发展。一方面，在农村居民点空间格局演变过程中，中心镇、建制镇、中心村的服务功能不断加强，人口、居住规模、基础设施、非农产业不断发展，散居农户逐渐向具有集聚功能的中心镇、中心村靠拢。另一方面，农村居民点也在向分散的方向扩展。万州区农村居民点时空格局是多种动因综合作用的结果，其中社会经济条件是主导因子，为推动时空格局演变的内外动力，宏观政策制度调控，如大型水利工程建设、城乡统筹、新农村建设等，成为时空格局演变的重大外力和突变力。作为一个动态的开放系统，农村居民点本身不单纯受周边要素对其的影响，居民点本身变化的过程和结果同样会对周边环境产生反馈并促使着某些影响因子发生新的变化。

参 考 文 献

关小克, 张凤荣, 刘春兵, 等 .2013. 平谷区农村居民点用地的时空特征及优化布局研究 [J]. 资源科学, 35 (3)：536-544.

海贝贝, 李小建, 许家伟 .2013. 巩义市农村居民点空间格局演变及其影响因素 [J]. 地理研究, (12)：2257-2269.

姜广辉, 张凤荣, 秦静, 等 .2006. 北京山区农村居民点分布变化及其与环境的关系 [J]. 农业工程学报, 22 (11)：85-92.

角媛梅, 肖笃宁 .2004. 绿洲景观空间邻接特征与生态安全分析 [J]. 应用生态学报, 15 (1)：31-35.

孔雪松, 刘耀林, 邓宣凯, 等 .2012. 村镇农村居民点用地适宜性评价与整治分区规划 [J]. 农业工程学报, 28 (18)：215-222.

李君, 李小建 .2009. 综合区域环境影响下的农村居民点空间分布变化及影响因素分析：以河南巩义市为例 [J]. 资源科学, (7)：1195-1204.

李婷婷, 龙花楼 .2014. 山东省乡村转型发展时空格局 [J]. 地理研究, 33 (3)：490-500.

刘彦随 .2011. 中国新农村建设地理论 [M]. 北京：科学出版社.

刘艳军, 李诚固, 董会和 .2008. 吉林省产业结构演变城市化响应的地域类型及调控模

式 [J]．世界地理研究，(3)：84-91.

马彩虹，任志远，李小燕．2013．黄土台塬区土地利用转移流及空间集聚特征分析 [J]．地理学报，68 (2)：257-267.

倪永华，华元春，徐忠国．2013．生产半径对山区村庄布局调整影响的实证分析：以丽水市莲都区利山–栋村村为例 [J]．中国土地科学，27 (10)：51-56.

曲衍波，张凤荣，郭力娜，等．2011．北京市平谷区农村居民点整理类型与优先度评判 [J]．农业工程学报，27 (7)：312-319.

宋戈，孙丽娜，雷国平．2012．基于计量地理模型的松嫩高平原土地利用特征及其空间布局 [J]．农业工程学报，28 (3)：243-250.

谭雪兰．2011．农村居民点空间布局演变研究 [D]．长沙：湖南农业大学.

王兆林，杨庆媛，王轶，等．2019．山地都市边缘区农村居民点布局优化策略：以重庆渝北区石船镇为例 [J]．经济地理，39 (9)：182-190.

吴江国，张小林，冀亚哲，等．2013．县域尺度下交通对乡村聚落景观格局的影响研究：以宿州市埇桥区为例 [J]．人文地理，(1)：110-115.

杨成波．2018．快速城镇化地区农村居民点用地演变及布局优化：以重庆市北碚区为例 [D]．重庆：西南大学.

杨学龙，叶秀英，赵小敏．2015．鄱阳县农村居民点布局适宜性评价及其布局优化对策 [J]．中国农业大学学报，20 (1)：245-255.

张佰林，张凤荣，高阳，等．2014．农村居民点多功能识别与空间分异特征 [J]．农业工程学报，(12)：216-224.

第5章　丘陵山区区域尺度农村居民点空间重构技术：重庆市两江新区实证

关于农村居民点布局优化研究，学者们在方法上进行了大量探索。综合来看，以 GIS 空间分析技术为手段，结合指标体系评价方法、加权 Voronoi 图法、景观生态学方法等开展农村居民点布局优化研究，已形成了较为完善的技术方法体系（张磊等，2018；黎夏等，2009，2017；杜平，2014；曾远文等，2018）。包颖等（2017）从农村居民点空间布局的影响因素入手，研究丘陵区农村居民点布局优化方案。毕国华等（2016）基于低山丘陵区制定了差异化的农村居民点空间布局优化策略。李玉华（2016）、王兆林等（2019）和李学东等（2018）应用加权 Voronoi 图为居民点斑块的迁移方向提供指导。孔雪松（2011）结合景观生态学原理和方法分析了村域农村居民点分布特征及其影响因素，提出农村居民点适宜区域和布局优化方案。由于农村居民点布局优化问题的特殊性和重要性，近年来新方法不断涌现。例如，陈伟强等（2017）利用粒子群优化算法在解决多目标优化问题上的优势，实现了农村居民点动态布局的优化调整。王尧（2017）结合蚁群算法的相关理论，通过构建蚁群优化（Ant Colony Optimization，ACO）模型，探讨了榆林市横山区的农村居民点布局优化。其中，蚁群算法近年来日益受到研究者的重视，有学者围绕土地利用优化配置，利用蚁群算法实现了土地利用数量结构优化与空间优化的协同（叶艳妹等，2017；彭金金等，2016）。还有学者建立了基于蚁群算法的可扩展多目标土地利用优化配置模型，进行了多目标体系下土地利用优化配置的方案比选研究（贺贤华等，2016；杨学龙等，2015）。借鉴蚁群算法进行土地利用优化配置的思路，对农村居民点布局优化方法进行研究，对实现农村居民点科学规划和有效管理具有一定的科学价值。因此，本章以蚁群算法相关理论为指导，将 GIS 与 GeoSOS 相耦合，以两江新区为案例区，对其布局进行 ACO 优化，以期能够为山地都市边缘区的农村居民点空间治理提供参考。

5.1　分析框架

5.1.1　农村居民点空间优化模式分析

农村居民点在长期演化过程中，受众多经济社会因素的影响，在空间上呈现多种不同的形态。按照区位、形态及功能，将其划分为基础设施带动优化、迁并扩展优化和城镇化优化三类模式，具体模式及其特点如下。

1) 基础设施带动优化模式

基础设施带动优化模式，也可以称为内部优化模式。基础设施带动优化模式，以提升与完善村庄内部基础设施为目标，具体是在原有居民点边界基础上，通过完善基础设施网络，特别是通过调整内部的科教文卫设施，适度增加居民点的人口密度，提高用地效率，以达到集约化用地与方便农业生产的目的。这种优化模式一般适用于农村居民点受自然条件影响较大的区域，如山体、河流、河谷等具有边界效应的区域，居民点选址过程中应尽量绕开这些不可逾越的环境边界，因而居民点整体空间形态也存在明显界线。虽然该类型的居民点受到众多自然因素影响，但是该模式下的农村人口流动剧烈，在一些重要的工矿区域，该类型的农村居民点是人口流入的重点区域，随着人口的集聚，要求相应配套设施与生活设施的完善。该模式主要是通过人口集聚过程中完善内部设施的方式，实现居民点的优化布局，因而一些重要工矿区域，随着人口增加与基础设施的完善，形成了典型的基础设施带动优化模式或者产业带动优化模式。这为山地都市边缘区产业带动型、交通带动型农村居民点空间优化模式奠定了理论基础（图5-1）。

2) 迁并扩展优化模式

迁并扩展优化模式是对海拔较高、受地质灾害威胁、生态脆弱区的农村居民点进行搬迁合并的模式。具体是以原有居民点为核心，在周围布置一定数量的迁入人口居住地，这些居住地通常位于原来居民点边界和环境边界之间可供村庄扩展的空间容量区域，以原居民点为核心，以相邻单元为基本尺度进行居民点扩展。该模式居民点具有如下显著特征：扩展区域依然处于原有居民点环境容量之内，这里的环境容量既包括原有的生态格局与环境水平，同时还包括用地范围。但是总体来看，随着迁入居民规模不断扩大，居民点扩展边界依然受到原有环境容量、基础设施承载量和资源容量的制约（图5-2）。

3) 城镇化优化模式

城镇化优化模式是在一定规模的农村居民点基础上形成的，对原有居民点中

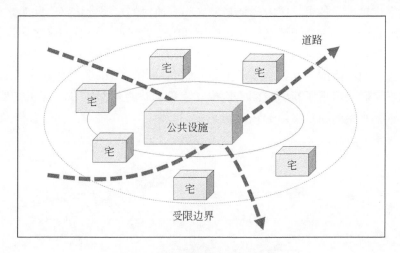

图 5-1　基础设施带动优化模式

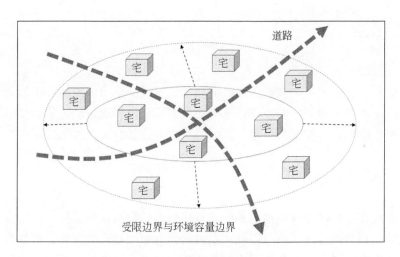

图 5-2　迁并扩展优化模式

基础设施的完善与更新治理，使得原有居民点规模不断扩大，并突破了原有的资源、环境边界，新的居民点组团与原有居民点之间的关系由原来的包含关系转变为平等的并列关系，这种优化模式有以下特征。一是居民点拓展速度与广度已经超出原有边界，并突破道路、水体等可渗透性边界，构建起了新的生态环境和居民点之间的平衡关系。二是农村居民点内部基础设施的网络化、成熟度不断提高。以交通设施、重要点状或者带状地物为基础，居民点基础设施布局呈现城乡高度网络化趋势，各个村庄内部宅基地之间有便捷的水泥硬化路，同时水电气等基础设施齐全，与重要城镇之间保持着密切的要素交换，内外网络之间进行合理的连接，提高了农村居民点内外部的联系程度。三是该模式充分利用现有的环境、生态资源与能源，并在此基础上尽量保留利用原有的公共建筑和公共空间。由于边界突破，出现了新的组团，该模式下的居民点等级关系相应也需要重构，一部分资源开始向新建组团配置（图5-3）。

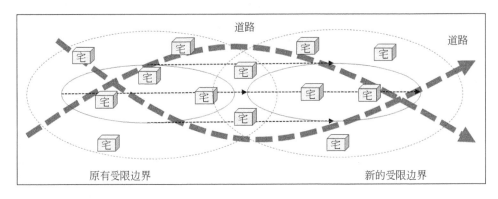

图5-3　城镇化优化模式

总体来看，上述三类农村居民点空间优化模式，是当前山地都市边缘区农村居民点空间优化的主要方向，在此基础还可以衍生出产业带动优化、交通带动优化及乡村旅游优化等类型，具体在实证分析中阐述其特征及优化过程。

5.1.2　研究思路

农村居民点布局不仅受地形地貌等自然因素的影响，还受社会经济发展以及政府政策法规等因素的影响。因此，农村居民点空间布局的优化，首先要确立优化目标，研究农村居民点规模大小以及所受的自然、社会经济等因素的影响，并通过探究各类影响因素作用下农村居民点的聚集程度及其空间演变特征，分析农村居民点布局及其演变的规律。然后在此基础上，进行布局优化前的数据准备，根据影响因素的聚集程度及空间分布特征来确定适宜性函数，开展农村居民点用地适宜性评价。最后利用 ArcGIS 空间分析技术和 GeoSOS 中的 ACO 优化法输出农村居民点布局优化结果（图5-4）。

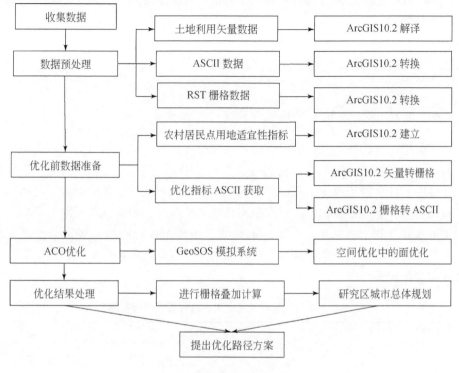

图 5-4　研究技术路线图

5.2　数据与方法

5.2.1　数据来源及处理

研究数据主要包括①1 : 10 000 重庆市两江新区土地利用现状数据库，从中提取农村居民点用地分布、市区、镇区、水系、公路数据；②1 : 2.5 万两江新区数字高程模型（DEM），从中获取高程、坡度、地表起伏度数据；③北碚区、渝北区、江北区乡镇级土地利用总体规划（2006～2020 年），从中提取土地利用总体规划数据；④2017 年重庆市主城地区地质灾害防治图，从中提取地质灾害区划；⑤2008～2018 年北碚区、渝北区、江北区统计年鉴及三区 2008～2018 年国民经济和社会发展统计公报，从中提取所需社会经济数据。通过 ArcGIS 10.2 建立空间数据库，统一各专题图件的空间投影坐标系（Gauss_Kruger,Xian_1980_

3_Degree_GK_Zone_36）以便进行叠加分析，并整合社会经济数据，最终形成综合属性数据库。

5.2.2　农村居民点用地适宜性评价方法

5.2.2.1　农村居民点用地适宜性评价指标体系构建

评价指标的选择是农村居民点用地适宜性评价的关键，从自然、社会经济及生态 3 方面对农村居民点用地进行适宜性评价分析（表 5-1）。自然因子选取高程、坡度。社会经济因子中交通的便利程度、道路通达度、区位的布局对居民点的布局产生一定的影响，因此选取距离建制镇的距离、距离主要道路的距离、距离主要水域（河流、坑塘、水库）的距离、距离市区的距离。生态条件对农村居民点也有一定影响，尤其是农村居民点的布局应规避生态保护区，故生态因子选取湿地保护缓冲区。

表 5-1　研究区农村居民点用地适宜性评价指标体系

目标层	系统层	指标层	权重
农村居民点用地适宜性评价	自然因子	高程（m）	0.2
		坡度（°）	0.2
	社会经济因子	距离建制镇距离（km）	0.1
		距离主要道路距离（m）	0.15
		距离主要水域（河流、坑塘、水库）距离（m）	0.1
		距离市区距离（km）	0.1
	生态因子	湿地保护缓冲区（km）	0.15

注：各个因子权重采用 YAAHP 软件确定

5.2.2.2　农村居民点用地适宜性评价指标数据标准化

为统一各指标量纲与缩小指标间的数量级差异，应对农村居民点用地适宜性评价指标数据进行无量纲化和标准化处理。依据自然断点分类，采用 0 分、20 分、40 分、60 分、80 分、100 分的标准对单因子指标进行量化，分值越高适宜性越好。考虑农村居民点用地的生态因子，单因子限制性超过一定阈值的区域赋予 0 分。

（1）高程。农村居民点用地布局受高程的影响，高程越高，农村居民的出行越不便，农村居民点用地越不适宜。运用 ArcGIS 中的空间分析工具，提取

2018 年两江新区农村居民点的高程数据，将高程数据分为 5 个级别，并给每个级别赋予分值（表 5-2 和图 5-5）。从具体分布来看，研究区总体符合高程越高，居民点分布越少的规律。

表 5-2　研究区高程分值量化表

高程范围	≤200m	200~400m	400~600m	600~800m	>800m
分值/分	100	80	60	40	20

注：依据 GIS 中 Jenks 分类

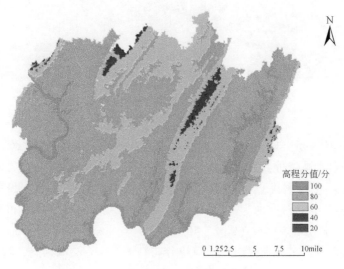

图 5-5　研究区农村居民点高程分值分布图

1mile=1.609 344km

（2）坡度。坡度对农村居民点的影响是负影响，坡度数值越大，坡越陡，越不利于居民的生活居住。在 ArcGIS 中利用空间分析工具，将 2018 年农村居民点坡度数据进行级别划分并赋值，坡度级别是 0°~5°、5°~10°、10°~15°、15°~25° 和 ≥25°，对应分值为 100 分、80 分、60 分、40 分和 20 分（表 5-3 和图 5-6）。从坡度来看，坡度越大，农村居民点分布斑块和面积越少。

表 5-3　研究区坡度分值量化表

坡度范围	0°~5°	5°~10°	10°~15°	15°~25°	≥25°
分值/分	100	80	60	40	20

图 5-6　研究区农村居民点坡度分值分布图

（3）距离主要水域距离。农村居民点的布局、生活和居住离不开水资源，所以距离主要水域越近，农村居民点聚集越多。利用 ArcGIS 中的空间分析工具，对主要水域和农村居民点进行近邻分析，将得到的距离主要水域的距离按照 Jenks 分为 5 个级别，分别为≤1km、1～2km、2～3km、3～4km 和>4km，对应分值分别是 100 分、80 分、60 分、40 分和 20 分（表 5-4 和图 5-7）。从距离主要水域的距离来看，多数农村居民点斑块分布在 1～2km 的范围内，较少分布在超过 4km 的区域。

表 5-4　研究区距离主要水域距离分值量化表

影响范围	≤1km	1～2km	2～3km	3～4km	>4km
分值/分	100	80	60	40	20

（4）湿地保护缓冲区。在 ArcGIS 中利用空间分析工具中的缓冲区分析，以 1km 为影响梯度进行分值量化，其中湿地保护缓冲区 1km 内的区域不适宜居住，故分值为 0 分。1～2km、2～3km、3～4km 和>4km，对应分值分别是 80 分、60 分、40 分和 20 分（表 5-5 和图 5-8）。从居民点斑块和面积看，多数还是受湿地保护区的影响，分布在影响范围超过 4km 的区域。

图 5-7　研究区农村居民点距离主要水域距离分值分布图

表 5-5　研究区湿地保护缓冲区分值量化表

影响范围	≤1km	1～2km	2～3km	3～4km	>4km
分值/分	100	80	60	40	20

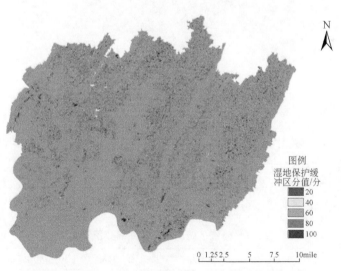

图 5-8　研究区农村居民点湿地保护缓冲区分值分布图

（5）距离市区距离。市区的经济等各方面的发展会影响农村居民点的布局，距离市区越近，居民点的生活条件就越便利。利用 ArcGIS 中的近邻分析，将距离市区距离的距离梯度设为 1km，分为 ≤1km、1～2km、2～3km、3～4km 和 >4km，对应分值分别为 100 分、80 分、60 分、40 分和 20 分（表 5-6 和图 5-9）。从居民点斑块和面积看，绝大多数位于影响范围超过 4km 的区域。

表 5-6　研究区距离市区距离分值量化表

影响范围	≤1km	1～2km	2～3km	3～4km	>4km
分值/分	100	80	60	40	20

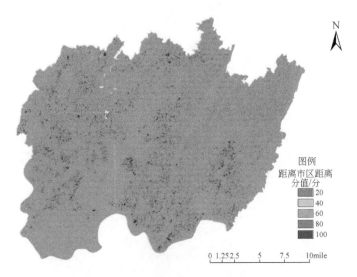

图 5-9　研究区农村居民点距离市区距离分值分布图

（6）距离建制镇距离。建制镇对农村居民点有一定程度的影响，距离建制镇越近，农村居民点的便利程度越高，越适宜农村居民点布局（图 5-10）。结合 ArcGIS 中的近邻分析，将距离建制镇距离分为 ≤1km、1～2km、2～3km、3～4km 和 >4km，并分别赋予分值（表 5-7 和图 5-10）。

表 5-7　研究区距离建制镇距离分值量化表

影响范围	≤1km	1～2km	2～3km	3～4km	>4km
分值/分	100	80	60	40	20

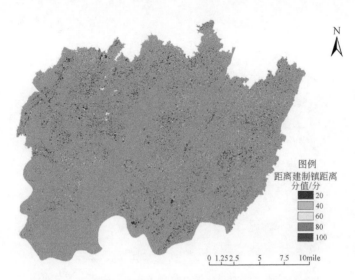

图 5-10　研究区农村居民点距离建制镇距离分值分布图

（7）距离主要道路距离。农村居民点对道路的依赖性高，距离道路越近，农村居民点道路通达度越高，农村居民点的适宜程度越高。利用 ArcGIS 的近邻分析，将距离主要道路距离分为 ≤1km、1～2km、2～3km、3～4km 和 >4km，并赋予相应分值（表 5-8 和图 5-11）。从居民点斑块和面积来看，多数居民点分布在距离道路 2km 以内的区域。

表 5-8　研究区距离主要道路距离分值量化表

影响范围	≤1km	1～2km	2～3km	3～4km	>4km
分值/分	100	80	60	40	20

5.2.2.3　农村居民点用地适宜性评价

运用多因素综合评价法测算农村居民点用地适宜性综合评价分值。

$$A_i = \sum_{j=1}^{n} B_{ij} \times W_j \times 100 \qquad (5\text{-}1)$$

式中，A_i 为第 i 个区域农村居民点用地适宜性综合评价分值；B_{ij} 为第 i 个区域第 j 项指标的标准化值；W_j 为第 j 项指标权重。

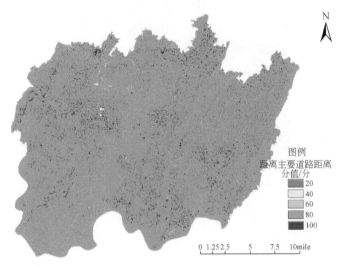

图 5-11　研究区农村居民点距离主要道路距离分值分布图

5.2.3　蚁群优化算法原理及其在农村居民点布局优化中的应用

5.2.3.1　蚁群优化算法原理

蚁群优化算法是基于仿生学提出的一种空间优化方法（Dorigo et al.，2000）。其基本原理是基于蚂蚁寻找食物过程中在同一条路径上释放的信息素浓度，选择最佳的路径（图 5-12）。

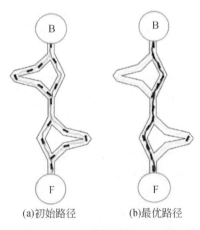

(a)初始路径　　　(b)最优路径

图 5-12　蚁群优化算法原理图

图 5-12 中，B 表示起点，F 表示食物所在的终点，在初始路径选择中 B 和 F 之间的路径是任意的，但是随着蚂蚁在固定路线上释放的信息素越来越多，多数蚂蚁只是选择相同的路径规则进行往返，其结果是会形成一条最短路径。最短的路径上，蚂蚁通过需要的时间最短，信息素浓度最高，吸引大量蚂蚁选择该路径，即获取了最优路径。一般来讲，人工蚂蚁在寻求最短路径中一般形成三种智能行为。一是记忆行为，主要表现为同一条路径被一只蚂蚁搜索过后，下次搜索时就不再被该蚂蚁选择，在该模型中表现为建立禁忌表进行模拟。二是通信行为，主要是利用信息素媒介，蚂蚁进行相互通信，这是仿生学的基本常识，蚂蚁会在寻找食物时经过的路径上释放信息素，该条路径经过的蚂蚁越多，那么信息素的浓度越高，同时会吸引来更多的蚂蚁，由此便形成了最优路径选择。三是集群行为，主要是指同一路径上信息素浓度高低对蚂蚁群的吸引，如前所述，在同一路径上信息素浓度越高，蚂蚁选择该路径的概率随之增加，由此导致该路径上的信息素浓度更加高，形成了所谓的"马太效应"。而通过的蚂蚁比较少的路径上的信息素会随着时间的推移而挥发，从而变得越来越少。

蚁群优化算法主要涵盖如下 5 个系统。

（1）初始蚂蚁系统。假定在初始时刻，随机将 m 只蚂蚁放置于城市中，城市各阶段的信息素浓度（初始值）都一致，此时信息素初始值可以表示为 $\tau_{ij}(0) = \tau_0$，$\tau_0 = m/L_m$，此处 L_m 为路径长度（最近邻启发式方法构造）。随后，按照随机比例，蚂蚁 k（$k = 1, 2, \cdots, m$）将选择下一个要转移的城市，其选择概率（李学东等，2018）为

$$p_{ij}^k(t) = \begin{cases} \dfrac{[\tau_{ij}(t)]^\alpha [\eta_{ij}(t)]^\beta}{\sum\limits_{s \in \text{allowed}_k} [\tau_{is}(t)]^\alpha [\eta_{is}(t)]^\beta} & j \in \text{allowed}_k \\ 0 & \text{否则} \end{cases} \tag{5-2}$$

式中，τ_{ij} 为边（i，j）上的信息素；η_{ij} 为城市 i 和 j 之间转移的启发因子；allowed_k 为蚂蚁可以被允许访问的城镇集。为防止蚂蚁对城市的二次访问，模型中采用禁忌表跟踪记录智能体所访问过的城市。为准确客观计算出每只蚂蚁所经过的路径长度，并从中选出信息素浓度最高的路径，本部分设定：

$$\tau_{ij} = (1 - \rho)\tau_{ij} \tag{5-3}$$

式中，ρ 为信息素挥发系数，且 $0 < \rho \leqslant 1$。

$$\tau_{ij} = \tau_{ij} + \sum_{k=1}^m \Delta \tau_{ij}^k \tag{5-4}$$

式中，$\Delta \tau_{ij}^k$ 为第 k 只蚂蚁向它经过的边（i，j）释放的信息素，定义为

$$\Delta \tau_{ij}^k = \begin{cases} 1/d_{ij} & \text{如果边}(i,j)\text{在路径 } T^k \text{ 上} \\ 0 & \text{否则} \end{cases} \tag{5-5}$$

由式（5-5）可知，d_{ij} 为蚂蚁途径的路径，d_{ij} 值越小，该路径上留下的信息素越多，通过智能迭代将会吸引更多的蚂蚁。蚂蚁每完成一次循环，禁忌表将会被清空一次，以便蚂蚁进行下一次的循环访问。初始蚂蚁系统仅适用于解决小规模 TSP 问题，其局限性明显。

（2）精英蚂蚁系统。针对初始蚂蚁系统出现的缺陷、问题，Dorigo 等（2000）对其进行了改进，其改进的基本思想是将额外信息素浓度增加到每次循环完的路径上，找出这个解的蚂蚁称为精英蚂蚁。Dorigo 等（2000）使用精英策略，在选取一个合适的数值后，改进了蚂蚁系统存在的问题，同时获得更好的解，并设定 T^{best}（best–so–far tour）为最优路径，改进后的信息素公式为

$$\tau_{ij}(t+1) = (1-\rho)\tau_{ij}(t) + \sum_{k=1}^{m} \Delta\tau_{ij}^{k}(t) + e\Delta\tau_{ij}^{\text{best}}(t) \tag{5-6}$$

式中，e 为参数。L^{best} 为 T^{best} 的长度，$\Delta\tau_{ij}^{\text{best}}(t)$ 的定义则如式（5-7）所示。

$$\Delta\tau_{ij}^{\text{best}}(t) = \begin{cases} 1/L^{\text{best}} & (i,j) \in T^{\text{best}} \\ 0 & \text{否则} \end{cases} \tag{5-7}$$

（3）最大–最小蚂蚁系统。最大–最小蚂蚁系统（孔雪松，2011；陈伟强等，2017）是当前蚁群优化算法最好算法之一。该算法同样是建立在蚂蚁系统智能算法基础上的，但是从三个方面进行了改进，一是避免算法过早收敛于局部最优解；二是强化对最优解的利用；三是提高信息素的初始值设定范围。改进后的算法性能更加优越，主要体现在成功避免某条路径上的信息素远大于其余路径，避免所有蚂蚁都集中到同一条路径上，实现了充分利用历史信息素，同时运算过程更加简洁，具体如下。所有蚂蚁完成一次迭代后，按式（5-5）对路径上的信息作全局更新：

$$\tau_{ij}(t+1) = (1-\rho) \cdot \tau_{ij}(t) + \Delta\tau_{ij}^{\text{best}}(t) \qquad \rho \in (0,1)$$

$$\Delta\tau_{ij}^{\text{best}} = \begin{cases} \dfrac{1}{L^{\text{best}}} & \text{边}(i,j) \text{包含在最优路径中} \\ 0 & \text{否则} \end{cases} \tag{5-8}$$

（4）排序蚁群算法。排序蚂蚁系统（王尧，2017）同样是对蚂蚁系统算法的一种探索性的改进。具体思路是按照蚂蚁经过路径的大小和长短进行排序，其改进思想是：在每次迭代完成后，蚂蚁所经路径将按从小到大的顺序排列，即 $L^{1}(t) \leqslant L^{2}(t) \leqslant \cdots \leqslant L^{m}(t)$。具体算法中考虑权重问题，路径长短由权重决定，路径越短权重越大。全局最优解的权重为 w，第 r 个最优解的权重为 $\max\{0, w-r\}$，则 AS_{rank} 的信息素更新规则为

$$\tau_{ij}(t+1) = (1-\rho) \cdot \tau_{ij}(t) + \sum_{r=1}^{w-1} (w-r) \cdot \Delta\tau_{ij}^{r}(t) + w \cdot \Delta\tau_{ij}^{gb}(t) \quad \rho \in (0,1)$$

$$\tag{5-9}$$

式中，AS_{rank} 为基于排序的蚂蚁系统；$\Delta\tau_{ij}^{r}(t)=1/L^{r}(t)$；$\Delta\tau_{ij}^{gb}(t)=1/L^{bg}$。

（5）蚁群系统。蚁群系统（王兆林等，2019）是更为复杂的智能蚂蚁系统，同样建立在蚂蚁系统基础上，但是与蚂蚁系统相比较存在三方面的差异，是对蚂蚁系统的改进：一是路径规则差异，搜索效率更高；二是信息素的浓度的增减或者是释放和挥发都是在最优路径上实现的，也就是说只有至今最优蚂蚁被允许释放信息素（每次迭代后）；三是充分融合全局和局部的信息素更新规则。在蚁群系统中，蚂蚁 k 处于城市 i 中，根据伪随机比例规则选择城市 j 作为下一个访问的城市，路径选择规则由式（5-10）给出：

$$j=\begin{cases}\underset{l\in allowed_k}{\arg\max}\{\tau_{il}[\eta_{il}]^{\beta}\} & \text{如果 } q\leqslant q_0\\ J & \text{否则}\end{cases}$$

$$p_{ij}^{k}(t)=\begin{cases}\dfrac{[\tau_{ij}(t)]^{\alpha}[\eta_{ij}(t)]^{\beta}}{\sum\limits_{s\in allowed_k}[\tau_{is}(t)]^{\alpha}[\eta_{is}(t)]^{\beta}} & j\in allowed_k\\ 0 & \text{否则}\end{cases} \tag{5-10}$$

式中，q 为随机变量，其在 ［0，1］ 中呈现均匀分布；q_0 为参数，同样处于 ［0，1］；J 为根据式（5-8）给出的概率分布产生的一个随机变量（其中 $\alpha=1$）。

蚁群系统全局信息素更新规则为

$$\tau_{ij}=(1-\rho)\tau_{ij}+\rho\Delta\tau_{ij}^{best} \qquad \forall(i,j)\in T^{best} \tag{5-11}$$

蚁群系统局部信息素更新规则为

$$\Delta\tau_{ij}^{best}=1/C^{best} \tag{5-12}$$

智能蚂蚁体在经过边（i，j）时，均通过生物体感知获取和调用这条规则，更新其经过该边的信息素：

$$\tau_{ij}=(1-\rho)\tau_{ij}+\zeta\tau_0 \tag{5-13}$$

式中，ζ 和 τ_0 分别为参数，其中 $\zeta\in$（0，1）；τ_0 为信息素的初始值。

局部更新的作用在于，蚂蚁每一次经过边（i，j），该边的信息素 τ_{ij} 将会减少，从而使得其他蚂蚁选中该边的概率相对减少。

5.2.3.2　蚁群优化算法在农村居民点布局优化中的应用

农村居民点布局优化是统筹城乡发展和新农村建设的重要内容，合理的布局事关研究区建设进程。农村居民点布局优化实际上是一个多目标优化问题。蚁群优化算法模型最初是针对解决 TSP 问题而提出来的，利用蚁群优化算法对农村居民点进行布局优化，需对其进行相应的改进，蚁群系统与农村居民点空间布局优化问题耦合就是把土地利用的每一个栅格看作是蚂蚁觅食过程中某一个路径上的节点，每个蚂蚁一次只能移动一个栅格，同一个栅格只能有一只蚂蚁占领，蚂蚁在移动时只能选择一个栅格作为到达的位置。空间优化的目的就是为每一个栅格分配一个最优解地类，自然界蚂蚁觅食过程中，最优解为搜寻食物的最短路径，农村居民点空间优化过程就是蚂蚁在栅格图像中搜索最优解的过程；在此过程之中，信息素浓度作为蚂蚁个体间相互交流和记录的载体，通过一定的迭代次数，最终每个栅格搜寻到最优解地类。

自然、社会经济与生态条件都会影响农村居民点的布局，城镇化率、农村居民人均收入、医疗水平等都与居民点的布局相关。基于 GeoSOS 平台上的蚁群优化，可以自定义适宜性函数，设定紧凑性，在优化中设置 ACO 参数。值得注意的是 GeoSOS 平台上的蚁群优化的文件格式是文本文件。蚁群优化中的适宜性函数是优化目标，只有定义了适宜性函数才能进行优化。进行适宜性函数的定义时，需要提供优化数据，输入数学表达式。两江新区农村居民点用地适宜性函数数学表达式为指标层乘以相应权重。设定 ACO 参数时，蚂蚁数目是所选的栅格数目，网络边长是栅格的实际边长，即栅格像元大小。GeoSOS 平台上蚁群优化系统中的优化结果输出是图片形式，其具体过程，需要设置输出函数，设置迭代次数，并设置显示参数。实际进行蚁群优化时，需要将每一个适宜性指标层在 ArcGIS 空间分析中转为栅格文件，将栅格转换中的字段选择为指标层分值；在 ArcGIS 转换工具中，将栅格转出为蚁群优化系统识别的 ASCII 格式。2018 年两江新区农村居民点土地利用现状转为栅格文件，像元为 150m×150m，将栅格进行重分类得到村庄栅格数为 2887 个。从 2018 年土地利用现状将农村居民点提取出来并进行栅格转换，实际需要优化的栅格数为 2828 个，此即为 ACO 参数中的蚂蚁数目，网络边长为 150m。

蚁群优化完成后的优化结果输出为 BMP 格式，为了更加直观明确地分析优化后的农村居民点，要对 BMP 图片格式进行 ArcGIS 的地理配准。选择图片属性，勾选显示背景值，选择拉伸类型为无，打开 ArcGIS 中的地理配准，根据优化界面的图形对两江新区行政界线进行多点配准，选择点不得少于 3 对。

5.3 结果与分析

5.3.1 农村居民点用地适宜性评价结果分析

根据权重比例及每个指标的分值，计算出总体评价得分，利用 ArcGIS 软件中的自然断点法，经过不断调整，最终将其得分划分为三个等级：适宜、一般适宜、不适宜，并得到农村居民点用地适宜性评价图（图 5-13）。由此可见，研究区农村居民点适宜区分布在西北部及东南部，主要包括铁山坪街道、郭家沱镇、鱼嘴镇、复盛镇、龙兴镇和寸滩街道，以及蔡家岗街道、施家梁镇、水土街道、木耳镇的一部分，说明这些城镇的自然条件适宜居民点的建立，社会经济发展良好，居民点交通便利，居民生活方便舒适；一般适宜区分布在中部，主要包括双凤桥街道、石船镇、古路镇、玉峰山镇、双龙湖街道，说明该区域的农村居民点有足够的条件朝着适宜性高的乡镇迁移，或者受其他因素影响，适宜程度会改变。不适宜区分布在北部，主要包括石船镇、古路镇及木耳镇北部，说明这 3 个城镇周围设施条件相对欠缺，距离城镇距离较远，道路不通达，距离水资源较远，居民点生活不便利。

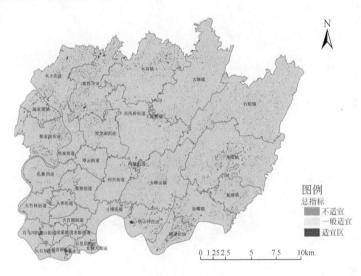

图 5-13　研究区农村居民点用地适宜性评价图

5.3.2　农村居民点总体布局优化分析

基于蚁群优化算法原理，通过 GeoSOS 地理模拟系统平台，根据确定的相关参数，通过多次实验寻找最优解，最终得出研究区农村居民点蚁群优化结果图（图 5-14）。

2018 年研究区农村居民点总面积 6495.75hm^2，面积占土地利用总面积的5.54%。蚁群优化算法优化后的面积为 6363.00hm^2，面积占土地利用总面积的5.43%，优化后农村居民点总面积有所下降，减少 132.75hm^2。

对比分析得出（图 5-15 和图 5-16），优化前后农村居民点空间布局变化十分剧烈。优化后研究区农村居民点呈现高度集聚态势，并主要分布于北碚区的水土

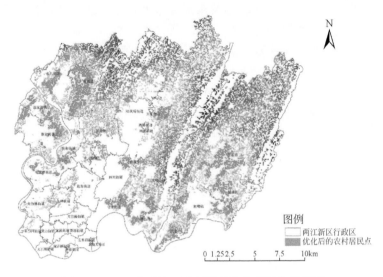

图 5-14　2018 年研究区农村居民点蚁群优化结果图

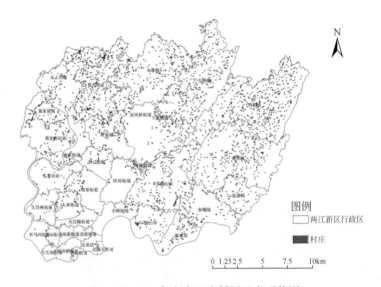

图 5-15　2018 年研究区农村居民点现状图

镇、复兴街道、蔡家岗街道和施家梁镇，江北区的寸滩街道、铁山坪街道、鱼嘴镇和复盛镇，以及渝北区的龙兴镇。另外，还有小部分聚集于礼嘉街道、悦来街道、回兴街道、木耳镇、古路镇、玉峰山镇等区域。尽管这一优化结果趋于理想化，却能够实现农村居民点布局相对集中，提高区域农村居民点生活条件及便利

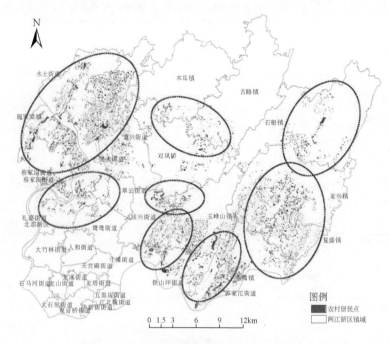

图 5-16　2018 年研究区农村居民点布局优化图

程度，使农户的居住环境更加舒适，有利于城乡融合发展，并在一定程度上减少闲置宅基地的数量，弱化一户多宅现象，提高农村土地利用率，符合 2030 年农村居民点模拟预测的发展趋势。

5.3.3　农村居民点具体布局优化分析

由表 5-9 可得，除去 2018 年研究区完全城镇化的镇街，剩余的 27 个镇街中，12 个镇街经过蚁群优化后农村居民点面积增加，13 个镇街优化后农村居民点面积减少，有两个镇街完全城镇化。其中，复盛镇、礼嘉街道及寸滩街道等地的农村居民点优化后的面积是优化前的 4 倍多，悦来街道、回兴街道、施家梁镇等地的农村居民点优化后的面积是优化前的 2 倍多。蔡家岗街道农村居民点优化后面积增加了 55.30%，复兴镇农村居民点优化后面积增加了 90.58%。从空间分布可看出，优化后的农村居民点布局刚好是农村居民点用地适宜性较高的区域，这些区域的交通设施、地形地貌以及社会经济发展水平较高，有利于实现城乡融合发展。

表 5-9　研究区各镇街农村居民点优化前后面积对比　（单位：hm^2）

乡镇	2018 年现状面积	2018 年优化面积	面积差
蔡家岗街道	297.00	461.25	164.25
翠云街道	60.75	2.25	−58.50
寸滩街道	42.75	243.00	200.25
大竹林街道	49.50	0.00	−49.50
复盛镇	126.00	540.00	414.00
复兴街道	621.00	1183.50	562.50
古路镇	724.50	180.00	−544.50
郭家沱街道	128.25	58.50	−69.75
回兴街道	67.50	148.50	81.00
礼嘉街道	49.50	216.00	166.50
两路街道	0.00	0.00	0.00
龙兴镇	630.00	922.50	292.50
木耳镇	569.25	76.50	−492.75
人和街道	51.75	0.00	−51.75
施家梁镇	130.50	279.00	148.50
鱼嘴镇	175.50	517.50	342.00
王家街道	0.00	0.00	0.00
铁山坪街道	123.75	398.25	274.50
天宫殿街道	4.50	0.00	−4.50
水土镇	378.00	463.50	85.50
双龙湖街道	258.75	22.50	−236.25
双凤桥街道	299.25	119.25	−180.00
石马河街道	4.50	0.00	−4.50
石船镇	1064.25	0.00	−1064.25
玉峰山镇	486.00	342.00	−144.00
鸳鸯街道	72.00	0.00	−72.00
悦来街道	81.00	189.00	108.00
总计	6495.75	6363.00	−132.75

　　大竹林街道、人和街道、天宫殿街道及石马河街道等区域在进行优化后农村居民点消失，其中石船镇在优化前农村居民点面积占总面积的 16.38%，优化后农村居民点消失，变化明显。这说明现有农村居民点用地适宜程度不高，不利于

农村居民点布局，经优化石船镇将无农村居民点分布。郭家沱街道农村居民点面积在优化后减少了 54.39%，木耳镇农村居民点面积在优化后减少了 86.56%，双凤桥街道农村居民点面积在优化后减少了 60.15%。另外，在优化前后增加明显的是复兴街道，农村居民点面积占比从优化前的 9.56% 增加到优化后的 18.6%，优化后农村居民点面积占比在各乡镇中最大，其次是龙兴镇，农村居民点面积占比从 9.70% 增加到 14.50%，在优化后的各镇街中复盛镇、鱼嘴镇、水土街道和蔡家岗街道的居民点面积占比分别增至 8.49%、8.13%、7.28% 和 7.25%。

5.4 农村居民点空间布局优化原则及调控策略

5.4.1 农村居民点空间布局优化原则

1）多种因素综合分析原则

农村居民点布局受到自然环境、民俗文化、经济社会发展多种因素综合作用，因此农村居民点的布局优化必须在综合考虑多种因素的基础上进行。

2）主导因素原则

多种因素对农村居民点用地及其分布的影响程度是不相同的，有的起决定作用，有的仅起辅助作用，因此农村居民点的布局优化要以主导因素为主，合理规划农村居民点。

3）可持续性原则

农村居民点是生态系统中的一部分，农村居民点的布局优化要考虑生态系统的可持续性发展，合理利用村庄资源，促进人与自然和谐相处，大力保护乡土文化。

4）适当整合与特色保护相结合原则

多种优化模式组合使用，能够很好地起到优化的效果，同时在村庄改建中应当以保护村庄原有的特色为重点，尊重当地村民的传统习俗，做到在保护中发展。

5）便于农民生产和生活的原则

居民点优化的最终目的就是方便居民生产和生活，在优化过程中应充分考虑现有政策规划的效果，基于现有规划基础，尽量考虑交通、产业、基础设施布局的要求，同时还要考虑农业生产中涉及的农具、粮食等存放的方便程度以及农村邻里之间的交往便利程度等。

5.4.2 农村居民点空间布局优化调控策略

根据研究区农村居民点用地适宜性评价分区和基于蚁群优化算法的农村居民点布局优化结果，进一步利用 ArcGIS 叠加《重庆两江新区总体规划 (2010–2020年)》进行分类处理，以乡村振兴和城乡融合发展为导向，充分考虑影响农村居民点布局的资源、产业、区位、交通等条件，提出山地都市边缘区农村居民点优化的 5 种策略类型，即城镇化优化型、交通要素主导优化型、乡村旅游带动优化型、迁村并点优化型和产业带动优化型 (图5-17)。

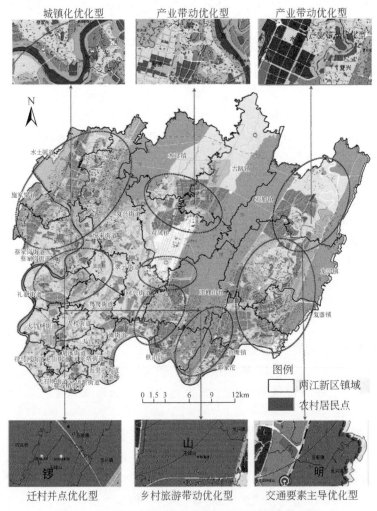

图 5-17　研究区规划图与蚁群优化算法叠置优化图

1）城镇化优化型

城镇化优化策略通常针对布局在城镇建成区规划范围内的农村居民点。此类农村居民点斑块特点非常明显，位于建制镇周围或者其拓展范围内，同时受到来自建制镇的辐射带动，其基础设施与公共服务设施较为完善，产业基础较好，容易形成集聚作用。该类型的农村居民点斑块主要分布在适宜区，具体优化策略是后期随着规划区征地与安置点建设，分批次转化为城镇建设用地。城镇边缘地区因优越的区位条件、便捷的交通、完备的基础设施和先进的产业体系，容易在空间上形成集聚效应，因而该区域的农村居民点通常最终纳入城镇规划范围。当然该类农村居民点在纳入城镇过程中是分批次纳入的，而非一蹴而就，首先是通过城镇基础设施的延伸，修建众多的集中居住区，然后随着基础设施的网络化，逐渐形成组团。根据农村居民点用地适宜性评价结果和两江新区建设用地布局规划图，城镇化优化型模式的农村居民点斑块主要分布在水土街道、蔡家岗街道、悦来街道、复兴街道等镇街，属于城镇拓展区域，即分布在此区域的农村居民点将逐步变成城镇的组成部分。

2）交通要素主导优化型

交通要素对丘陵山区城市发展与农村居民点布局具有较大影响。为方便生产、生活，农村居民点通常沿交通线布局且农村聚落较大。交通的发达程度很大程度上影响着丘陵山区的经济发展。交通承担着物资交换以及信息流通等作用，交通便利的地方居住群落一般也较大。因而，交通是山地都市边缘区最为重要的决定性因素之一，交通要素主导优化型模式主要是沿着重要的交通线进行归并优化，使居民点呈现出规模有序的特点，研究区有众多重要交通线，贯穿南北东西的铁路干线也为居民点的聚集以及沿线发展提供了基础的交通条件。交通要素主导优化型模式的农村居民点主要分布在交通用地中，主要是针对对外交通用地中分布散乱的农村居民点进行一定程度上的归并，使居民点呈现出规模有序的特点，涉及重庆空港、码头和编组站所在的石船镇、龙兴镇、复盛镇等区域。

3）乡村旅游带动优化型

乡村旅游是增加农民收入，实现乡村振兴的重要途径。受区位、地形、生产要素等制约，该区域的农村居民点布局分散、利用较为粗放。但该区域农地资源丰富，地理条件较好，农业设施较为完善，生态条件优越，故其农村居民点整治应强化民俗建设，借机走特色生态乡村旅游发展之路。该类农村居民点斑块主要分布于一般适宜区和不适宜区，具体优化策略是借助良好的自然生态环境与区位条件，结合农村居民点布局独特的景观效应，加快向民宿转型，尽快编制村庄规划与国土空间规划，合理划定"三生空间"，打造特色田园综合体，促进农村三产融合发展。从研究区农村居民点用地适宜性评价来看，一般适宜区和适宜区相比不适宜区主要是区位因素和生产条件的差异，此外由于地形条件的影响，特别是一些农村居民点位于明月山、玉峰山范围，大面积的农林业区为整个区域的居住生态环境打下了良好的基础，同时也给区域带来了新的经济发展点。因此，该类型居民点可凭借发展契机走特色化、生态化的旅游发展道路。在此区域居住的部分居民可借助良好的自然生态环境，结合农村居民点的独特体验打造特色农家乐。该区域整治涉及的主要区域为玉峰山镇、铁山坪街道、郭家坨街道和鱼嘴镇。

4）迁村并点优化型

长期以来，由于村庄规划在编制与施行上的缺位，加之低山丘陵区居民点空间布局受到众多自然因素影响，研究区内居民点布局"满天星"问题突出。加之靠近城镇区，大量的农村劳动力外出务工，加剧了该特殊区域的农村居民的粗放利用，少批多占宅基地和一户多处宅基地等现象普遍存在。在保护生态脆弱区的前提下，农村居民点的优化布局方案采取迁村并点方式为宜。通过居民点迁并，将规模较小的居民点村落进行复垦，向中心村集中，这在扩大现有村落规模的同时，有利于统一布置农村基础设施。此外，将一些生态脆弱区居民点外迁，也是生态保护的主要手段，更是乡村振兴的重要抓手。迁并优化使得中心村规模不断扩大，使其对周边村落的基础设施、产业发展等的辐射带动能力更强，更有利于辐射带动周围区域的发展。以两江新区建设用地布局规划图为基础，结合研究区农村居民点用地适宜性评价结果，选择适宜性为一般适宜和适宜的地区，相对而言，其具备更好的居民点优化条件，包括人口的集中、产业的集聚，更有利于中心村落的做大做强。迁村并点优化型模式的农村居民点以扩大现有居民点规模、合并周围规模小的居民点、整合邻近的同类型居民点为主要特征，可集中为村民修建规模化的住宅小区，配套相应的基础设施和公共服务设施，实现区域内农村居民点的连片发展。根据两江新区建设用地布局规划图，未来将在礼嘉街道、翠云街道、鸳鸯街道、悦来街道等区域实现这类布局模式。

5）产业带动优化型

产业带动优化策略通常针对交通区位好，人口较为集中，距离产业园区近，受产业辐射强的农村居民点。该类农村居民点斑块主要分布于适宜区和一般适宜区，具体优化策略是立足于服务片区第二、第三产业发展，通过科学的产业与空间规划，对现有村庄进行复建与合理开发，并适度建设调整，使在其空间上更加集中，为村民和产业工人修建规模化的住宅社区，集中配套基础设施和公共服务设施。该优化模式具有区位条件良好、交通便利、人口集中等特点，以第二产业为主导，与居住用地之间具有密切的联系，并对周围农村经济和社会发展具有辐射带动功能。对于这类农村居民点，注意限制其发展规模，通过科学手段对现有村庄进行复建或合理开发，进行适度的建设调整，使其在空间上更加集中。以两江新区建设用地布局规划图为基础，结合研究区农村居民点用地适宜性评价结果，选择一般适宜区和适宜区，扩大现有居民点规模、合并周围规模小的居民点、整合邻近的居民点，可集中为村民修建规模化的住宅小区，配套相应的基础设施和公共服务设施，为工业用地里的工人以及当地居民提供良好的居住环境。该优化模式涉及的主要区域为中北部的木耳镇、古路镇和双凤桥街道交界区域、东北部的石船镇。

5.5　本章小结

本章通过构建理论分析框架，以两江新区农村居民点为研究对象，借鉴蚁群优化算法的相关理论，基于 ArcGIS 和 GeoSOS 软件平台，采用多因素综合评价法，进行农村居民点用地适宜性评价，在此基础上运用蚁群优化算法，设置蚁群优化中的适宜性函数，进而得到农村居民点布局优化结果，并提出相应优化策略。主要有以下结论。

（1）理论框架表明，农村居民点在长期演化过程中，受众多经济社会因素的影响，在空间上呈现多种不同的形态。通过梳理有关文献，结合区位、形态及功能区划，可以将农村居民点空间优化分为基础设施带动优化、迁并扩展优化和城镇化优化三大类模式，这些模式对指导农村居民点空间布局优化及调控有重要指导意义。

（2）农村居民点用地适宜区主要分布在两江新区西北部的水土街道、施家梁镇、蔡家岗街道、木耳镇，以及东南部的龙兴镇、复盛镇、铁山坪街道、郭家沱街道和鱼嘴镇。一般适宜区多聚集在两江新区中部的双凤桥街道、玉峰山镇及双龙湖街道等，一般适宜区的农村居民点有足够的条件向适宜性高的镇街迁移。受区位、交通及资源禀赋的影响，不适宜区主要分布在石船镇、古路镇及木耳镇北部。

（3）2018 年农村居民点总面积 6495.75hm², 优化后面积为 6363.00hm², 优化后农村居民点总面积减少了 132.75hm²。优化后，研究区农村居民点改变了之前的零散分布状态，呈现高度集聚态势，主要分布于北碚区的水土街道、复兴街道、蔡家岗街道和施家梁镇，江北区的寸滩街道、铁山坪街道、鱼嘴镇和复盛镇，以及渝北区的龙兴镇。另外，还有小部分聚集于礼嘉街道、悦来街道、回兴街道、木耳镇、古路镇、玉峰山镇等区域。尽管这一优化结果趋于理想化，却能够实现农村居民点布局相对集中，有效改善农村的居住生活环境，推动城乡融合发展，并在一定程度上降低一户多宅的比例，提高了农村土地的利用率。

（4）分镇街来看，除去完全城镇化的镇街，剩余的27个镇街中，经过蚁群优化后，12个镇街农村居民点面积增加，13个镇街农村居民点面积减少，有两个镇街则完全城镇化。其中，木耳镇、双凤桥街道和郭家沱街道优化后的农村居民点面积变化较为明显，分别减少了86.56%、60.15%和54.39%；优化后农村居民点面积增加相对较多的镇街依次为复兴街道、龙兴镇、复盛镇、鱼嘴镇、水土街道和蔡家岗街道，农村居民点面积在全区所占比分别增至18.6%、14.50%、8.49%、8.13%、7.28%和7.25%；大竹林街道、人和街道、天宫殿街道及石马河街道等区域经过蚁群优化后已无农村居民点布局。可见，优化后的农村居民点布局正是农村居民点用地适宜性较高的区域，这些区域的交通设施、地形地貌以及社会经济发展水平较高，有利于实现城乡融合发展。

（5）基于 ArGIS 中邻域分析模块，进行农村居民点用地适宜性评价，并进一步叠加研究区总体规划，归纳形成山地都市边缘区5种优化策略类型，即城镇化优化型、交通要素主导优化型、乡村旅游带动优化型、迁村并点优化型、产业带动优化型，并进一步制定了差异化的居民点布局优化策略，具体看：城镇化优化型居民点应逐步纳入城镇规划范围，转变为城镇建设用地的组成部分。交通要素主导优化型居民点要沿着交通主干线进行一定程度的归并，使居民点更加规模化、有序化。乡村旅游带动优化型居民点应借助良好的自然生态环境与区位条件，结合农村居民点布局独特的景观效应，合理划定"三生空间"，打造特色田园综合体。迁村并点优化型居民点应以扩大现有居民点规模、合并周围规模小的居民点、整合邻近的同类型居民点为抓手，集中修建规模化的住宅社区，配套基础设施和公共服务设施，实现区域内农村居民点的连片发展。产业带动优化型居民点应立足于服务第二、第三产业发展，对现有村庄进行复建或合理开发，并进行适度的基础设施建设与调整，使在其空间上更加集中。

山地都市边缘区农村居民点布局优化是通过农村居民点城镇化、社区化、集约化、产业化，最终达到节约用地、空间优化与有效治理的目的。山地都市边缘区农村居民点在实际优化过程中还会受到自然环境因素、产业政策因素、农民意愿因素等的制约，本书中涉及的指标体系对上述制约因素的考虑还存在一定欠缺，这也是未来需要继续深化的方向。

参 考 文 献

包颖，王三，刘秀华.2017.丘陵区农村居民点时空格局演变及其整治分析——以重庆市北碚区为例 [J].西南大学学报（自然科学版），39（8）：108-115.

毕国华，杨庆媛，王兆林，等.2016.丘陵山区都市边缘农村居民点土地利用空间特征分析——以重庆两江新区为例 [J].长江流域资源与环境，25（10）：1555-1565.

陈伟强，刘耀林，银超慧，等.2017.基于迭代评价法的农村居民点优化布局与整治策

略 [J]. 农业工程学报，33 (17)：255-263.

杜平.2014. 快速城镇化地区农村居民点优化布局研究 [D]. 重庆：西南大学.

贺贤华，杨昕，毛熙彦，等.2016. 基于加权 Voronoi 多边形的山区农村居民点优化布局——以重庆市崇龛镇与石龙镇为例 [J]. 中国农业资源与区划，37 (1)：80-89.

孔雪松.2011. 基于元胞自动机与粒子群的农村居民点布局优化 [D]. 武汉：武汉大学.

黎夏，李丹，刘小平，等.2009. 地理模拟优化系统 GeoSOSGeoSOS 及前沿研究 [J]. 地球科学进展，24 (8)：899-907.

黎夏，李丹，刘小平.2017. 地理模拟优化系统（GeoSOSGeoSOS）及其在地理国情分析中的应用 [J]. 测绘学报，46 (10)：1598-1608.

李学东，杨玥，杨波，等.2018. 基于耕作半径分析的山区农村居民点布局优化 [J]. 农业工程学报，34 (12)：267-273.

李玉华.2016. 重庆山地丘陵区农村居民点分形特征及空间布局优化研究 [D]. 重庆：西南大学.

彭金金，孔雪松，刘耀林，等.2016. 基于智能体模型的农村居民点空间优化配置 [J]. 地理与地理信息科学，32 (5)：52-58.

王尧.2017. 基于景观格局和蚁群算法的横山区农村居民点布局优化研究 [D]. 西安：长安大学.

王兆林，杨庆媛，王轶，等.2019. 山地都市边缘区农村居民点布局优化策略——以重庆渝北区石船镇为例 [J]. 经济地理，39 (9)：182-190.

杨学龙，叶秀英，赵小敏.2015. 鄱阳县农村居民点布局适宜性评价及其布局优化对策 [J]. 中国农业大学学报，20 (1)：245-255.

叶艳妹，张晓滨，林琼，等.2017. 基于加权集覆盖模型的农村居民点空间布局优化——以流泗镇为例 [J]. 经济地理，37 (5)：140-148.

曾远文，丁忆，胡艳，等.2018. 农村居民点空间布局及优化分析——以重庆市合川区狮滩镇聂家村为例 [J]. 国土资源遥感，30 (3)：113-119.

张磊，武友德，李君.2018. 高原湖泊平坝区农村居民点空间格局演变及预测分析——以大理市海西地区为例 [J]. 中国农业大学学报，23 (2)：126-138.

Dorigo M，Bonabeau E，Theraulaz G. 2000. Ant algorithms and stigmergy. Future Generation Computer Systems，16 (8)：851-871.

第6章 丘陵山区县域尺度农村居民点空间重构技术：重庆市长寿区实证

相较于城镇（市）体系，农村居民点体系布局具有分散性和沿轴线发展的特点，因此需以较小的尺度单元对农村居民点体系进行研究。因此，本章选取重庆市长寿区为案例区，结合实地调查获取的农户属性数据与农村居民点地理信息数据库，按"理论分析—现象描述—空间落实"这一主线，探讨农村居民点体系重构中的等级规模体系架构、职能定位、空间结构和重构实施等核心问题，在长寿区农村居民点体系发展现状分析的基础上，从实践角度提出长寿区农村居民点体系重构的具体流程，促进丘陵山区县域尺度农村居民点体系重构的顺利实施。

6.1 县域农村居民点体系重构的理论分析

6.1.1 农村居民点体系

农村居民点体系是指在一定地域空间内，农村居民点在经济、文化及交通等多种因素作用下组成的具有层次结构和功能分工的有机系统，是整个社会生活所产生的空间基础。农村居民点体系是一个有机联系的整体，每个集镇对周围的村庄都具有中心地作用，根据经济服务中心作用的大小可以分为若干等级。赵之枫（2006）按照行政体系将乡村型居民点体系分为建制镇、乡（集镇）、行政村和自然村。建制镇是农村地区政治、经济、文化和生活服务中心，其规模较大，职能较强，通常为特定乡镇的首位居民点；自然村规模较小、数量多且职能单一，处于农村居民点体系结构的最基层；中心村在规模、职能和数量等方面介于建制镇和自然村之间。"重点镇——一般镇——中心村——一般村"四个层次的居民点人口以农村人口为主，经济活动多围绕农业生产展开，因此其更能体现农村人口和经济活动的特点（杨庆媛等，2015）。因长寿区中心城区（晏家街道城区、凤城街道城区、江南街道城区、但渡镇、菩提街道城区）属于城市范围，故在重构中将其排除。农村居民点体系具有以下特征。

（1）构成农村居民点体系的居民点不是独立、分散的个体，而是通过相互间纵向、横向联系组成的一个网络化组织。

（2）农村居民点体系具有梯度性，不同等级的居民点，其影响域不同。

（3）农村居民点体系具有区域性，其职能、空间布局等均与区域的自然、经济和社会因素息息相关。

6.1.2　农村居民点体系重构

重构是系统科学的一种方法论。在一个系统的运行过程中，外力的冲击和系统内部各个构成因子的离析作用会使系统原有的组织结构发生异化甚至解体，从而导致系统难以可持续发展。为此，通过对已经解体的系统结构关系进行重新构架，促使系统各个因子优化组合，从而实现系统的根本性转变（雷振东，2005）。孙建欣等（2009）认为村庄体系空间重构指的是村庄间通过居民点搬迁、新建或整理等进行的土地整合，重新组织和利用土地，以达到集约用地、集中配置基础设施的目的。农村居民点体系重构是以科学发展观为指导，全面贯彻落实城乡统筹战略而实施的一项集经济、社会、空间于一体的区域发展战略（张泉等，2006）。这里所指的农村居民点体系重构主要从农户需求与农村居民点空间相互关系入手，构建农村居民点的等级体系，明确职能分工及其空间分布，合理配置农村基础设施、公共服务设施，调整农村产业结构，完善交通体系等保障措施，以促进农村功能的多元化，切实提高农村人居环境质量，形成城乡协调互动的农村居民点体系。重构并不是摒弃原有的社会生活组织结构的规划重构，而是依据发展的要求对现状农村居民点体系空间结构的补充和优化（Clark et al.，2009），并在此基础上对新的规划模式积极探索。

6.1.3　等级规模结构

农村居民点体系等级规模结构指一定区域范围内农村居民点规模的层次分布，包括等级构架、人口规模、用地规模的分布等，用于揭示一定区域范围内农村居民点规模的分布规律（分散或集中），反映各等级农村居民点序列与规模的关系。

农村居民点等级架构是对一定区域范围内的农村居民点进行定级，组建一个有机体系，等级规模结构确定不仅要考虑农村居民点在区域中的功能和作用，还需考虑公共服务设施和基础设施的综合利用效益（陈昭玖等，2006）。在农村居民点体系等级规模结构中，等级较高、规模较大的农村居民点已形成较为完善的公共设施和基础设施服务，可以为周边一定区域范围内规模较小的农村居民点提供服务。农村居民点体系结构应当包括"中心镇——一般镇—中心村—基层村"四级，中心镇即最高级中心地，是县域范围内的经济发展极核，以非农产业为主且发展条件较好。中心镇为周边农村居民点提供设施和服务，吸引从事非农产业的人口在此集聚。一般镇即较高级中心地，一般镇即发展条件和发展潜力不足、非农产业发展相对滞后、以农业生产为主的乡镇，其虽具有行政机关、卫生院等设施，但通过对其发展潜力的分析发现，其更符合较高级中心地的职能。中心村作为次一级的中心地，设施及服务除辐射本村外，还可辐射周边的居民点。基层村即最低级中心地，其配套设施和服务仅辐射本村。

在丘陵山区，建制镇数量少、农村居民点分散布局，导致一定区域范围内的农村居民点体系并不完全满足"中心镇——一般镇—中心村—基层村"的形式，而是呈现以下4种类型（图6-1）。

1）"中心镇—中心村—基层村"3级体系，如图6-1（a）所示。镇区现状建设规模大、条件较好、常住人口较多的区域，非农产业发展条件较好，村庄内部农业发展条件较优越。

2）"一般镇—中心村—基层村"3级体系，如图6-1（b）所示。镇区非农产业发展较落后，现状部分村庄建设条件较好。

3）"中心镇——般镇—中心村"3级体系，如图6-1（c）所示。镇区吸纳劳动力能力较强，村庄发展条件较好但村庄数量较少。

4）"中心镇——般镇—基层村"3级体系，如图6-1（d）所示。镇区发展条件优越，人口集聚程度较高，而村庄发展潜力不足，村庄人口非农化转移较多。

6.1.4 空间结构

农村居民点体系的空间结构，是指农村居民点的分布特征和地理位置的组合关系。农村居民点体系内，各居民点间存在相互联系、相互制约等空间联系，以此为纽带将居民点结合成为具有一定功能和结构的有机整体，即形成居民点体系的空间结构。合理的空间结构是农村居民点发展的"调节器"和"助推器"。受自然条件和社会经济发展等因素的影响，农村居民点体系的空间结构不尽相同，尤其在丘陵区，农村居民点体系的空间结构受地形地貌等自然条件影响较大，呈现出不同的结构形态，可分为三类：线型、环状放射型和混合型，依据中心村与辐射范围内基层村的组合均衡性，线型和环状放射型又可细分为均衡和非均衡布局两类（图6-2）。

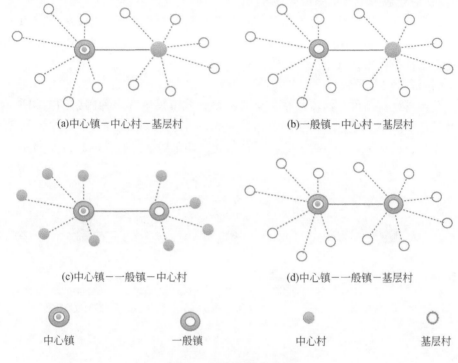

(a)中心镇−中心村−基层村　　　　　　　(b)一般镇−中心村−基层村

(c)中心镇−一般镇−中心村　　　　　　　(d)中心镇−一般镇−基层村

中心镇　　　　　　一般镇　　　　　　中心村　　　　　　基层村

图 6-1　农村居民点体系

1) 线型均衡布局

受交通线路或河流等轴线发展的影响，处于山坳地区的中心村与基层村易形成线型均衡布局。农村居民点顺应交通线路或河流的走向呈带状结构，中心村位于带状结构的中心位置以达到最大服务半径，基层村在带状结构的两翼均衡发展，空间轴向形态特征明显，其空间结构如图 6-2（a）所示。

2) 线型非均衡布局

在线型均衡布局的基础上，受附近城镇的辐射影响，中心村趋向城镇发展而偏离线型均衡布局的中心位置，形成线型非均衡布局，这种空间结构下基层村接受的中心村辐射量不均等，其空间结构如图 6-2（b）所示。

3) 环状放射型均衡布局

在环状结构中，中心村与各基层村的距离相近，有利于中心村向周围的基层村提供均衡的服务，这种空间结构一般分布于地势较平坦开阔的平原地区，是最为理想的空间结构，丘陵山区环状放射型均衡布局形式较少，其空间结构如图 6-2（c）所示。

4）环状放射型非均衡布局

这种空间结构适合地势平坦区与地势起伏区的过渡地段，中心村位于山脚，受地形条件的限制，基层村仅能布局于地势平坦区，呈放射状围绕在中心村周围以更好地接受服务，其空间结构如图6-2（d）所示。

5）混合型布局

受地形地貌条件、河流水系、交通线路和城镇辐射等多种因素的共同影响，以及长期的历史演变，农村居民点体系的空间结构难以形成较为单一的放射型或线型布局，往往呈现出多种形式的混合布局，其布局结构如图6-2（e）所示。

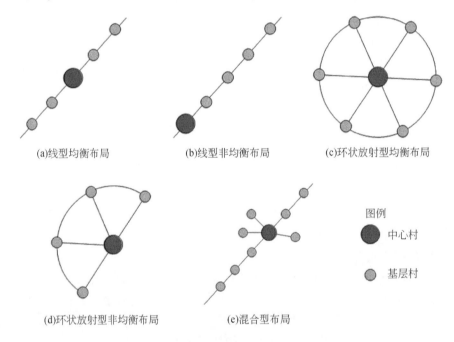

(a)线型均衡布局　　　　(b)线型非均衡布局　　　　(c)环状放射型均衡布局

(d)环状放射型非均衡布局　　　(e)混合型布局

图例
● 中心村
○ 基层村

图6-2　农村居民点体系的空间结构

6.1.5　职能结构

农村居民点的职能是指居民点在镇域或县域范围内的经济、政治、文化中所承担的功能和发挥的作用，是经济、政治、社会和文化等因素的集合。县域范围内多个职能各异且相互联系、相互作用的居民点形成县域农村居民点体系的职能结构。农村居民点的职能结构特征对外表现为农村居民点体系的整体性和在更大尺度范围内的分工与合作；对内则表现为不同居民点间的相互联系、相互作用。

居民点的职能结构反映了等级规模结构和空间结构的本质属性及总体特征，影响着农村居民点体系整体效益的发挥。因此，科学定位农村居民点的职能尤为重要。由于自然环境、区位条件和社会经济发展水平等存在差异，居民点在竞争中遵循劳动地域分工规律，形成分工明确、各具特色的居民点职能类型，如行政型、综合交通枢纽型工业型、旅游型等（表6-1）。

表 6-1　农村居民点职能类型

地域主导作用	职能类型	特征
以行政职能为主	行政型	一般为政府所在地，其行政职能较突出
以交通职能为主	综合交通枢纽型	交通干线（高速路、铁路、河流等）附近居民点，容易形成以交通职能为主的公路枢纽型、铁路枢纽型或港口型居民点
以经济职能为主	采矿型、工业型	居民点自身有一定矿产资源或工业基础，主导产业为煤矿、金属、化工、建材等
以贸易流通职能为主	商贸型	居民点自身区位条件较好，且具有一定的商业基础，依靠公路、河流发展商品集散
以文化职能为主	旅游型	以区域内的自然资源或人文资源开发为主，并提供相应的旅游服务设施

6.2　长寿区农村居民点体系现状分析

6.2.1　研究区概况

6.2.1.1　自然条件

长寿区位于重庆市中部，地跨东经 106°49′22″～107°43′30″，北纬 29°43′30″～30°12′30″，东南与涪陵区接壤，西南与巴南区、渝北区为邻，东北接垫江县，西北与四川省邻水县相接，渝宜高速公路从西南至东北贯穿全区（图6-3）。长寿区地处大巴山脉支系，属于川东平行岭谷弧形褶皱束，境内背斜和向斜相间，自西向东分别是铜锣峡、明月峡和苟家场三个背斜以及相间的洪湖和长垫两个向斜。三个背斜形成了铜锣山、西山和黄草山，洪湖和长垫两个向斜形成平坝，构成了典型的"三山夹两坝"地貌特征。"三山"狭长，地势起伏较大，海拔在800m 以上，"两坝"地势开阔平坦，以浅丘地貌为主，海拔在 450m 以下。

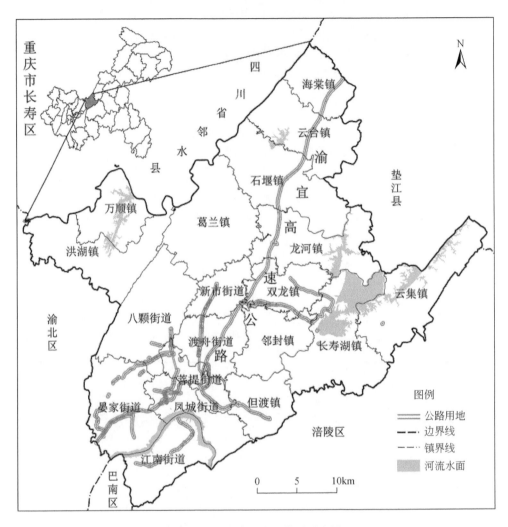

图6-3　重庆市长寿区位置示意图

　　长寿区地势东北高西南低，呈阶梯状下降，境内最高点位于西端的白云山，海拔1034.2m，最低点位于长江沿岸的龙舌梁，海拔149m。起伏较大的地貌类型有沿江河谷、深丘窄谷、浅丘宽谷、低山，其中沿江河谷、深丘窄谷、浅丘宽谷主要分布在向斜内，占全区总面积的82.84%（除石灰岩分布区形成的宽敞槽谷外），其因地势起伏较低山区小、土壤肥沃、交通通达度较高而成为人口聚集区。低山区占全区总面积的17.16%，海拔较高，地形崎岖，沟壑深切，不适宜农耕，多为林场。

6.2.1.2 社会经济条件

2018 年，长寿区户籍人口 89.27 万人，其中常住人口 85.50 万人，城镇人口 38.81 万人，城镇化率为 66.07%。2018 年实现地区生产总值 597.49 亿元，人均地区生产总值为 70 604 元。全区城镇居民人均可支配收入 35 055 元，农村人均纯收入 15 571 元，城乡收入比为 2.25：1[①]。三次产业结构比例为 7.65：51.10：41.25，第二产业比例较大，区内已形成以化工、纺织和建材为龙头，门类较齐全的工业体系，是重庆市新兴的以工业为主导的区域。长寿区已形成以主城区为中心，凤城组团、晏家组团、江南组团和渡舟组团环绕四周，中小城镇有机结合的组团式、网络化发展的城市格局，是承接三峡库区生态经济圈与主城都市发达经济圈的区域性节点。依托重庆市（长寿区）化工园区、晏家工业园区和重钢搬迁等项目，以及长寿湖风景旅游区的打造，长寿区将成为重庆市主城都市区中的新型制造业基地、都市农业基地、休闲旅游区和区域性物流中心。

6.2.1.3 土地利用条件

根据 2018 年长寿区土地利用变更数据，长寿区土地总面积为 142 142.83hm²，其中农用地 101 754.77hm²，建设用地 31 248.25hm²，其他土地 9139.81hm²。耕地 55 796.83hm²，园地 13 012.99hm²，林地 28 710.14hm²，草地 4234.81hm²，城镇村及工矿用地 16 954.56hm²，交通运输用地 3022.03hm²，水域及水利设施用地 11 271.66hm²，分别占土地总面积的 39.25%、9.15%、20.20%、2.98%、11.93%、2.13% 和 7.93%。其中，农村居民点用地 8049.02hm²，占城镇村及工矿用地面积的 47.47%，受地形地貌影响，农村居民点呈现"整体分散，相对集中"的分布特点，西部低山区分布较零散，中部平行岭谷区分布相对集中。人均农村居民点用地 172.39m²，超过国家规定的最高标准，且空置率较高。

6.2.2 长寿区农村居民点体系等级规模结构分析

等级规模结构是农村居民点体系重要的子系统之一，反映了居民点在不同等级的分布状况及人口的集中或分散程度，通过研究农村居民点体系等级规模分布特点，可以明确不同等级规模居民点的组合特征和发展规律，并制定农村居民点体系的未来发展战略，以更好地发挥不同等级规模居民点的中心地作用

---

① 重庆长寿区统计局. 重庆市长寿区 2018 年国民经济和社会发展统计公报. https://www. cqcs. gov. cn/zwgk_164/fdzdgknr/tjxx/tjnj/202102/t20210226_8942099. html[2021-02-26].

（Mandal，2001）。农村居民点体系等级规模可由居民点人口规模、用地规模、经济规模和行政等级来表征，其中人口规模和用地规模最具代表性，因此采用人口规模和用地规模反映其规模特征，并借助分形理论对农村居民点用地规模结构的集聚特征进行定量研究。

6.2.2.1　农村居民点等级结构特征

截至 2018 年底，长寿区共辖 7 个街道、12 个镇、221 个行政村（表 6-2），按照现状等级，长寿区农村居民点体系为"中心城区—建制镇（街道）—行政村"，建制镇（街道）是高级中心地，包括葛兰镇、云台镇、洪湖镇等 12 个镇，是区域内重要的经济增长极，承担着促进镇域范围内社会经济发展的职能，在连接城乡、带动周边农村发展方面发挥着重要作用。行政村是较低级中心地，作为农村居民点体系中从事农业生产活动最基本的居民点，主要功能为居住，其公共服务配置仅为本村村民服务。长寿区农村居民点体系各等级数目依次为 7 个街道、12 个镇、221 个行政村，符合居民点体系规模分布中人口规模越大，对应级别居民点数量越少的规律。

表 6-2　长寿区各等级居民点数量表

建制镇（街道）	总人口/万人	行政村
凤城街道	11.85	复元村、永丰村、长风村、走马村、三洞村、陵园村、过滩村、古佛村、白庙村
晏家街道	6.67	石盘村、石门村、沙溪村、沙塘村、金龙村、龙门村、十字村、三观村
渡舟街道	4.30	渡舟村、堰桥村、果园村、黄连村、三好村、新道路村、太平村、白果村、天桥村、甘蔗村、高峰村、保丰村、河塘村
江南街道	2.19	龙桥湖村、扇沱村、五堡村、大元村、锯梁村、大堡村、天星村
菩提街道	5.99	东新村、红花村、阳鹤村、松柏村、菩堤村、田坝村
新市街道	3.07	红土地井村、河石井村、新合村、新同村、新市村、东门村、堰耳沱村、惠民村
八颗街道	4.72	八颗村、丰胜村、石马村、曙光村、武华村、幸福村、水井村、核桃村、新桥村、高新村、美满村、付何村、鹿坪村、梓潼村、干滩村
葛兰镇	7.08	湾丘村、白云村、冯庄村、罗岩村、黄家坝村、盐井村、天台村、天宝村、大坝村、塘坝村、烟坡村、潼观村、天福村、沙河村、南中村、金山村、葛兰村、枯井村、龙井坎村、兰兴村、中华村
云台镇	5.10	八字村、寨口村、小岩村、安坪村、八角村、利民村、桥坝村、拱桥村、黄葛村、应祝村、青云村、梅沱村、鲤鱼村
洪湖镇	3.76	凤凰村、表耳村、永顺村、普兴村、坪滩村、称沱村、梯子村、草堰村、码头村、芦池村、黑岩村、三合村、五龙村、长生村

建制镇（街道）	总人口/万人	行政村
长寿湖镇	5.01	响塘村、东海村、回龙村、红光村、花山村、石岭村、大石村、石回村、龙沟村、紫竹村、两桂村、安顺村、玉华村
万顺镇	2.94	万顺村、四重村、白合村、院子村、万花村、东风村、石龙村、垭口村
石堰镇	6.03	大塘村、兴隆村、石堰村、海天村、金星村、燕耳村、麒麟村、石坝村、普子村、狮子村、石安村、雨台村、木耳村、义和村、干坝村、朝阳村、高庙村、兴庄村、新寨村、新滩村
海棠镇	3.22	海棠村、小河村、龙凤村、庄严村、古林村、建生村、清泉村、土桥村、金子村
龙河镇	4.76	永兴村、仁和村、四坪村、太和村、咸丰村、堰塘村、合兴村、盐井凼村、明丰村、九龙村、保合村、长安村、龙河村、金明村、河堰村、骑龙村、明星村
双龙镇	3.88	龙滩村、谷黄村、飞石村、长寿区寨村、联合村、罗围村、尖山村、红岩村、群力村、连丰村、天堂村
云集镇	3.49	华中村、玉龙村、雷祖村、飞龙村、万寿村、福胜村、大胜村、玛瑙村、青丰村、大同村、尖锋村
邻封镇	3.35	邻封村、上硐村、青观村、汪塔村、上坪村、三化村、保家村、焦家村、庙山村、石心村
但渡镇	1.86	楠木院村、但渡村、升高村、双河村、兴同村、龙寨村、未名村、曾祠村

6.2.2.2　农村居民点规模结构特征

1）农村居民点人口规模统计

长寿区农村居民点用地规模普遍偏小，在221个行政村中，平均人口规模为3142人，但有61.78%的自然村未达到平均人口规模，人口规模较小的自然村数量多、分布广。

2）农村居民点用地规模结构分形特征

以长寿区19个镇街和221个行政村为样本，以用地规模作为衡量居民点等级规模的指标r，达到标准r的居民点数量为$P(r)$，分别对r和$P(r)$取对数，利用SPSS软件进行一维分析，以$\ln r$为横坐标，$\ln P(r)$为纵坐标做出双对数坐标图（图6-4），利用线性回归对此区间的双对数坐标点进行模拟，其判定系数$R^2=0.9613$，拟合效果较好，说明长寿区农村居民点用地规模分布具有分形特征。$q=0.4593$，分形维数$D=2.1772$，远大于1，说明用地规模分布较为分散，中间位序的居民点数目较多。

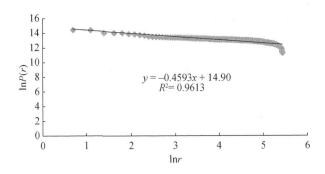

$$y = -0.4593x + 14.90$$
$$R^2 = 0.9613$$

图6-4   长寿区农村居民点用地规模分布双对数坐标图

6.2.2.3   农村居民点体系等级规模结构问题剖析

1）农村居民点体系等级不完整

目前，长寿区农村居民点体系为"建制镇（街道）—行政村"，镇街之间、行政村之间均为同等级组合，呈现出均质化、同质化的状态，未形成高效协调的多核心圈层结构（如"中心镇——一般镇—中心村—基层村"的多核心圈层结构）。农村居民点体系至少应由4级中心地构成，即"中心镇——一般镇—中心村—基层村"，最高级中心地——中心镇一般是经济水平较高的镇街，承担一定范围内的区域中心职能，一般镇则作为连接镇街与行政村的基层节点。在221个行政村范围内，应选择区位优势突出、发展条件较好的村作为中心村，以吸引周边人口和生产要素等的集中，为本聚居地和周边范围内的居民点提供基本公共服务，辐射带动周边居民点。长寿区农村居民点等级不明确，居民点发展停滞在低水平的均衡阶段，影响各居民点的经济职能，造成各居民点经济活动分散孤立，居民点相互间联系较松散，不能实现经济协同与产业联动（彭震伟，2010）。

2）农村居民点人口规模减小，不利于农村居民点体系构建

农村居民点户籍人口较多，但在实地调研中居民点的常住人口较少。伴随着农村人口向城市转型步伐加快，大量农村人口向城市流动，长寿区外出务工人口比例达到31.87%，村内常住人口多为老人和儿童，人口规模无法满足公共服务设施的门槛人口，已配置设施无法正常运营。近年来，通过实施迁村并点和旧村改造等措施，农村居民点数量有所减少，但成效不明显，居民点系统性不强依然呈现分散状态，生产生活服务类基础设施落后，以及土地利用低效、粗放等问题阻碍着农村和农业的发展（陈玉福等，2010），传统的农村居民点体系格局已不适应农村经济社会发展的需要。

6.2.3 长寿区农村居民点体系空间结构分析

农村居民点体系空间结构是一定范围内经济和社会物质实体——居民点空间的组合形式，包括居民点在空间上的分布状况和布局形态两方面，受地形地貌条件的影响，是经济、社会、人口和政策等人文因素综合作用的结果。运用探索性空间数据分析（Exploratory Spatial Data Analysis，ESDA）中的核密度估计方法分析农村居民点的分布状况，总结农村居民点空间布局形态特点。

6.2.3.1 "一轴、两翼"的空间格局

长寿区中部地势较平坦，为经济发展和人口集聚提供了良好条件，而近年来长寿区多层次空间开发及交通设施的完善也促进经济发展"一轴、两翼"格局的形成。"一轴"指工业发展轴，由南至北串联起长寿区城区、新市街道、葛兰镇、石堰镇、云台镇及海棠镇，在凤城商城、江南钢城、葛兰工业园区和化工园区的辐射带动下，打造沿渝万高速公路走向的镇街工业走廊；"两翼"指包括长寿湖镇、邻封镇、双龙镇、龙河镇、但渡镇和云集镇共6镇的东南翼，以及包括洪湖镇和万顺镇两镇的西北翼。以长寿湖风景旅游区（涉及长寿湖镇、云集镇、邻封镇、双龙镇、龙河镇）、大洪湖风景旅游区、楠木院旅游区为发展重点，推动"两翼"地区的社会经济发展。

6.2.3.2 农村居民点分布具有空间指向性和轴向指向性

利用 ArcGIS 软件的空间分析工具，选择 Kernel 核密度估计法生成长寿区内农村居民点密度分布图（图6-5），长寿区农村居民点分布的总体密度为 0.31 个/km²，密度分布具有较大的地域差异性，即中部农村居民点分布较为密集，依次向东、西、南部呈阶梯状分布，在渝万高速公路沿途形成居民点密集带，农村居民点分布与自然地理条件（海拔、坡度）有较高的相关性。中部的"两坝"地区自然条件较好，地形相对宽阔，交通网络密集，因而农村居民点相对密集，如渡舟街道，平均密度为 0.53 个/km²，人口规模也较大，平均每村人口规模为4400人，而"三山"区域自然条件较差，地形起伏大，交通通达度较低，故农村居民点密度相对较低，如云集镇平均密度为 0.11 个/km²，居民点人口规模相对较小，平均每村人口规模为3200人。

根据图6-5，农村居民点密度分布具有明显的空间指向性和轴向指向性，空间指向性即在地势较平坦的中部区域居民点分布较密集，轴向指向性即农村居民点的发展均依附河流、公路等交通干线形成，交通网络是居民点形成并发展的重

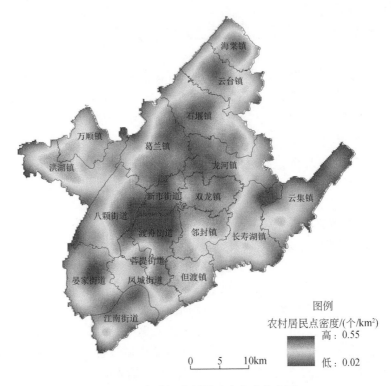

图6-5 长寿区农村居民点密度分布图

要依托。长寿区内居民点沿河和水库沿岸形成"一江、两湖"城镇带。"一江"指长江城镇带,长江干流横贯长寿区南部,在其两侧的居民点形成蜿蜒长条状,凤城街道、晏家街道、江南街道等均沿着河流分布,形成沿江城镇带。"两湖"指长寿湖和大洪湖,沿长寿湖两侧发展形成长寿湖镇、云集镇、邻封镇、双龙镇、龙河镇等城镇带,沿大洪湖两侧发展形成洪湖镇、万顺镇等城镇带,这些居民点的发展具有较明显的河流指向性。随着长寿区综合交通网络体系的完善,交通干线成为居民点分布的控制性因素。目前,长寿区境内有三条高速公路交会,分别为渝万高速公路、长涪高速公路、长万高速公路长寿区段,加上现有的国道319长寿区段、省道S102渝巫路长寿区段和长邻路、长大路、葛双路等19条县道,将长寿区与垫江县、涪陵区、重庆市主城区和万州区联系起来,形成以凤城街道为中心的综合交通网络。长寿区内居民点大多分布在交通网络线周边,如由西南至东北走向的渝万高速横贯长寿区全境,沿线分布有新市街道、龙河镇、葛兰镇、石堰镇、云台镇及海棠镇等,这些区域居民点密度较高。

6.2.3.3　农村居民点呈不均衡的五边形空间模式

长寿区地貌类型以丘陵低山为主，农村居民点体系空间扩展形成与丘陵地貌相适应的空间结构。长寿区的农村居民点体系空间结构是一个以中心城区为高级中心地、建制镇和行政村分别为二级和三级中心地的综合体系。长寿区 19 个镇街，其中非中心城区的 14 个镇街可划分为 4 个五边形，分别是：①北部的海棠镇—云台镇—石堰镇—新市街道—龙河镇 5 个镇街构成的五边形；②南部的八颗街道—但渡镇—双龙镇—龙河镇—新市街道 5 个镇街构成的五边形；③东部的云集镇—长寿湖镇—邻封镇—双龙镇—龙河镇 5 个镇构成的五边形；④西部的葛兰镇—万顺镇—洪湖镇—八颗街道—新市街道 5 个镇街构成的五边形；而在东南部尚未形成五边形结构（图 6-6）。进一步模型化分析显示，除东南部尚未形成较完整的五边形外，现状"中心城区—中心镇——一般镇"体系形成非均衡的五边形空间结构。

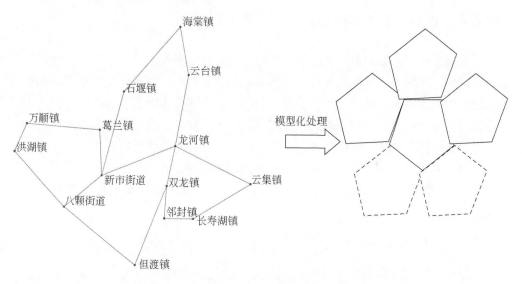

图 6-6　长寿区农村居民点体系非均衡五边形空间结构

6.2.3.4　农村居民点体系空间结构问题剖析

1）小型居民点布局分散，集聚程度低，难以发挥集聚效应

长寿区东、西、南部农村居民点密度较低，且布局分散，集聚程度低，居民点难以在城乡一体化发展中承担起辐射和带动广大农村居民点发展的重任。凤城街道、晏家街道城区周边的居民点，由于中心城区的扩张，其经济发展受中心城

区的辐射影响，逐步向中心城区演化，因此周围居民点很难发育为拥有经济发展腹地，且对腹地具有带动功能的中心居民点。"两翼"及工业发展轴居民点数量众多，布局相对分散，且规模偏小，人口和生产要素的集聚程度较低，缺乏带动一定区域内发展的核心居民点，难以发挥工业廊道的集聚效应。

2）农村居民点非均衡的五边形空间结构需进一步优化

农村居民点体系呈现出非均衡五边形空间结构，这种非均衡性不利于低级居民点接受高级居民点的服务。均衡状态下（六边形）空间结构较稳定，有利于高级中心地向低级中心地提供服务，要实现均衡状态与非均衡状态之间的转化，可以在空间结构上进行有意识、有目的的规划、调控，并结合政策导向，使居民点体系由非均衡状态（五边形）向均衡状态（六边形）演变。居民点空间结构调整的思路是可通过科学的规划与政策引导，完善长寿区东南部的五边形居民点体系，构建新的均衡态空间结构，促进非均衡状态向均衡状态的演化。

6.2.4　长寿区农村居民点体系职能结构分析

农村居民点体系职能结构的形成是以不同等级、不同职能农村居民点的结合为基础的，不同的区域发展条件、自然基础和发展过程，形成了具有地域特色的农村居民点体系职能组合类型。合理的农村居民点体系职能组合体现产业分工的协调性，明晰的职能定位可提高产业部门的专业化程度，有利于集聚经济效应的发挥，推动城乡经济一体化发展。尽管长寿区及其各乡镇级土地利用总体规划对各乡镇的职能有明确的定位，但缺乏对村的职能定位，因此本节着重对长寿区非中心城区的 14 个镇街的现状职能特点进行分析，并指出镇街职能结构存在的问题。

6.2.4.1　职能分工现状

除中心城区外的 14 个建制镇（街道）依据各自的资源优势，形成各具特色的职能特点。从发展基础、资源禀赋、发展路径可将 14 个建制镇（街道）的职能类型归纳为以下三种（表 6-3）。

表 6-3　建制镇（街道）现状职能分工

序号	建制镇（街道）	主要职能
1	长寿湖镇	旅游
2	葛兰镇	工商业、农副产品加工集散
3	云台镇	商贸、加工工业

序号	建制镇（街道）	主要职能
4	洪湖镇	物资集散
5	双龙镇	农副产品加工集散
6	云集镇	农副产品生产、集散、加工
7	八颗街道	商贸、加工工业、现代农业
8	石堰镇	农机制造、农副产品加工
9	龙河镇	旅游、农副产品加工
10	万顺镇	旅游、加工工业
11	新市街道	建材、农副产品加工
12	邻封镇	旅游、水果基地
13	海棠镇	商贸、加工工业
14	但渡镇	商贸、旅游、边贸

（1）旅游服务型职能。以当地的自然资源、生态景观和历史文化景观等资源发展旅游业，由此带动相关产业和企业的兴起，活跃当地的经济，促进乡镇建设的发展。以自然资源开发为主的，如长寿湖、大洪湖旅游资源的开发，带动了长寿湖镇、龙河镇、万顺镇等区域旅游业的发展，长寿湖西岸休闲观光园、星级酒店建设等项目的开工建设促进了当地第三产业的发展。以历史文化古镇资源开发为主的，如长寿区古镇、菩提寺庙的建设等。

（2）农业贸易型职能。农业生产基础较好，可利用农产品大力发展农副产品加工，促进当地经济的发展，包括葛兰镇、双龙镇、云集镇、新市街道、石堰镇和邻封镇。这些镇街是长寿区的粮食基地，具有果蔬、畜禽等丰富的农副产品资源，逐渐形成一批具有较强经济实力和市场竞争优势的中小型农业产业化龙头企业，并布局多个生产示范园区，如葛兰镇万亩柑橘示范园、石堰镇杂柑基地示范园、双龙镇晚熟柑橘示范园和邻封镇沙田柚、季橙种植园等园区，以特色农业发展为主，为其他区域提供农业生产性服务。

（3）商业贸易型职能。以贸易流通、物资集散为经济基础，依托便利的交通条件，成为商贸中心，如云台镇、洪湖镇、八颗街道、海棠镇和但渡镇。这些乡镇均具有较好商业基础，是长寿区重要的商贸中心。

6.2.4.2　农村居民点体系职能结构存在的问题

1）乡镇间的分工协作不明确

农村居民点体系是一个整体的概念，需要整合系统内各部分的力量，这就要求在体系中每个居民点充分发挥自身优势，优势互补，分工协作，这样才能达到共同发展。但长寿区乡镇间并未形成明显的分工，职能构建重复，产业趋同性明显，如八颗街道与海棠镇均以商贸、加工工业为主导职能，增加了两地之间的产业竞争，可能造成同种产品生产过剩、价格降低，且没有体现地区特色，未能发挥地区比较优势。乡镇职能分工不明显，协作程度不高，居民点体系发展尚处于为本区域服务的初级职能阶段，互补性较差，相互间缺乏分工与合作。这与区域发展缺乏统一的产业布局规划密切相关，因此应从区域整体角度出发，结合各乡镇地域特色和资源禀赋，统一产业布局规划，明确各乡镇职能定位。

2）中心村、基层村的职能没有明确定位

长寿区内的中心村、基层村职能没有明确定位，不利于居民点的长远发展。中心村、基层村数量多，若定位不明确，易出现居民点职能集中，优势职能不明显的现象。中心村和基层村作为较低级的中心地，可选择以某一产业发展为主，对其资源进行优化组合，形成专业化服务型居民点。因此，在编制总体规划和村空间规划时应把握各村的发展趋势，突出各村的专业化职能，对中心村、基层村做出准确的定位，以合理地利用资源进行优势互补。

6.3　长寿区农村居民点体系重构原则与方法

中心城区是发育较好的城市区域，本章讨论的农村居民点体系重构不包括中心城区范围，因此将凤城街道城区、晏家街道城区、江南街道城区、渡舟街道城区、菩提街道城区排除，仅针对 14 个建制镇街（街道）178 个行政村进行体系重构。因"中心镇——般镇"属于镇一级的服务中心，"中心村—基层村"属于村一级的服务中心，因此，"中心镇——般镇"和"中心村—基层村"的构建需采用不同的方法。综合考虑建制镇发展要求，构建"中心镇——般镇"体系，从空间结构优化角度重构"中心村—基层村"体系，并对重构后的农村居民点体系进行空间结构优化和职能分工定位，构建等级结构合理、空间结构完善、职能分工明确的农村居民点体系。

6.3.1　农村居民点体系重构的原则

丘陵低山区农村居民点的自然环境条件和经济发展水平与平原地区的农村居民点差异较大，因此在农村居民点体系重构中，应基于长寿区丘陵低山区的自然条件，建立空间均衡发展、体现丘陵低山区特色、人口和产业适度集聚、符合生态环境保护和综合防灾要求的农村居民点体系，农村居民点体系重构的原则如下。

1）均衡发展原则

农村居民点体系重构需要考虑空间的均衡性，较高级中心地布局优先选择区位较好的区域，同时兼顾偏远地区的发展。依据中心地理论，并结合对居民点发展潜力的评价，在空间上均衡布局重点镇、一般镇、中心村和基层村，增强重点镇、中心村的有效辐射半径，为周围居民点提供更好的生活服务和生产支持。

2）因地制宜原则

农村居民点体系构建要因地制宜，立足于丘陵低山区地形地貌的特点，并结合农村居民点建设的功能定位。丘陵低山区地形复杂，地势起伏大，因此应引入坡度和平均海拔等表征地形地貌特征的因素，构建体现丘陵低山区特点的农村居民点体系。同时，针对丘陵低山区居民点分布的"大分散、小集中"特点，应逐步引导分散的居民点向现状条件较好、未来发展潜力较大的居民点集中。

3）适度集聚原则

建设重点镇和中心村，即要实现一定区域内人口、产业和专业化劳动力的集聚，提高建设用地利用效益。此外，不是所有的建制镇、行政村和自然村都能够建设为重点镇和中心村，因此重点镇和中心村的建设必须坚持适度集聚原则。应根据经济社会发展水平和农业现代化进程，统筹考虑地形地貌、区域性基础设施条件、产业结构特点、人口和经济规模，确定各等级居民点的数量和产业分工等。

4）生态环境保护和灾害防治原则

丘陵低山区具有易发生自然灾害、生态环境脆弱等特点，尤其铜锣山、明月山区域因保护森林资源而限制居民点建设，因此在农村居民点体系重构中，应将地质灾害易发地区的居民点迁出，有效规避滑坡和危岩等地质灾害给居民点建设带来的损失，并注意生态脆弱区及森林资源保护区的灾害防治与生态保护。

6.3.2　农村居民点体系重构的理论与方法

农村居民点为农村人地关系互动的核心和农村社会的基本单元，其体系重构不仅要考虑居民点自身的发展实力，更需重视聚落空间相互作用下各等级居民点布局的空间适宜性，定量化分析居民点间的相互作用有利于明确各居民点间的相互联系与发展特征，进而指导居民点体系重构（孔雪松等，2014）。基于此，本部分从城镇与农村居民点的空间相互关系入手，引入空间相互作用理论和经济地理学区位研究中的空间场势理论，探讨这两大理论在农村居民点体系重构实践中的指导作用。

1) 空间相互作用理论

美国学者厄尔曼（E. L. Ullman）于 1956 年系统地提出空间相互作用理论，阐述一定空间范围内事物间相互作用、相互联系。空间相互作用是指为保持正常的生产、生活活动，不同区域或城市之间所发生的交通流、信息流、技术流等能量流动与要素相互传输的过程（范强等，2014）。空间上彼此分离的城市在空间相互作用的引导下结合为具有一定功能和结构的有机整体。人口流、资金流、物质流、信息流和技术流是空间相互作用的五种基本形式。空间相互作用模型的主要形式为引力模型。

引力模型基于牛顿万有引力定律和距离原理构造而成，是描述区域空间作用最重要的函数形式之一（陆大道，1995）。大量实验证明距离与空间相互作用呈负相关关系，距离越小，相互间引力越大，且较大规模区域在人口、资金和技术等方面具有更强的吸引力。基于以上特点，牛顿万有引力模型被引入度量一定地域范围内两地之间空间相互作用力的大小。表达式为

$$I_{ij} = K \frac{M_i M_j}{D_{ij}^b} \tag{6-1}$$

式中，K 为经验常数；b 为距离摩擦系数；I_{ij} 为 i 地、j 地间的空间相互作用力；M_i 和 M_j 分别为 i 地和 j 地的"质量"；D_{ij} 为 i 地和 j 地之间的距离。

引力模型的"质量"通常用区域生产总值或人口数量单一值表示，区域间的空间直线距离表示距离（周一星，1995）。然而，区域间的空间相互作用是由多种能量流动和要素的相互传输决定的（陈彦光和刘继生，2002），随着现代交通网络的完善，区域间通达度不断改善，原有模型质量和距离的表达已不符合实际发展，需对模型进行修正。

首先，对区域的"质量"进行分析，以多个规模因素指标代替原有的单一指标，建立规模因素指标体系，运用熵权法求取各因素权重，从而计算出区域的综合"质量"值。其次，深化对距离内涵的认识。居民点与城镇间的引力扩散是沿着不同轴线，即联结点的现状基础设施束，包括交通干线、高压输电线、通信设施线路、供水线路等工程性线路，进行扩散的（杨立等，2011）。这种扩散会受到自然屏障（如河流、山脉）以及行政边界障碍等的影响而快速衰减（崔功豪等，2009），也会因公路、铁路等通道的建设而迅速增强。因此，城镇对农村居民点的辐射随空间直线距离的增加并不是简单的线性递减，而是选择障碍最小的路径或方向扩散（许学强等，1997）。对于距城镇同等空间直线距离的农村居民点，因空间阻力的不同，居民点接受的城镇的辐射量不同。因此，引入成本加权距离（吴茵等，2006）更能真实地表达公式中的距离的概念。

"成本"即城镇的能量和要素流在向外传输时遇到的阻力（ESRI Inc.，

2002）。根据农村居民点与城镇的空间距离和传输过程中多个障碍因素阻力的叠加，得出该农村居民点与城镇间的最小成本加权距离。生成研究区域的阻力面是计算成本加权距离的基础，即计算区域内障碍因素对各农村居民点的加权阻力，再进行成本加权距离分析，分别计算各农村居民点到达城镇的最小阻力距离。计算公式如下：

$$C_k = \sum_{j=1}^{n} W_j A_{jk} \tag{6-2}$$

式中，C_k 为点 k 的加权阻力；A_{jk} 为点 k 第 j 个阻力因子的阻力值；W_j 为第 j 个阻力因子的权重；n 为阻力因子总数。

距离是阻碍空间相互作用的重要因素，因此在引力测算时应首先考虑农村居民点与最近城镇的引力作用。通过加权阻力分析得出各个居民点的成本加权距离，选取与各农村居民点成本加权距离最小的建制镇（城区）进行引力测算。根据上述方法，修正后的引力模型为

$$I_{ij} = K \frac{(W_i M_i)(W_j M_j)}{C_{ij}^b} \tag{6-3}$$

式中，I_{ij} 为居民点（i）和最近城镇（j）的相互作用力；W_i 和 W_j 分别为居民点（i）和最近城镇（j）的权重；C_{ij} 为居民点（i）和最近城镇（j）的成本加权距离；K 为引力常数；b 为距离摩擦系数，通常情况下 K 和 b 取值为 1 和 2（李新运和郑新奇，2004）。

2）空间场势理论

"场"指区位主体活动依附的空间形式，"势"是场的度量。"空间场势"指居住主体在综合考量一定空间范围内各居住位置多种维度功能的基础上，所反映的各居住位置在一定空间范围内所处的位序、优势功能和吸引力（庄伟等，2014）。"空间场势"越高的农村居民点，居住环境越好、规模越聚集，整体居住水平越高，对居民的聚集力和吸引力越大。农村居民点体系等级划分通常是以人口规模为标准（金兆森和陆伟刚，2010），指标的单一性容易忽略经济发展基础及环境因素，而"空间场势"则综合考虑了生产资源、环境条件和经济发展等因素，可以从多角度、多维度综合分析农村居民点体系重构的适宜性和科学性。农村居民点"空间场势"受多种因素影响（自然环境条件、经济发展水平和社会文化环境等多个方面），考虑到多维空间的复杂性，本书把农村居民点"空间场势"看成由自然环境因子和经济发展因子构成的二维空间单元。农村居民点"空间场势"的计算公式为

$$N_{ij} = U_{ij} \Big/ \sum_{i=1}^{n} U_{ij} \tag{6-4}$$

$$H_i = \frac{1}{m} \sum_{j=1}^{m} N_{ij} \qquad\qquad (6\text{-}5)$$

式中，N_{ij} 为第 i 个农村居民点的第 j 个因子所决定的"空间场势"；U_{ij} 为第 i 个农村居民点的第 j 个因子的分值；n 为参与计算的农村居民点个数；m 为因子的个数；H_i 为第 i 个农村居民点对应的"空间场势"。

6.4 农村居民点体系等级规模结构优化

6.4.1 "中心镇——一般镇"体系构建

根据长寿区农村居民点现状分布特点，并参考《重庆市长寿区城乡总体规划》（2013~2025年），结合各建制镇的发展定位，将14个建制镇（街道）划分为4个中心镇（街道）和10个一般镇（街道）两个等级，4个中心镇（街道），即长寿湖镇、葛兰镇、云台镇和新市街道，均分布在地势较平坦的"两坝"区域，中心镇（街道）经济基础较好、基础设施较完备、城镇化水平较高，是县域产业发展的重要空间基础，对周边居民点起到较强的辐射和带动作用。10个一般镇（街道），即八颗街道、邻封镇、但渡镇、云集镇、双龙镇、龙河镇、石堰镇、海棠镇、洪湖镇和万顺镇，大多以交通干线为轴，呈串珠状分布在长寿区中部及北部，另外云集镇、洪湖镇和万顺镇分布在长寿区东、西部边缘（图6-7）。葛兰镇和新市街道凭借其较好的工业基础，形成中部区域的"双核"结构经济增长极，带动八颗街道、洪湖镇、万顺镇和龙河镇的经济发展。云台镇是长寿区的机械加工重点镇，地区生产总值为14镇街之首，经济实力较强，成为北部区域的经济增长极，以渝万高速公路为主轴线，依靠工业经济走廊的建设，带动石堰镇和海棠镇的发展。东部区域以长寿湖镇为中心，长寿湖镇区位优势明显，位于长寿区—狮子滩公路与长寿区—双龙—罗山公路和国道319线的交会处，依靠独特的自然风光和丰富的人文景观发展旅游业，成为东部区域经济增长极，带动双龙镇、邻封镇和云集镇的发展。

6.4.2 "中心村—基层村"体系构建

采用改进后的空间相互作用模型和"空间场势"评价对农村居民点体系进行重构，具体思路为：①修正中心城区、建制镇镇区和农村居民点的"质量"，并深化对两两之间"距离"含义的理解；②测算中心城区、建制镇镇区和农村居民点之间的相互作用力大小，依此划分农村居民点为城镇化与非城镇化两类；

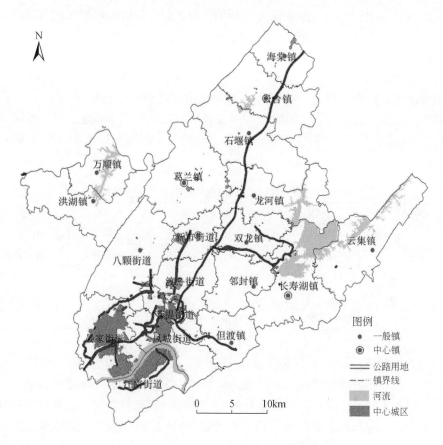

图6-7　重构后的"中心镇——一般镇"体系

③引入空间场势理论，从外部经济条件和内部环境条件两方面选取指标构建"空间场势"评价指标体系，测算出非城镇化农村居民点"空间场势"大小，并运用聚类分析法对农村居民点势能值进行聚类，构建村级尺度的"中心村—基层村"体系。

1）数据来源

数据主要包括：①土地利用数据，主要来源于2018年长寿区土地利用变更数据和同期遥感影像数据；②社会经济数据，主要来源于《重庆市长寿区2018年国民经济和社会发展统计公报》以及长寿区各镇的农村经济基本情况统计表；③规划数据，主要包括《重庆市长寿区城乡总体规划（2013年编制）》、长寿区各镇（街道）土地利用总体规划（2006~2020年）、《长寿区新农村集中居民点布点整合规划》（2013年编制）；④其他数据，包括长寿区1:1万的数字高程模型（DEM）。利用长寿区2018年土地利用变更数据，提取出农村居民点用地、建制镇镇区、城市用地、公路、河流等图斑。

2）数据处理

（1）根据引力模型中"质量"的特征，选取能够全面地反映农村居民点间相互作用力的人口规模、经济规模、建设用地规模3个指标（表6-4），取值分别为村域年末人口数、年GDP、建制镇镇区和农村居民点用地面积，运用熵权法确定各指标的权重，综合测算出各个中心城区、建制镇镇区和农村居民点的"质量"。

表6-4 修正后引力模型指标值范围、平均值及权重

一级指标	二级指标	指标值范围	平均值	权重
质量	人口规模 M_1/人	101～9 049	3 157.79	0.331
	经济规模 M_2/万元	450～21 630	5 613.26	0.263
	建设用地规模 M_3/hm²	3.32～2 683.98	64.30	0.406
成本加权距离	坡度 A_1/(°)	2.37～16.52	7.11	0.600
	道路通达度 A_2/m	133.14～15 137.36	4 700.24	0.400

（2）丘陵低山区地形复杂，地势起伏大，阻碍了长寿区建制镇镇区辐射向外扩散，此外交通线也对辐射的扩散产生重要影响，因此引入坡度表征地形地貌特点，引入道路通达度表征交通条件的完善程度，坡度与道路通达度共同构成成本加权距离的阻力因子。坡度信息从长寿区DEM数据中提取，道路通达度由居民点到达该镇主要公路（除渝宜高速公路外的二级以上公路）的最短距离来衡量。坡度取权重值为0.6，道路通达度取权重值为0.4，代入式（6-2）确定居民点的成本加权距离。

（3）将综合测算出的"质量"和最小阻力距离进行标准化，代入式（6-3），计算得到各居民点的引力值。

（4）为了更清楚地反映内外部不同环境对农村居民点"空间场势"的影响，采用多个因子对农村居民点经济发展状况和外部环境条件进行进一步评价。参考相关研究（刘瑛，2013；陈伟等，2013），经济发展状况与当地的农村收入水平及产业发展密切相关，在考虑指标获取的难易程度后，选择农民人均纯收入、人均粮食产量和工业/农业产值比例来反映农村居民点的经济发展水平，记为 H_e；长寿区的自然灾害以小型为主，有轻度的面源污染，但影响范围较小，经过近几年的治理生态环境已得到较大改善，因此居民点的建设主要考虑自然环境、交通便捷及外界辐射的影响。选择平均海拔、路网密度和到建制镇镇区距离作为评价指标，记为 H_r（表6-5），其中平均海拔反映自然环境对农村居民点建设的支持

与限制，路网密度反映居民点本身的出行质量状况，到建制镇镇区距离反映镇区对农村居民点的辐射影响能力。平均海拔和到建制镇镇区距离是负向指标，其他为正向指标，将数值标准化后代入式（6-4）和式（6-5）即可计算出农村居民点"空间场势"。

表6-5　农村居民点"空间场势"指标体系

一级指标	二级指标	指标方向性	指标范围
经济发展水平	农民人均纯收入/元	+	840～3750
	人均粮食产量/t	+	0.11～1.62
	工业/农业产值比例	+	2.08～7.79
外部环境条件	平均海拔/m	−	213.77～761.37
	路网密度/(km/km^2)	+	0.12～2.16
	到建制镇镇区距离/km	−	0.89～15.14

6.4.3　农村居民点空间相互作用分析

1）农村居民点引力值空间分布特征

根据修正后的引力模型，计算全区221个农村居民点的引力值，长寿区农村居民点引力值最大值为52.32，最小值为0.21，引力值空间分布呈现出核心—边缘特征和点—轴式发展特征（图6-8）。长寿区南部引力值以晏家街道三观村、渡舟街道渡舟村和凤城街道三洞村为高值区，向周边居民点由近及远递减，呈现核心—边缘特征。晏家街道三观村、渡舟街道渡舟村、凤城街道三洞村紧邻城区，区位优势明显，受城区的辐射影响作用较大，与城区物质、人员、信息交换频繁，二者联系较为紧密。长寿区北部引力值的空间分布受交通影响，呈现出以云台镇八字村、葛兰镇金山村、新市街道惠民村为中心，以渝宜高速公路为轴线的点—轴式发展特征。长寿区正着力打造沿渝宜高速公路走向的经济走廊，涵盖新市街道、葛兰镇、云台镇、海棠镇等镇街，形成带状辐射区，带状辐射区内的云台镇八字村、葛兰镇金山村、新市街道惠民村依靠交通干线这一空间交流载体与城镇保持紧密联系。

2）基于引力值的农村居民点等级划分

采用自然断点法，将长寿区农村居民点分成就地城镇化型和非城镇化型两类，分界点的引力值是10.96，即引力值≥10.96为就地城镇化型，引力值<

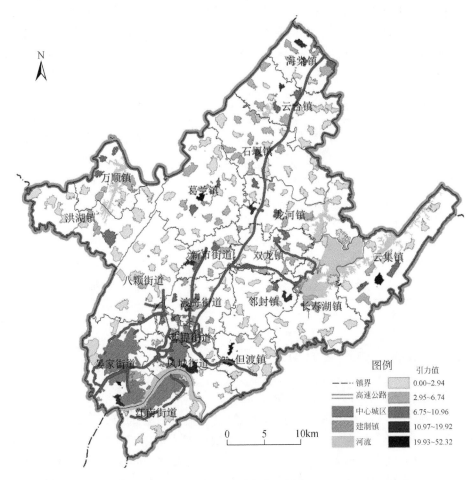

图6-8　长寿区农村居民点引力值空间分布

10.96 为非城镇化型（图6-9 和表6-6）。①就地城镇化型的农村居民点共16 个，主要位于晏家街道城区、凤城街道城区、新市街道建制镇附近，对中心城区或建制镇镇区产生较大的向心力，劳动力、资金、技术与信息等物质流将通过各种渠道由农村转向中心城区或建制镇镇区，该类农村居民点从外界获取的物质流远远小于向中心城区或建制镇镇区输出的物质流，随着经济社会的发展，城镇外延式扩张，其极易被城镇吸纳，逐步由农村向城镇转换，成为城区的一部分，实现就地城镇化。②非城镇化型的农村居民点共205 个，分布在就地城镇化型居民点的外围。其与最近城镇有一定空间距离，因此城镇对其吸引力相对较小，从周边居民点获得的物质流大于其向城镇输出的物质量，部分发展潜力较强的居民点，不断吸取物质流，逐步发展壮大、扩大规模，并在新农村建设等相关政策、资金的扶持下，逐渐完善系统功能，成为一定地域内的中心村落，实现乡村都市化。

图 6-9　长寿区农村居民点引力值等级划分

表 6-6　长寿区各镇街就地城镇化型和非城镇化型居民点数量统计

镇街	就地城镇化型			非城镇化型		
	数量/个	名称	引力值	数量/个	名称	引力值
凤城街道	2	陵园村、三洞村	13.87、15.52	7	白庙村、长凤村等	0.58~5.28
晏家街道	2	三观村、石门村	24.80、19.92	6	金龙村、龙门村等	0.31~6.06
渡舟街道	1	渡舟村	14.29	12	白果村、保丰村等	0.69~10.51
江南街道	0	—	—	7	大堡村、大园村等	0.22~1.80

镇街	就地城镇化型			非城镇化型		
	数量/个	名称	引力值	数量/个	名称	引力值
菩提街道	0	—	—	6	东新村、红花村等	1.51~9.23
但渡镇	2	但渡村、曾祠村	25.61、52.32	6	楠木村、龙寨村等	0.53~4.80
新市街道	2	河石井村、惠民村	10.96、15.97	6	东门村、新市村等	1.96~7.53
邻封镇	1	上硐村	13.43	9	保家村、焦家村等	0.89~7.40
龙河镇	1	明星村	15.01	16	保合村、长安村等	0.21~8.29
万顺镇	1	万花村	18.44	7	百合村、东风村等	1.17~9.39
云台镇	1	八字村	15.87	12	安坪村、八角村等	0.74~9.79
云集镇	1	华中村	30.70	10	大胜村、大同村等	0.27~10.39
葛兰镇	1	金山村	27.63	20	罗岩村、白云村等	0.89~9.24
海棠镇	1	古林村	12.36	8	海棠村、建生村等	1.78~8.61
八颗街道	0	—	—	15	八颗村、丰胜村等	0.71~5.46
双龙镇	0	—	—	11	长寿区寨、飞石村等	1.22~10.42
石堰镇	0	—	—	20	朝阳村、大塘村等	0.49~9.22
洪湖镇	0	—	—	14	表耳村、草堰村等	0.33~9.83
长寿湖镇	0	—	—	13	安顺村、大石村等	0.64~6.60

6.4.4 农村居民点等级划分

将数据进行标准化后，根据式（6-4）、式（6-5），得出不同农村居民点的"空间场势"，长寿区221个农村居民点"空间场势"的评价结果见图6-10。图6-10中越靠近左下角的农村居民点，其"空间场势"越低，而越靠近右上角的农村居民点，其"空间场势"则相对越高。总体而言，长寿区221个农村居民点的"空间场势"呈显著分散的特点，且多数农村居民点的"空间场势"处于较低水平。除16个就地城镇化的农村居民点外，运用SPSS系统聚类方法对余下的205个农村居民点的"空间场势"值进行聚类，将农村居民点分为3个类型。①中心村，包括渡舟街道保丰村、八颗街道丰胜村、万顺镇万顺村等在内的42个农村居民点，主要分布在长寿区中部及南部。这些区域地势平坦，交通通达度高，外部环境条件和经济条件均处于较优水平，其中部分村庄正在建设新农村集中居民点，将成为一定区域范围内的人口、经济要素聚集地，符合中心村建设的

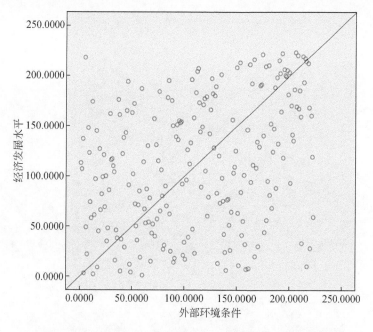

图 6-10　长寿区 221 个农村居民点 "空间场势" 的评价结果

要求，因此将这 42 个村划定为中心村。②基层村，包括渡舟街道白果村、邻封镇上坪村、长寿湖镇大石村等在内的 135 个农村居民点，此类农村居民点发展能力一般，属于自给自足型，居民点内部的生产、生活条件和居住环境能保障农民生活、生产的需求，但存在基础建设及公共服务设施配套较差等问题。此类农村居民点在竞争中处于劣势，对信息、资金、劳动力等物质流的吸引力不强，其向外界输出的物质流大于从外界获得的物质流，人口规模将逐渐变小。将此类农村居民点划定为基层村予以保留，当规模减小到一定程度时可合并到周围中心村。③迁并村，包括八颗街道水井村、洪湖镇表耳村、葛兰镇湾垱村等在内的 28 个农村居民点。此类农村居民点自然条件较差，交通不便，基础设施完备度差，从外界获取资源、信息、资金以及物资的能力较差，由于居住环境的不适宜和发展基础薄弱，大力度投资基础设施建设及完善公共服务设施不利于资源的高效配置，极易造成资源浪费。因此，将该类型村落划定为迁并村，可迁并到附近的集中居民点，有效地整合资源，促进人与自然协调发展。重构后三类型农村居民点的空间布局见图 6-11。

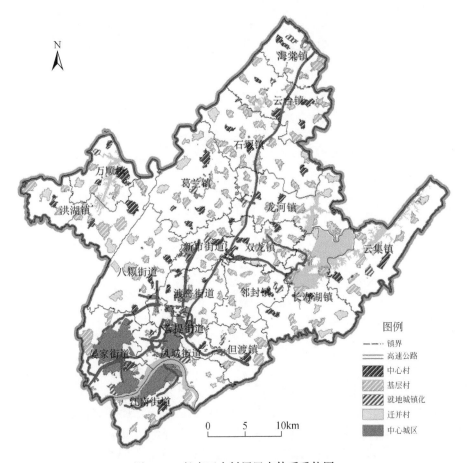

图 6-11　长寿区农村居民点体系重构图

从图 6-11 中可看出，中心村多分布在长寿区中部及南部地区，具有地势较平坦、交通便捷、吸引力强等优势。基层村分布范围较广，无明显规律。迁并村多分布在西山、铜锣山附近，这是由于该区域为丘陵低山区，"空间场势"较低，地貌条件及地理区位的劣势限制了农村居民点的发展。

将重构后形成的农村居民点体系与实际情况进行对比，研究中所确定的 42 个中心村，实际发展较大，如黄葛村、青云村等建设用地面积较大、人口规模较大、基础设施配套较完善且产业发展基础较好；还有部分中心村已列入长寿区中心村建设规划中，如罗围村、新市村等具有优越的地理区位，规模大，有良好的与城镇进行物质交流和要素互通的能力，这类居民点是重点发展的中心村。研究确定的 135 个基层村中，部分农村居民点配套设施较落后，如洪湖镇坪塘村、普兴村，正在相关政策、资金支持下建立村卫生室、村民活动中心等，从而改善生产生活条件。迁并村中的洪湖镇芦池村位于重庆市"四山"管制规划区范围内，发展受地形限制，在政府组织下部分人口往周边居民点搬迁。上述分析验证了本书中所采用的方法的可行性，可用于指导农村居民点体系重构实践。

6.5　农村居民点体系空间结构优化

长寿区农村居民点体系空间结构并不严格遵守克里斯塔勒的中心地理论中 $K=3$、$K=4$ 或 $K=7$ 中的任何一种，其空间结构受到地形、公路、河流的影响，在空间形态上与地形、公路沿线和河流岸线保持良好的契合，形成双核心中心地均衡布局结构、走廊式均衡布局结构和放射型非均衡布局结构（图 6-12、图 6-13 和图 6-14）。

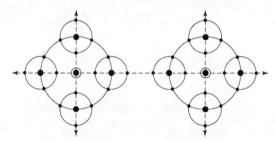

图 6-12　双核心中心地均衡布局结构

6.5.1　双核心中心地均衡布局结构

以葛兰镇、新市街道为一级中心地，罗岩村、大坝村、兰兴村、天台村、新市村等中心村为二级中心地，冯庄村、中华村、东门村等基层村为三级中心地形成的双核心中心地均衡布局结构（图 6-12），处于地势较平坦开阔的区域，自然基质基本相同，居民点密度较高，低级中心地围绕一级中心地呈圈层均匀分布的空间组织特征。这一布局结构最有利于一级中心地辐射影响的扩散，周围较低级中心地能够较公平地接受公共服务，可采取成片集中开发，通过合理规划引导，在用地条件允许的前提下，有目的地打造葛兰镇区和新市街道区，发挥中心增长动力和聚集效应，与周边低级中心地连为一体，形成组团式发展。

6.5.2　走廊式均衡布局结构

以云台镇为一级中心地，海棠镇、石堰镇为二级中心地，土桥村、兴隆村、义和村、麒麟村中心村为三级中心地，海天村、金星村、古林村等基层村为四级中心地形成走廊式均衡布局结构（图6-13）。这一布局结构的形成主要受地理环境和交通干线的影响，云台镇、海棠镇、石堰镇这一区域内地貌特点为西部高、东中部地势平坦，渝万高速公路从西南向东北延伸，三、四级中心地顺应地形和公路走向，逐渐成为条带状，形成均衡的走廊式空间结构。

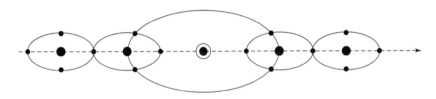

图6-13　走廊式均衡布局结构

6.5.3　放射型非均衡布局结构

以长寿湖镇为一级中心地，双龙镇、邻封镇、云集镇为二级中心地，长寿区寨村、青观村、尖锋村等中心村为三级中心地，天堂村、保家村、玉龙村等基层村为四级中心地，形成放射型非均衡布局结构（图6-14）。这一布局结构是在地形和河流的共同作用下形成的，一方面长寿湖镇正处于平坝与山区的过渡地段，长寿湖镇西面居民点空间分布呈现均匀布局的特征，而东面的居民点受山区地形起伏的影响呈现分散布局特征；另一方面由于河流对中心地结构的"切割"作用，各等级居民点沿河流岸线分布形成非均衡布局（吴晓舜等，2013）。

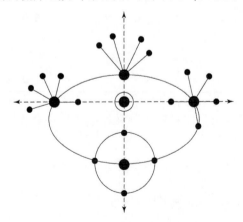

图6-14　放射型非均衡布局结构

6.6　农村居民点职能结构优化

6.6.1　农村居民点职能总体定位

根据长寿区各农村居民点区位、资源禀赋、产业基础以及社会经济发展，结合《重庆市长寿区城乡总体规划（2013 年编制）》，针对现状建制镇综合职能较弱、职能缺乏协调和分工等问题，考虑到长寿区当前发展条件的变化，尤其是产业发展调整情况，对职能进行了归纳和调整，将 14 个镇街的职能分为综合型、工贸型、农贸型和旅游型四种类型（表 6-7），将 221 个村庄的职能分为农业生产服务型职能、工业生产服务型职能和旅游服务型职能（表 6-8）。中心镇是一定范围内的经济、文化中心，也是长寿区的综合服务中心，应以综合型和工贸型职能为主。一般镇作为长寿区的副中心，可作为中心镇的经济腹地，为中心镇提供相应的产业配套，与中心镇共同建设形成镇域空间发展极核。中心村作为村域的综合服务中心，其职能定位为农村居民点体系中组织工业生产和提供旅游服务的聚居点，形成具有特色与独立的第二、第三产业。基层村的职能定位是农村居民点体系中提供农业生产和生活服务的基本聚居点（覃永晖等，2014），以发展农业种植、农业贸易为主。

6.6.2　农村居民点具体职能分工

6.6.2.1　建制镇职能分工

与表 6-3 中建制镇现状职能相比，建制镇的职能向着服务和消费职能转变，且农村居民点职能结构呈现圈层化的空间特征，其实质是农村居民点体系空间特征在生产力布局圈层扩张（蒲松林，2010）。长寿区的功能分区发展趋势明显，体现为以政府为主导推动街镇工业走廊的建设，农业由中心镇向一般镇转移扩散，中心镇成为第二、第三产业集中发展区，靠近中心镇的一般镇则成为工业发展的主要承载区域和交通物流枢纽，如八颗街道、石堰镇等，远离中心镇的一般镇则突出发展特色农业经济，如云集镇、但渡镇等。

表 6-7　长寿区 14 个镇街职能分工规划

类别	镇名	职能类别	主要职能
中心镇	长寿湖镇	旅游型	县域东部交通枢纽，东部的中心镇和旅游休闲服务区
	葛兰镇	综合型	集食品、药品、健身器材及健康产业信息服务于一体的现代化健康产业基地，同时也是中药材和水果种植基地，县域综合性服务中心
	云台镇	工贸型	长寿区北部区域重要交通枢纽，以机械加工和金属制造业为主、农产品集散为辅的工业型乡镇
	新市街道	工贸型	以套装门、橱柜加工等产业为主的家居产业基地，以工业和贸易流通为主的工贸型乡镇
一般镇	八颗街道	工贸型	矿产开采基地，能源、建筑、材料生产基地，兼有农副产品加工的工贸型乡镇
	邻封镇	农贸型、旅游型	沙田柚等优质果品生产加工中心，是现代农业基地和生态旅游胜地，以农贸和旅游服务为主的综合性服务中心
	但渡镇	农贸型	沙田柚、花椒、柑橘、笋竹等农产品生产基地，以集贸和农业生产性服务为主的农贸型乡镇
	云集镇	农贸型	夏橙、榨菜、中药生产基地和茶叶种植基地，长寿区重要的农副食品生产基地
	双龙镇	综合型	粮油及农副产品生产基地，天然气资源丰富，以农副产品集散、加工及开采天然气为主的综合型乡镇
	龙河镇	农贸型、旅游型	粮油、柑橘、蔬菜、畜禽、水产养殖等农副产品生产基地，长寿湖风景区重要节点，形成以生态农业、旅游服务、农产品交易为主的综合型乡镇
	石堰镇	工贸型、农贸型	以工业发展为主和农副产品加工业为特色的工农业生产服务型乡镇
	海棠镇	工贸型、农贸型	以木材加工为主，兼柑橘生产、蔬菜种植等农产品生产的工农业生产服务型乡镇
	洪湖镇	旅游型	大洪湖旅游景区重要的旅游接待基地，突出发展旅游服务、旅游观光、观光农业等产业，形成旅游服务中心
	万顺镇	旅游型	依靠大洪湖自然资源，发展以旅游业为主，兼蔬菜生产的旅游型乡镇

表 6-8　长寿区 221 个村职能分工规划

镇乡街道	农业生产服务型		工业生产服务型	旅游服务型
	以种植业为主	以养殖业为主		
凤城街道	走马村、复元村、长风村、永丰村、三洞村、陵园村、过滩村			白庙村、古佛村
晏家街道	石盘村、石门村、沙溪村、沙塘村、龙门村、十字村、三观村		金龙村	
渡舟街道	渡舟村、堰桥村、果园村、太平村、白果村、天桥村、甘蔗村、高峰村、保丰村、河塘村	新道路村	三好村	黄连村
江南街道	扇沱村、大元村、锯梁村、大堡村、天星村			龙桥湖村、五宝村
菩提街道	东新村、红花村、阳鹤村、菩堤村	松柏村		田坝村
新市街道	河石井村、惠民村、红土地村、堰耳沱村、东门村	新合村、新市村、新同村		
八颗街道	丰胜村、石马村、曙光村、武华村、幸福村、鹿坪村	付何村、干滩村、新桥村、美满村	核桃村、八颗村、梓潼村	水井村、高新村
葛兰镇	湾丘村、天宝村、烟坡村、天福村、葛兰村、枯井村、龙井坎村、兰兴村、中华村	沙河村、冯庄村、盐井村、黄家坝村、罗岩村	潼观村、塘坝村、大坝村、南中村、白云村	天宝村、金山村
云台镇	八角村、拱桥村、利民村	黄葛村、青云村、安坪村、应祝村、梅沱村、鲤鱼村	寨口村、小岩村	桥坝村、八字村
洪湖镇	永顺村、普兴村、梯子村、草堰村、三合村、五龙村、长生村	坪滩村、表耳村	芦池村、码头村、称沱村	凤凰村、黑岩村
长寿湖镇	石回村、紫竹村、两桂村、龙沟村、花山村、玉华村、石岭村	龙沟村、石岭村、大石村		紫竹村、红光村、玉华村
万顺镇	万花村、百合村、四重村	石龙村、垭口村	院子村	万顺村、东风村

镇乡街道	农业生产服务型		工业生产服务型	旅游服务型
	以种植业为主	以养殖业为主		
石堰镇	兴隆村、海天村、金星村、石坝村、长堰村、干坝村、兴庄村、新寨村、石堰村	朝阳村、新滩村、木耳村、石安村、狮子村、大塘村、麒麟村、普子村		义和村、燕耳村、高庙村
海棠镇	庄严村、海棠村、金子村、清泉村	古林村、龙凤村	土桥村、小河村、建生村	
龙河镇	永兴村、仁和村、咸丰村、堰塘村、合兴村、盐井函村、明丰村、九龙村、长安村、金明村、河堰村、明星村	骑龙村、四坪村、保和村、龙河村		太和村
双龙镇	长寿寨村、天堂村、龙滩村、谷黄村、尖山村、飞石村	红岩村、联合村、群力村	连丰村、群力村	罗围村
云集镇	福胜村、玉龙村、万寿村、大胜村、青丰村、飞龙村	尖锋村、大同村、玛瑙村	华中村	雷祖村
邻封镇	青观村、上坪村、焦家村、保家村、妙山村、石心村、汪塔村、三化村、上硐村		邻封村	
但渡镇	楠木院村、升高村、双河村、兴同村、龙寨村、未名村、曾祠村			但渡村

6.6.2.2 村庄职能特征

参照建制镇不同职能分工与建设，结合对各村的产业发展调查，将长寿区内221个村划分为农业生产服务型村（172个）、工业生产服务型村（23个）和旅游服务型村（26个）（含同时具有两类主导职能的村）。由表6-8可看出长寿区是传统的农业大区，172个农业生产服务型村以种养殖业为主，充分利用各自良好的农业生产条件，发展粮油、柑橘、水产、禽类、蔬菜等产业，农业产业已经有一定的产业化基础。工业生产服务型村主要分布在葛兰镇、八颗街道和海棠镇等镇街，依靠镇区工业的发展，带动村域相关产业的发展。旅游服务型村主要分布在渡舟街道、长寿湖镇等镇街，这些居民点本身生态环境优良，旅游资源丰富，在镇区旅游业的发展带动下形成集旅游休闲、观光农业于一体的旅游产业，发展潜力较大。中心村、基层村与迁并村的职能结构有所差异，中心村产业基础较好，资源较丰富，其职能涵盖了农业、工业和旅游服务职能，且均具有两类及以上的主导职能，而基层村与迁并村职能则较单一，且多以农业生产性职能为主。

6.7 农村居民点体系重构实施保障

6.7.1 完善居民点体系，分类指导居民点建设

农村居民点体系内不同的功能配置使得农村居民点体系发展各异，结合长寿区各乡镇和村的自然条件、社会经济发展及历史文化等因素，因地制宜地采取不同的引导策略，积极提升中心镇，适度发展一般镇，促成就地城镇化型居民点，重点建设中心村，控制发展基层村，归并整合迁并村，构建合理有序的现代化县域农村居民点体系。

6.7.1.1 中心镇

积极提升中心镇的实力，一方面通过吸引技术、资金和劳动力等生产要素的集聚，形成就业高地，另一方面通过外溢效应加速商品、信息、产业等向周边地域扩散，对周边地区起到辐射和带动作用。其发展驱动以外部关联为主，与中心城区甚至长寿区周边区县进行物质、能量交换。进一步加强中心镇的核心带动作用，提高公共服务设施的服务水平，积极发展第二、第三产业，促进生产型职能向服务型职能转变。

6.7.1.2 一般镇

一般镇作为乡镇与农村的重要节点，是居民点体系网络的支撑点，应发挥其在整个体系中承上启下的重要作用。一般镇的发展从空间体系功能载体上，以承接中心镇的产业转移扩散为主。在发展机制方面，一般镇以外部关联为动力源，接受中心镇的辐射带动自身的发展。一般镇的建设应根据本镇的实际情况，优化发展环境、提高基础设施水平、强化其经济职能、增强辐射能力。

6.7.1.3 就地城镇化型居民点

就地城镇化型居民点因距离镇区、中心城区较近，而受镇区、中心城区辐射

影响较大，应积极促成居民点就地城镇化。从空间体系功能载体上，就地城镇化型居民点主要以周边的高级中心地为依托，通过集聚作用，向高级中心地靠近。在发展机制方面，就地城镇化型居民点以外部关联为动力源，具有农村工业化、农村城镇化和农村生活方式社区化等多种特点，村企互动是主导的驱动力，并具有产业带动的特点。就地城镇化型居民点主要采取企业—农民投入相结合的方式，即前期企业投入建设新居和配套基础设施，后期农民购买新居，一方面要正确引导企业，保持其对参与居民点建设的积极性，另一方面要做好农民的思想工作，减弱其对祖宅的依赖程度。

6.7.1.4　中心村

中心村作为村级的发展中心，其"空间场势"较高，社会经济较为发达且人口规模较大，在重点发展中心村建设时要注意建设用地的合理安排。中心村的发展在空间体系功能载体方面，主要以吸引具有溢出效益的主导产业为依托，通过辐射带动作用，吸收周围居民点，形成较大的村落，其动力源主要是外部关联，因距镇区、中心城区较远，而具有远郊农业和农村生活方式乡村化等多种特点。中心村的发展主要以基层组织与主导产业带动为驱动力，采用企业与农民私人相结合的公司化运作方式。

6.7.1.5　基层村

基层村的"空间场势"相对较低，发展潜力一般，应控制其规模的扩展，优化内部结构。在空间体系功能载体方面，重点依托村级统一规划，逐步拆除不符合规划的居民点，并通过村级企业投入完善基础设施，在统一规划的地块上安排新居建设。在发展机制方面，基层村具有农业产业带动以及优势与特色产业带动的内生动力特点，以基层组织带动和主导产业带动为驱动力。在运作方式方面，采用集体–农民私人投入相结合的方式，即前期依靠集体投入完善基础设施配套，后期农民私人出资建设新居，并退出原宅基地供集体发展产业。

6.7.1.6　迁并村

迁并村的"空间场势"最低，在未来发展中应通过相关规划，遵循居民点发展规律，逐步拆除民居，向城镇或中心村聚集。在发展机制方面，动力源主要是内生，即农民自身的搬迁促使居民点自然消亡，政府部门可适当引导，把农民迁移到附近环境较好的居民点。但要注意保护古村落、寺庙等文化遗产，注重对有历史、有特色的农村居民点的保护与传承。

6.7.2　配套公共服务设施，完善农村居民点职能

除了经济职能中的工业和农业生产职能外，居民点本身还应具有为居民提供医疗卫生、文化和教育服务的基本服务职能，居民点内医疗卫生、文化和教育等公共服务设施的配置直接体现其基本服务职能。长寿区公共服务设施初步形成了区、镇（街道）、村（社区）三级公共服务网络，但目前多数街道、乡镇的公共服务设施未达市级标准，农村文化活动室缺乏或未有效利用。通过实地调研，收集当地居民和政府工作人员的公共服务设施需求，并结合《长寿区新农村集中居民点布点整合规划》（2013 年编制），制定不同等级农村居民点提供的公共服务设施类型（表6-9）。

表6-9　农村居民点等级和公共服务设施类型

等级	公共服务设施类型				
	教育	医疗	文化	游憩	环境
中心镇	高中	镇卫生院	乡镇文化中心	公园	垃圾填埋处理场
一般镇	初中	镇卫生院	—	公共绿地	垃圾中转站
中心村	小学	社区卫生服务中心	社区文化中心	户外活动场	垃圾搜集点
基层村	小学	医疗站	—	—	垃圾搜集点

当前的教育设施和医疗设施建设相对完善，各等级居民点均达到配置要求，但医疗资源分布不平衡，医疗设施集中在镇域，村内部医疗站少且设施质量较差，文化、游憩类公共服务设施较少，垃圾处理设施使用率较低。应重点建设居民点医疗、文化和游憩设施，提高环境卫生设施的使用率，扩大基础设施的服务范围、服务领域和受益对象，促进公共服务设施向全区居民点延伸覆盖。此外，应充分凝聚政府、社会（农民）和市场（企业）三种力量，发挥政府对公共服务设施建设维护的主导作用，提高当地居民在农村居民点体系规划及公共服务设施建设和维护中的主动性，鼓励地方社团、当地企业和非政府组织等参与公共服务设施建设和管理，从而形成多元化的"新型公共主体"，确保各等级居民点公共服务供给的持续发展。

6.7.3　加强交通线路建设，促进居民点体系网络化发展

不同等级农村居民点之间存在着互动关系，这种互动关系因经济、社会、文化、技术等多种物质流的交流与联系而形成空间关联的地域关系，互动关系能有

效促进资源、劳动力、信息等要素在居民点间双向流动和优化配置。要素的传输需要以居民点间的联系轴线为载体，联系轴线主要为交通干线，因此交通干线的完善能促进居民点间良好的互动关系，从整体上优化农村居民点的空间联系，建立居民点互通的网络体系。支撑长寿区农村居民点发展布局的交通设施的主要问题为路网结构不合理，公路等级较低，因此应加强交通线路布局，串联各等级农村居民点。未来长寿区将形成骨干公路、重要公路、一般公路和村级公路四个层次网络（表6-10）。其中，骨干公路形成以长寿区城区为中心向八颗街道、渡舟街道和但渡镇三个方向辐射的布局，相连镇均有公路连通，基本实现镇镇通公路；提高公路技术等级，实现镇与镇之间公路等级为二级；规划新建、改造主要村级公路1983km，规划等级提升为四级，基本满足全区经济发展和农民生产生活的需求。

表6-10　公路网络线路布局

层次	名称	线路	状态	等级	里程/km
骨干公路	长邻路	长寿-八颗-洪湖-称沱-渝邻高速-四川邻水	改建	二级	52
	长飞路	长寿-但渡-邻封-长寿湖-云集-飞龙-垫江	改建	二级	50
	葛狮路	葛兰-龙河-合兴立交	改建	二级	22
重要公路	长葛路	长寿-渡舟-新市-葛兰	建成	二级	21
	桃罗路	桃花-三平-焦家-罗山	新建	二级	21
	付双路	付何-新市-双龙	改建	三级	7
一般公路	石义路	石堰-义和-邻水	新建	四级	8
	双龙路	双龙-沙石-龙河	改建	四级	10
村级公路	—	—	新建、改造	四级	1983

注：表中仅列出部分公路名称

6.7.4　优化产业空间格局，助推农村居民点体系优化

产业是农村居民点体系发展的持续动力，产业空间结构与农村居民点空间结构密切相关，两者相互影响，因此产业空间结构优化能积极推进农村居民点体系的构建。点-轴发展理论和产业增长极理论均指出产业的发展水平决定居民点在农村居民点体系中的地位，因此产业布局调整对农村居民点体系具有引导作用。为引导劳动力、资金和信息技术等要素向中心镇转移，增强中心镇的综合实力，长寿区根据中心镇的资源条件和产业基础，规划了多个产业基地，如位于葛兰镇、新市街道的现代畜牧养殖园、葛兰镇的市级健康科技产业基地，以及新市街

道的家居产业基地等，积极培育区域增长极。但中心镇的第三产业发展较缓慢，未来应加快商贸物流、旅游、现代金融等第三产业的发展，积极建设长寿湖镇、葛兰镇、云台镇和新市街道4个中心镇街的商业中心。农村区域则以农业产业为主，以实现规模经营为目标，加快中心村的种养殖业、工业和旅游业等产业建设。《重庆市长寿区国民经济和社会发展第十四个五年规划和二〇三五年远景目标纲要》强调要大力发展特色商贸物流经济，建设长江上游国家级特色商贸物流基地，优化港口功能分区和产业布局，形成"两片、两园、三中心、六区"的港区空间格局。向北延伸的镇街产业带支撑着以云台镇为核心的石堰镇—云台镇—海棠镇发展，中部产业区则支撑着以葛兰镇、新市街道为核心的中部居民点体系发展，东部产业区则支撑着以长寿湖镇为核心的长寿湖镇—双龙镇—邻封镇—云集镇区域的发展，产业格局与农村居民点体系相辅相成，推动农村居民点体系重构。

6.7.5　结合政策引导，积极发挥农民主体作用

政府作为农村居民点体系的管理者，应通过政策更新和体制机制创新，适应社会和市场对农村居民点体系发展的要求，激发企业、合作社等市场主体参与居民点投资建设的积极性，为市场主体参与农村居民点体系重构营造良好的管理和制度环境。在农村居民点体系规划和建设中，政府应通过公共投资和积极政策加快中心镇、一般镇、中心村和基层村的公共服务设施和基础设施配套，优化农村居民点的服务职能。同时，通过编制和实施土地利用总体规划、新农村总体规划和城乡总体规划对农村居民点用地空间进行管制，设立重点建设区、限制建设区和禁止建设区，根据空间管制划分进行农村居民点发展空间的指引，对农村居民点等级规模、空间结构的演化起到积极的作用。此外，发挥农民对农村居民点重构的积极性。农民既是农村居民点重构的投资者，也是受益者，要规划、建设好各等级居民点，一方面应多途径宣传农村居民点重构的实际作用，让农民意识到农村居民点重构的重要性和紧迫性；另一方面应运用土地管理、区域规划等相关政策，鼓励周边散居农民迁入环境较好的中心村，引导农村居民点在空间上集聚，优化农村居民点的空间布局。

6.8　本　章　小　结

农村居民点体系是整个乡村社会经济生活的空间基础，在不同的社会发展阶段表现出不同的属性特征和发展态势。当前农村人口非农化转移和经济社会发展

要素的重组与交互作用，以及当地参与主体对这些作用与客观变化做出的响应与调整，导致农村居民点空间格局的重构，并对传统农村居民点体系等级结构造成冲击。在新型工业化、信息化、城镇化、农业现代化"四化"同步推进的关键时期，规模集聚效益高、设施配套和功能完善的农村居民点体系是促进中国统筹城乡发展、实现农村现代化的必然要求。本书结合实地调查获取的农户属性数据与农村居民点地理信息数据建立数据库，按"理论分析—现象描述—空间落实"这一主线，探讨农村居民点体系重构中的等级规模体系架构、职能定位、空间结构和重构实施等核心问题，在长寿区农村居民点体系发展现状分析的基础上，提出长寿区农村居民点体系重构的具体流程，实现丘陵地区县域尺度农村居民点体系重构，结论如下。

(1) 等级规模结构、空间结构和职能结构是描述农村居民点体系的核心内容。三大结构的相关理论，包括中心地理论、点-轴理论、空间相互作用理论、空间场势理论等理论，为农村居民点体系等级规模结构、空间结构和职能结构的建设及农村居民点体系的重构提供了较强的理论指导，但在实践应用方面存在不足，表现在居民点中心性和门槛人口的确定、各等级居民点的数量和发展规模、区域增长极的选择、农村开发控制等方面。应结合典型案例去进行深入探讨。

(2) 从等级规模结构、空间结构和职能结构三方面能够较全面地揭示农村居民点体系现状发展特点及问题。长寿区农村居民点体系等级规模结构为"中心城区—建制镇（街道）—行政村"，等级结构不完善，空间结构受地形影响较明显，且具有空间指向性和轴向指向性的特点，但存在居民点布局分散、集聚程度低等问题，镇域职能结构以旅游型职能、工贸型职能和商业贸易型职能为主，但存在职能重复、分工协作不明确等问题。

(3) 以长寿区为例进行农村居民点体系重构实证，引入空间相互作用理论从空间结构优化角度指导农村居民点体系重构，其结果符合长寿区农村居民点发展要求，重构后的农村居民点体系空间结构、职能结构均得到优化。综合考虑相关规划对建制镇发展的要求，构建"中心镇——一般镇"体系，包括4个中心镇和10个一般镇。基于引力模型测算，将农村居民点划分为16个就地城镇化型农村居民点和205个非城镇化型农村居民点，再结合"空间场势"评价，确定中心村42个、基层村135个和迁并村28个。重构后的农村居民点体系空间结构形成双核心中心地均衡布局结构、走廊式均衡布局结构和放射型非均衡布局结构，这些空间结构在顺应地形、河流、交通等自然条件的同时，也最大限度地保障农村居民点接受均衡辐射。对重构后的农村居民点职能进行定位和规划，形成产业特色突出、协调互补和分工明确的职能空间。

(4) 在对农村居民点体系等级规模结构、空间结构和职能结构进行优化的基础上，对农村居民点体系重构的实施提出了保障性措施，以因地制宜分类指导各等级居民点建设为途径，以完善和优化"点"（公共服务设施配套）—"线"（交通线路建设）—"面"（产业空间）为支撑，以政府主导和农民共同参与为介质，共同促进农村居民点体系重构的顺利实施。

（5）县域农村居民点体系重构应进一步考虑如下问题。第一，农村居民点体系重构是实现中国土地利用战略目标的系统工程，农村居民点体系重构要与城乡一体化建设、农民长远生计紧密结合。本书基于农村居民点相互作用视角，结合"空间场势"评价对农村居民点体系重构进行了探讨，但对重构过程中的政策因素、经济成本及农户意愿等因素考虑不足，如迁并村的农村居民是否愿意迁移，以及被迁移宅基地权利的归属与调整等问题，故应建立一套更符合区域实际情况和体现政策支持及农户意愿的评价指标体系，基于农民、农村、农业层面，从农民宅基地和承包地转移、农民社会保障提供与公共设施配套等角度进行更深层次的探究。第二，应考虑区域农村居民点体系与周边区、县（尤其是主城区）的物质、能量交换，即不能忽略外部环境对居民点重构的影响，因此可将引力模型进一步扩充，对周边区、县间的发展方向、历史沿革、当地居民情感归属等影响因素进行量化，纳入引力模型中，将农村居民点体系重构置于开放的系统中进行分析。第三，在实际农村居民点体系重构过程中，还涉及产业结构调整、交通体系支撑和生态保护等内容，因此应加强产业规划、交通规划和生态规划等"多规合一"的研究，保障农村居民点体系重构的可操作性。

参 考 文 献

陈伟, 李满春, 陈振杰. 2013. GIS 支持下的县域农村居民点布局优化研究——以河北省大厂县为例 [J]. 地理与地理信息科学, 29 (2)：80-84.

陈彦光, 刘继生. 2002. 基于引力模型的城市空间互相关和功率谱分析——引力模型的理论证明、函数推广及应用实例 [J]. 地理研究, 21 (6)：742-752.

陈玉福, 孙虎, 刘彦随. 2010. 中国典型农区空心村综合整治模式 [J]. 地理学报, 65 (6)：727-735.

陈昭玖, 周波, 刘小春. 2006. 新农村建设是解决"三农"问题的有效途径——韩国新村运动的经验及对中国的启示 [J]. 江西农业大学学报（社会科学版）, (3)：18-20.

崔功豪, 魏清泉, 刘科伟. 2009. 区域分析与区域规划 [M]. 北京：高等教育出版社.

范强, 张何欣, 李永化, 等. 2014. 基于空间相互作用模型的县域城镇体系结构定量化研究——以科尔沁左翼中旗为例 [J]. 地理科学, 34 (5)：601-607.

金兆森, 陆伟刚. 2010. 村镇规划 [M]. 南京：东南大学出版社.

孔雪松, 金璐璐, 郄昱, 等. 2014. 基于点轴理论的农村居民点布局优化 [J]. 农业工程学报, 30 (8)：192-200.

雷振东. 2005. 整合与重构——关中乡村聚落转型研究 [D]. 西安：西安建筑科技大学.

李新运, 郑新奇. 2004. 基于曲边 Voronoi 图的城市吸引范围挖掘方法 [J]. 测绘学院学报, 21 (1): 38-41.

刘瑛. 2013. 基于空间相互作用的农村居民点整理研究 [D]. 北京: 中国地质大学.

陆大道. 1995. 区域发展及其空间结构 [M]. 北京: 科学出版社.

彭震伟. 2010. 区域研究与区域规划 [M]. 上海: 同济大学出版社.

覃永晖, 王晶, 韩乐. 2014. 网络形镇村体系引力强度分析与实证 [J]. 地域研究与开发, 33 (3): 79-84.

蒲松林. 2010. 城镇体系构建与城乡经济一体化发展研究——以全国统筹城乡综合配套改革试验区成都为例 [D]. 成都: 西南财经大学.

孙建欣, 吕斌, 陈睿, 等. 2009. 城乡统筹发展背景下的村庄体系空间重构策略——以怀柔区九渡河镇为例 [J]. 城市发展研究, 16 (12): 75-81.

吴晓舜, 张紫雯, 王士君. 2013. 辽西地区中心地等级关系和空间结构研究 [J]. 经济地理, 33 (5): 54-59.

吴茵, 李满春, 毛亮. 2006. GIS 支持的县域城镇体系空间结构定量分析——以浙江省临安市为例 [J]. 地理与地理信息科学, 22 (2): 73-77.

许学强, 周一星, 宁越敏. 1997. 城市地理学 [M]. 北京: 高等教育出版社.

杨立, 郝晋珉, 王绍磊, 等. 2011. 基于空间相互作用的农村居民点用地空间结构优化 [J]. 农业工程学报, 27 (10): 308-315.

杨庆媛, 潘菲, 李元庆. 2015. 城镇化快速发展区域农村居民点空间重构路径及模式研究——重庆市长寿区实证 [J]. 西南大学学报 (自然科学版), 37 (10): 1-8.

张泉, 王阵, 陈浩东, 等. 2006. 城乡统筹下的乡村重构 [M]. 北京: 中国建筑工业出版社.

赵之枫. 2006. 城市化加速时期村庄集聚及规划建设研究 [D]. 北京: 清华大学.

周一星. 1995. 城市地理学 [M]. 北京: 商务印书馆.

庄伟, 廖和平, 潘卓, 等. 2014. 基于空间场势理论的农村建设用地整治分区与模式设计 [J]. 中国生态农业学报, 22 (5): 618-626.

Clark J K, Mcchesney R, Munroe D K, et al. 2009. Spatial characteristics of exurban settlement pattern in the United States [J]. Landscape and Urban Planning, 90 (3-4): 178-188.

ESRI Inc. 2002. Using ArcGIS Spatial Analyst [Z]. ESRI Inc.

Mandal R B. 2001. Introduction of Rural Settlements (Revised and Enlarged Edition) [M]. New Delhi: Concept Publishing Company.

第 7 章　丘陵山区镇域农村居民点空间重构技术：重庆市长寿区海棠镇实证

根据重庆市区域空间格局划分，主城都市区包括 9 个 "中心城区"、12 个 "主城新区" 共 21 个区，是重点发展的优势区域、高质量发展的重要增长极，以及成渝地区双城经济圈的核心引擎。主城新区又分为桥头堡城市、重要战略支点城市、同城化发展先行区。其中，同城化发展先行区规划定位为中心城区有机组成，要求在保持独立城市格局的同时，又在交通设施、产业分工、功能配套等多个方面与中心城区加速融合，参与产业转移分工，承担重大功能布局，吸引人口集聚等。长寿区位于重庆市 "主城新区" 中的同城化发展先行区，未来将会成为重庆市的制造业基地和城镇化重点区域，其发展需要协调好 "推进新型工业高地、现代农业基地建设" 与 "城乡统筹、'四化同步'" 关系等问题。海棠镇作为长寿区镇街工业走廊的重要组成部分，未来将要打造成为以第一产业为基础，农、工、商协调发展的远郊型工贸小城镇，需要对农村居民点进行重新优化布局。其地处川东平行岭谷区的丘陵区域，能够反映丘陵地区农村居民点空间分布的特点，可以作为丘陵山区镇域农村居民点空间重构的典型案例区。

7.1　丘陵山区镇域农村居民点空间重构的研究思路与内容架构

7.1.1　研究思路与研究框架

立足新型城镇化发展及社会主义新农村建设对农村居民点布局优化的要求，以统筹城乡发展的基本思想为指导，基于 "理论研究—现状分析—综合评价—实证检验" 的逻辑思路，以农村居民点斑块作为研究单元，深入剖析重庆市长寿区海棠镇农村居民点空间分布特征，揭示农村居民点空间分布规律；以农村居民点综合影响力理论为指导，构建农村居民点综合影响力评价指标体系，进行农村居民点综合影响力评价，依据各居民点综合影响力分值，对海棠镇农村居民点斑块进行综合影响力分级，并根据不同综合影响力等级划分的农村居民点优化类型制定优化布局策略；应用基于拓展断裂点模型的加权 Voronoi 图分别对研究区内优势农村居民点斑块影响范围进行空间分割，提出迁并型居民点斑块的迁移方向，研究并得到镇域农村居民点斑块布局优化技术，其研究框架见图 7-1。

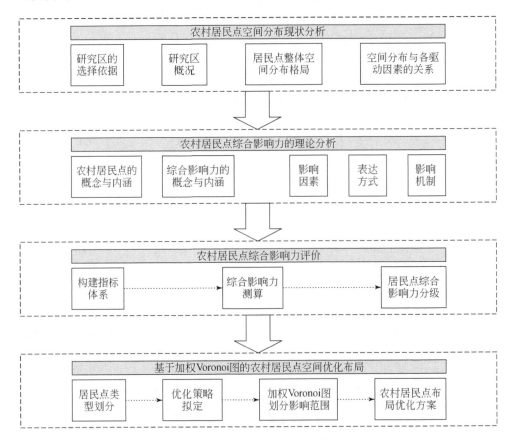

图 7-1　镇域农村居民点斑块布局优化技术研究框架

7.1.2　内容架构

（1）农村居民点空间分布现状分析。运用景观生态学理论和 GIS 空间分析技术，首先对海棠镇农村居民点整体空间分布现状进行分析，然后根据海拔、坡度、坡向、距重要基础设施或水源距离等不同驱动因素，分析海棠镇农村居民点空间分布与各驱动因素间的关系。

（2）农村居民点综合影响力的理论分析。以空间相互作用理论为理论基础，界定综合影响力的概念和内涵，梳理综合影响力大小的表达方式，探寻综合影响力的影响方式及作用载体，并从自然地理以及社会经济两个方面分析影响农村居民点综合影响力大小的因素。

（3）农村居民点综合影响力评价。在综合考虑海棠镇农村居民点空间分布特征及综合影响力的影响因素与影响机制的基础上，构建包含自然条件、区位条件、居民点本底条件以及社会经济条件的农村居民点综合影响力评价指标体系。以农村居民点斑块为单元进行农村居民点综合影响力评价，并依据综合影响力划分居民点优化类型。

（4）基于加权 Voronoi 图的农村居民点空间优化布局。根据农村居民点分类结果以及研究区的实际情况，提出不同类型农村居民点的空间优化策略，并利用基于拓展断裂点模型的加权 Voronoi 图，规划居民点斑块的迁并，以便优化农村居民点的空间布局。

7.2　农村居民点综合影响力的理论阐释

7.2.1　综合影响力的概念与内涵

农村居民点综合影响力的理论基础是空间相互作用理论。该理论由美国地理学家厄尔曼于 1956 年在综合了 B. Ohlin、S. Stouffer、P. J. Tarlor 等学者的观点的基础上，吸收多学科理论及模型而建立（杨万忠，1999）。该理论认为，空间是人类自身存在与发展的基本条件，人类社会的许多经济社会现象都受人类活动及其在时空中相互作用的驱动。人们日常生活、工作所需的资源具有区域性、稀缺性等特征，因此为获得所需资源，往往必须用时间来换取空间，并通过制造交通工具和通信设备来减少获取资源所花费的时间（Miller，2005），城市这种空间形态正是为了使相互作用集中在一个相对较小的空间内而形成的，空间中任何区域都不可能独立存在和发展。

农村居民点间同样存在着人口、资金、信息的流动及相互作用。随着基础设施的日益完善，便利的交通条件缩短了农村居民点间的通达时间，农户间频繁的互动以及对外的社会经济交流加强了不同居民点间的物质和信息的交换。因此，农村居民点间也存在着空间相互作用。农村居民点与其周边农村居民点的相互作用程度，可以用农村居民点对周边其他居民点的综合影响程度进行表示，即采用综合影响力衡量农村居民点的相互影响程度。

综合影响力的概念可以归纳为各农村居民点斑块基于自身内部条件和其所在

区域外部条件的差异性和互补性，通过空间相互作用对各自周边其他农村居民点斑块产生影响的作用力。其是某一特定农村居民点斑块所受当地自然条件、区位条件、居民点自身本底条件以及社会经济状况等多因素综合作用的结果。农村居民点现状的优势程度越高、发展潜力越大，其与周边其他农村居民点的相互作用程度就越强，该农村居民点对周边其他农村居民点的综合影响力就越大；反之，综合影响力越小。

农村居民点综合影响力是农村社会经济活动及农村居民点空间移动的潜在驱动力。人们都有追求舒适环境以及安逸生活的本能，随着当前农业生产水平的日渐提高，农户的耕作半径正不断扩大，加之农户生产生活方式的转变、对居住需求的层次逐渐提高以及农户的家庭居住观念发生改变，周边自然条件优越、生态环境良好、公共基础设施较为完备和社会经济水平较高的农村居民点，将更容易吸引周围人口和资金的流入，形成一个小范围内的社会经济活动中心。

农村居民点斑块的综合影响力受内部影响力和外部影响力共同作用，对周边农村居民点斑块产生影响。①内部影响力通过农村居民点斑块自身所具有的属性和特征的优势程度产生影响，主要包括以下三个方面：第一，居民点规模、居民点房屋新旧程度等建筑条件因素；第二，居民点居民的年龄结构、收入状况及是否在镇、村任职等因素；第三，水资源、光热等资源条件。②外部影响力通过农村居民点斑块所在小区域的自然、社会、经济条件的优势程度产生影响，其主要包括以下四个方面：第一，高程、坡度、坡向等自然地理因素；第二，区位因素，体现在与镇区、主干道路、医院等基础设施的距离上；第三，土地利用因素，主要体现为居民点周边的土地利用结构是否有利于生产生活；第四，居民点所在小区域的经济发展水平。

7.2.2　综合影响力的因素构成

7.2.2.1　自然因素

良好的自然条件是农村居民点形成与快速发展的基础，不同的自然条件对农村居民点选址、形态与结构以及用地规模等都有明显的影响。自然条件的区域差异与优劣都直接影响着各区域农村居民点的社会经济发展，进而影响到居民点的综合影响力。

1）地形地貌

地形地貌影响着农村居民点的分布、规模与形态，也影响着居民点内居民的日常生活和生产活动。平坦、广阔的平坝地形，适合于农村居民点的修建；另外，地形平坦区域的耕地往往集中连片，农户日常农业活动的通勤也较为便捷。山区及丘陵地形，地块破碎不规则，农村居民点建设规模受到严重制约，而耕地的零散分布，使农户耕作半径增大且通勤道路多爬坡上坎，颇为不便。在地形地貌因素中，坡度、海拔与坡向是影响农村居民点空间布局的主要因素，其对农村居民点的综合影响力也较大。

坡度。坡度在地形地貌因素中对农村居民点的影响最为直接。首先，坡度较大的区域不利于工程建设，即使要建设，也需要耗费大量的人力物力；其次，坡度较大，造成交通不便，严重影响当地居民的日常生产生活；最后，随着坡度的增加，土地破碎化严重，加上较大的坡度带来水土流失，土层变薄，土地肥力持续下降，严重的水土流失甚至会引发滑坡、泥石流以及山体崩塌等地质灾害。

海拔。海棠镇多为丘陵地貌，通过将海棠镇的 DEM 图与坡度图进行对比可以发现，丘陵区海拔相对较高的区域，其坡度往往也较大，交通不便，区域可达性较差，影响基础设施的建设，居民的生存环境较为恶劣，直接限制了农村居民点的规模。

坡向。坡向对丘陵区的农业生产生活有着重要的作用，坡向对日照时数和太阳辐射强度影响巨大，南坡辐射收入最多，坡向越向北，辐射收入越少。太阳辐射的多少将直接影响农作物的生长及产量。

2) 自然资源

自然资源对农村居民点综合影响力有着直接影响，主要包括水资源、土地等生产生活必需的资源。水是保证人类正常生活及农作物生长必不可少的物质，离水源较近的区域生产生活条件较好，分布有较多的人口与居民点，地球上人口稠密的区域大多沿河沿湖及沿海分布；农村居民点对土地资源的依赖性很强，土地资源对农村居民点综合影响力的影响主要涉及土地的肥沃程度及数量多少，土地资源的质量和数量决定该区域的承载能力及发展潜力，拥有优质土地资源的农村居民点，土地生产能力高，可以吸引更多的人力、物力和资金进入，发展潜力大。

7.2.2.2　社会经济因素

1) 经济发展水平

经济发展水平对农村居民点综合影响力的大小有较大影响，其主要反映在以下几个方面。第一，经济发展水平较高的区域，农村居民较为富裕，在生产上可以通过投入资金提高农业生产的机械化、自动化程度以实现规模化经营，而较高的产出又能进一步刺激当地经济的发展，从而吸引更多的资金和人员进入；在生活上，经济发展水平较高，使得当地农村居民的居住环境改善、生活质量提高，又拉高了居民的幸福指数。第二，经济发展水平的高低会对农村基础设施建设的普及度和质量产生直接影响，一般而言，某一区域中经济发展水平较高的地方，其基础设施无论是覆盖率还是质量都较高，公共服务设施也相对较完善，良好的条件与完备的设施吸引周边条件较差区域居民点的居民迁入。

2）交通条件

交通是人类生产生活中传递信息、物质和能量的主要载体。交通条件的好坏与农村社会经济的发展有密切的关系，从而影响农村居民点综合影响力的大小。

农村的交通主要分为内部交通与对外交通两种。对农村内部交通而言，良好的内部交通条件能保证农村居民在村内活动的便捷，让其能更方便快捷地到达自己的承包地进行农业生产，间接地缩短了耕作半径，还使各农村居民点间的交流更加频繁，促进村内的社会文化信息交流；另外，内部交通条件的改善，可以让农业机械直接到达田地，实现农业生产的机械化，提高生产效率。对外交通条件主要反映在过境的公路干道上，境内如果有国道过境或者有高速公路的出口，则能够更好地进行社会产品的交换，获取更多的信息，吸引大量的外来投资，从而刺激干道两侧农村居民点的发展和扩大。

3）农村基础设施

农村基础设施包括改善农村居民生活品质的生活服务设施以及提高农业生产效率的生产服务设施，其完善程度对农村日常生产生活活动的高效高质量开展起着重要作用，也对农村居民点综合影响力有较大影响。农村基础设施较为完善的区域，农村居民点的分布相对集中，居民获得的物质精神收益一般也较高，对周边农村居民点居民的搬迁吸引力也较大。

4）国家政策

农村居民点综合影响力也会受到国家政策的影响。党的十六届五中全会提出建设社会主义新农村，针对中国农村居民点"空心化"、基础设施落后、环境污染严重、村庄建设无序、"一户多宅"等问题，提出了建设社会主义新农村的"二十四字方针"，对农村居民点用地的利用也提出了新的要求：新农村的建设要在满足日常生产的基础上，因地制宜地建设具有民族和地域特色的居民住房，完善道路、水电、通信、广播等配套基础设施的建设，并且对农村建设用地的使用要满足节约集约利用的要求。2013年和2014年，"美丽乡村"目标的提出以及《国家新型城镇化规划（2014−2020年）》的发布，在强化"新农村建设"要求的基础上，又提出要"提升乡镇村庄规划管理水平""科学引导农村住宅和居民点建设，方便农民生产生活""深入开展农村环境综合整治"。这一系列政策的提出，提高了农村居民点用地的集约利用率，极大地改善了农村居民的生产生活条件，对农村居民点的综合影响力的影响巨大。

7.2.3　综合影响力的表达

农村居民点综合影响力反映农村居民点与其周边的农村居民点的相互作用程度，综合影响力的大小受自然条件和社会经济条件两大方面、多个因素综合影响，是一个由多个因素构成的多维度综合指标，需要从多维空间角度进行表达。但考虑到多维空间的复杂性使其不易描述，基于对农村居民点综合影响力更为直观的表达，将综合影响力归结为自然条件与社会经济条件两大影响因素，简化为二维空间进行描述，综合影响力由等值曲线 I 表示（图 7-2）。

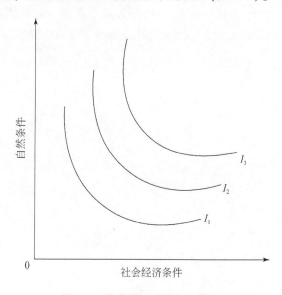

图 7-2　综合影响力的几何表达

图 7-2 中，横坐标表示农村居民点及其周边的社会经济条件，主要反映居民点自身的条件、周边基础设施的布置情况、居民的收入水平等；纵坐标表示农村居民点及其周边的自然条件，主要反映居民点所在区域的气候、地形地貌、生态环境、资源等的优劣水平。同一条等值曲线上的综合影响力大小相等，不同曲线上的综合影响力大小不同。离原点 0 越远的曲线，农村居民点综合影响力越大，即 $I_3 > I_2 > I_1$，其反映该区域自然条件与社会经济条件都较好，或者通过对居民点周边的自然条件及所在区域社会经济条件进行改造和改善，实现居民点自身及周边条件的提升，从而增强了农村居民点的综合。

7.2.4 综合影响力的影响机制

综合影响力的影响方式主要分为两类，一类是通过人口和物质的流动产生影响，另一类是通过政策、思想、信息以及技术的传播产生影响（图7-3）。前者主要涉及实体要素的流动，包括劳动力的转移、消费品的买卖、原材料及产品的运输以及资金的流动等，其主要依赖公路、铁路、水路等实体交通网络进行流动和交换。后者则涉及信息的传递扩散，包括政策的宣传、新生产技术的推广等，通过电视、电话、传真、电报以及网络等传统与现代通信媒介网络实现信息的传播扩散。农村居民点作为这些网络中的无数小交汇点，居民点上交织的网络越多，说明该居民点对周边居民点的影响能力越强，在该区域农村居民点体系中的地位也就越重要。

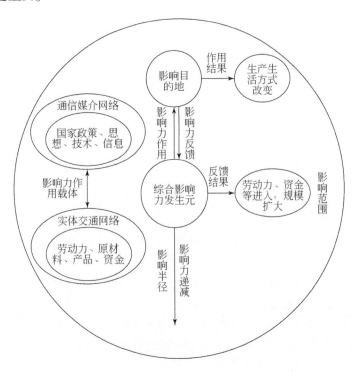

图 7-3　综合影响力的影响机制

综合影响力发生元对其周边区域的影响类似磁铁的场效应，随着距离的增加，作为发生元的农村居民点综合影响力逐渐减弱，并最终被附近其他农村居民点所替代。综合影响力的影响反映在实体要素的流动上，使要素流动目的地居民获得日常生活所需的消费品以及开展生产所需的物资与资金，改善了当地的生活条件，促进了当地居民生产生活方式的变化，从而对要素流动目的地产生影响；反映在信息的传播扩散上，使信息接收地居民了解到国家最新的政策方针，学习到先进的生产技术，从而根据获得的新信息改变原有的生产生活行为以适应新政策新技术下的生产环境，间接地对信息接收地产生影响。另外，在综合影响力发生元对影响目的地产生影响的同时，影响目的地也会对综合影响力发生元产生物质、资金与信息的影响力反馈（图 7-3）。

7.3　海棠镇农村居民点空间分布现状分析

7.3.1　研究区概况

7.3.1.1　自然地理状况

海棠镇位于长寿区北部，南接长寿区云台镇，东、北与垫江县相邻，西与四川省邻水县相连，距长寿区城区 46km（图 7-4）。全镇东部与西部地势较高，为明月峡背斜低山区（西山），海拔在 400～900m，坡度较大。东中部地势平坦，海拔一般在 300～600m。贯穿南北的中部地带为桃花溪河二级台地，地势低平，海拔在 300m 左右。气候属于中亚热带湿润季风气候，年平均气温 17.6℃，年平均降水量 1074mm，无霜期 331 天，年平均日照 1245 小时。研究区内水利条件好，水源充沛，有龚家河沟和打鱼溪两条溪流。土壤较为肥沃，以紫色土为主，适宜多种农作物生长。天然气、煤、石灰石等资源也较为丰富。

7.3.1.2　社会经济状况

根据海棠镇 2019 年政府工作报告，2018 年全镇辖 9 个行政村，58 个村民小组，常住总人口为 3.22 万人，其中农村人口 2.05 万人，农村人口比例达 63.66%，属于以农业为主的乡镇。海棠镇农副业较为发达，是重庆市重要的粮油禽蛋副食品生产基地。近年来，海棠镇坚持走"工业兴镇"之路，稳步推进工业集中区建设，重点发展以机械加工、电子、家具为主的劳动密集型产业，着力建设长寿区劳动力就业高效园区。2018 年，全镇生产总值达到 167 000 万元，财政收入 2576.11 万元；农民人均可支配收入达到 16 730 元。

7.3.1.3　土地利用现状

根据长寿区土地变更调查，2018 年海棠镇土地总面积 4695.65hm²。其中，

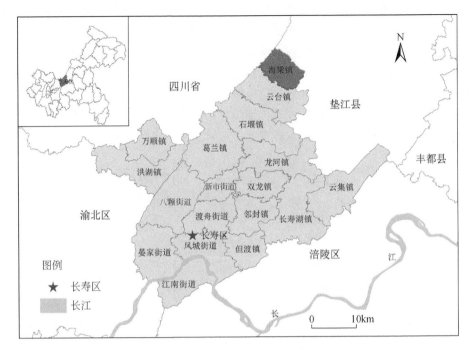

图 7-4　长寿区海棠镇区位图

农用地 3848.68hm²，建设用地 569.00hm²，未利用地 277.97hm²，分别占土地总面积的 81.96%、12.12% 和 5.92%。农用地中，耕地 2690.58hm²，园地 117.84hm²，林地 1018.34hm²，其他农用地 21.92hm²，分别占农用地总面积的 69.91%、3.06%、26.46%、0.57%。建设用地中，城乡建设用地 518.71hm²，交通水利用地 49.24hm²，其他建设用地 1.05hm²，分别占建设用地总面积的 91.16%、8.65%、0.19%；城乡建设用地中，城镇工矿用地 116.88hm²，农村居民点 401.83hm²，分别占城乡建设用地的 22.53%、77.47%。未利用地中，其他草地 263.65hm²，裸地 0.25hm²，其他土地（均为河流水面）14.07hm²，分别占未利用地的 94.85%、0.09%、5.06%。

7.3.2　数据来源及预处理

7.3.2.1　数据来源

基础数据包括四个方面：一是自然地理条件数据；二是土地利用数据；三是社会经济数据；四是其他数据。其中，自然地理条件数据主要来自长寿区 2012

年1∶1万的数字高程模型（DEM）；土地利用数据来源于2018年土地利用变更调查数据、《重庆市长寿区海棠镇土地利用总体规划（2006-2020年）》、海棠镇2018年1∶2000的分幅遥感影像图以及实地收集数据资料；社会经济数据主要来源于《重庆市长寿区统计年鉴》（2010～2019年）、长寿区海棠镇农业经济年报汇总表（2010～2018年）和海棠镇2011～2019年政府工作报告，以及实地收集数据资料；其他数据，如农用地等级来源于重庆市农用地分等定级成果，海棠镇集中居住点规划相关位置及规模数据来自《长寿区新农村集中居民点布点整合规划》（2013年编制）。

7.3.2.2　数据预处理

地形数据的预处理是以长寿区DEM数据为基础，经过与海棠镇行政边界进行叠加切割，在ArcGIS软件平台上进行地形因子的提取：通过DEM数据获得海棠镇的海拔数据；通过Spatial Analyst中的Surface Analyst，选择Slope模块生成海棠镇的坡度图；通过Spatial Analyst中的Surface Analyst，选择Aspect模块生成海棠镇的坡向图。

土地利用现状数据的预处理分为两个步骤：首先基于2018年土地利用变更调查数据获取海棠镇不同地类的分布与规模情况，并对照经过坐标配准的海棠镇2018年1∶2000的分幅遥感影像图对变更调查数据中的农村居民点斑块的分布位置与规模大小进行修正；然后将拥有共用边居民点斑块、被道路分割的农村居民点斑块以及紧凑成规模的农村居民点斑块进行合并。经过数据预处理，全镇共有692个农村居民点斑块，平均斑块面积0.61hm²，最大斑块面积9.57hm²，最小斑块面积0.01hm²。

7.3.3　海棠镇农村居民点空间分布现状特征

开展农村居民点的空间布局优化研究，需要对农村居民点空间分布现状进行分析。运用FragStats3.3和ArcGIS分析工具，首先选取合适的景观指标对海棠镇农村居民点总体空间分布格局进行现状分析，然后根据海拔、坡度、坡向、距重要基础设施或水源距离等不同影响因素，分析海棠镇农村居民点的空间分布与各影响因素间的关系，为农村居民点空间布局优化研究奠定基础。

7.3.3.1　海棠镇农村居民点总体空间分布格局分析

1）空间分布格局分析指标选择

选择斑块个数（NP）、斑块总面积（CA）、平均斑块面积（MPS）、斑块密度（PD）、斑块面积比（PLAND）以及平均最邻近距离（MNN）来反映海棠镇农村居民点整体空间分布格局。

（1）斑块个数，指海棠镇农村居民点斑块数量总和，NP值的大小反映海棠镇农村居民点斑块的破碎程度，一般情况下，NP值大，破碎化程度高；NP值小，破碎化程度低。

（2）斑块总面积，指海棠镇农村居民点斑块的面积总和，CA值的大小在一定程度能反映农村居民点的建设规模和人口规模。

（3）平均斑块面积，指海棠镇农村居民点斑块总面积除以其总个数，单个斑块的平均面积能更为直观地反映农村居民点斑块的破碎程度，MPS值越小，破碎化程度越高。

（4）斑块密度，指海棠镇农村居民点斑块总个数除以海棠镇辖区面积，表示单位面积农村居民点斑块的数量，从较为宏观的层面反映农村居民点斑块分布的密集程度。

（5）斑块面积比，指农村居民点斑块总面积占海棠镇辖区面积的比例，反映农村居民点在海棠镇各地类中的优势程度。

（6）平均最邻近距离，指每个农村居民点斑块与其距离最近的农村居民点斑块间距离的平均值，从微观层面反映农村居民点斑块分布的相对密集程度。

2）农村居民点总体空间分布格局

从表7-1中可以看出，海棠镇农村居民点斑块总面积（CA）为421.91hm²，斑块面积比（PLAND）为9.02%，总体规模不大；但农村居民点斑块密度（PD）达到17.79个/km²，平均最邻近距离（MNN）只有56.39m，平均斑块面积（MPS）也仅0.61hm²，并且居民点斑块集中分布在辖区中东部地势较为平坦的区域（图7-5），上述指标反映出海棠镇农村居民点总体空间分布格局呈现密度较大且破碎程度较大的特征。海棠镇农村居民点当前细碎、高密度、非均匀的空间分布格局，不仅占用了大量优质耕地资源，也将完整的耕地斑块破碎化，不利于农业的规模化生产作业，还大大增加了交通、电力等基础设施的建设成本。

表7-1　海棠镇农村居民点空间分布格局分析指标

NP /个	CA /hm²	MPS /hm²	PD /（个/km²）	PLAND /%	MNN /m
692	421.91	0.61	17.79	9.02	56.39

7.3.3.2　农村居民点分布与海拔的关系

根据海棠镇 DEM 数据的分析结果，海棠镇海拔介于 344～1057m，辖区内海

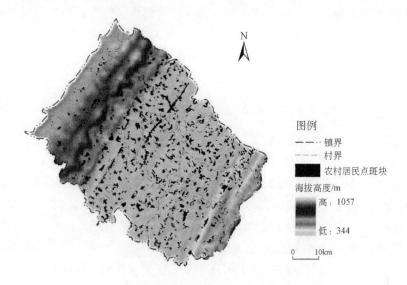

图 7-5　海棠镇不同海拔下农村居民点斑块分布图

拔高差达 713m，属于丘陵低山区。根据海棠镇的地形特点，将海拔划分为 ≤400m、400 ~ 500m、500 ~ 600m、600 ~ 700m 以及 >700m 5 个级别。不同海拔上的农村居民点斑块分布状况如表 7-2 所示。

表 7-2　海棠镇不同海拔下农村居民点斑块分布状况

海拔	农村居民点总面积/hm²	比例/%	平均居民点大小/hm²	最小居民点面积/hm²	最大居民点面积/hm²	居民点个数/个
≤400m	209.54	49.66	0.73	0.04	9.57	289
400 ~ 500m	175.27	41.54	0.54	0.01	6.67	323
500 ~ 600m	20.03	4.75	0.53	0.02	3.78	38
600 ~ 700m	9.02	2.14	0.53	0.03	3.81	17
>700m	8.05	1.91	0.32	0.03	2.92	25

由表 7-2 和图 7-5 可知，海棠镇农村居民点主要集中在海拔 500m 以下的区域，共 612 个居民点，总面积 384.81hm²，占海棠镇居民点总面积的 91.20%，而在海拔大于 500m 的区域，只分布有 80 个农村居民点斑块，面积占比仅8.80%；并且海拔小于 500m 区域的平均居民点斑块面积和最大居民点斑块面积都较海拔较高的区域较大。海棠镇海拔较低的区域主要处于中部平坝区域，该区域地势低平，交通通达性较好，便于进行农业生产和日常出行，故农村居民点多

分布在该区域;海拔较高的丘陵区域,由于地势起伏度较大,耕地质量不高且破碎,加之交通不方便,所以区域内的农村居民点规模不大,数量较少且分布分散。可见,海棠镇农村居民点分布呈现出随海拔增高居民点数量和面积递减的趋势。

7.3.3.3 农村居民点分布与坡度、坡向的关系

海棠镇处于丘陵区域,东部与西部地势较高,为明月峡背斜低山区,中东部为桃花溪河二级台地,地势较低,辖区内总体坡度不大,依据第二次全国土地调查对坡度的分类,海棠镇农村居民点在 1～5 级的坡度等级上均有分布(表 7-3)。坡度 ≤15° 区域的农村居民点共 611 个,占居民点总量的 88.29%;面积合计 390.33hm²,占居民点总面积的 92.51%,无论在数量上还是面积上都占较大比例。其余 31.58hm² 的农村居民点斑块分布于坡度大于 15° 的区域,这些区域由于建设成本较大,基础设施配套较为困难,水土流失较严重,居民点周边土地的肥力极易流失,不利于农业生产。

表 7-3 海棠镇不同坡度坡向下农村居民点斑块分布情况表

指标		居民点总面积/hm²	居民点平均面积/hm²	居民点个数/个
坡度	≤2°	88.74	0.53	167
	2°～6°	244.66	0.73	337
	6°～15°	56.93	0.53	107
	15°～25°	31.09	0.40	77
	>25°	0.49	0.12	4
坡向	南向	93.85	0.88	107
	偏南向	163.76	0.77	213
	东西向	104.25	0.53	198
	偏北向	54.22	0.36	151
	北向	5.83	0.25	23

人类的生活以及农业生产都极大地依赖阳光。中国处于北半球,南坡接受的日照时数和太阳辐射强度都最大,由南坡至北坡太阳辐射收入递减。由于海棠镇的丘陵山脉主要为东北-西南向,所以区域内偏南向,即位于南坡的东南向居民点和位于山脉走向的西南向的居民点最多,有 213 个居民点斑块为偏南向,面积达 163.76hm²,占居民点总面积的 38.81%。总体来说,海棠镇居民点的坡向分布较为平均,朝南方向(含南向和偏南向)居民点相对较多,面积达到

257.61hm^2，占居民点总面积的 61.06%；朝北方向（含北向和偏北向）居民点斑块中北向居民点最少，处于北坡的区域，由于太阳辐射最少，湿度较大，不利于居住，所以居民点分布最少，其面积仅占居民点总面积的 1.38%。

7.3.3.4　农村居民点分布与集镇及主要道路的关系

集镇作为全镇的核心区域，多为镇政府所在地，该区域基础设施较为完备，对外交通较为方便，而且往往是本区域农村居民日常"赶场"的地方，社会经济活动频繁。从表 7-4 和图 7-6 中可以发现，农村居民点的分布与距离集镇的距离具有明显的关系，距离集镇较近，农村居民点的数量和总面积就较大。距离集镇 500～1500m 范围的农村居民点总面积最大，分布数量最多，其分别占到了全镇总量的 47.28% 和 37.14%。距离大于 3500m 的农村居民点总面积仅 8.06hm^2，这部分居民点距离集镇较远，且不少位于丘陵区域，对外联系较弱。另外，距离在 500m 以内的农村居民点总面积和数量相对较小，其原因在于：海棠镇近几年正在加快集镇的建设和扩展，所以集镇周边允许建设区内的农村居民点已经被拆除。

表 7-4　海棠镇集镇、主干道路不同缓冲范围内农村居民点分布情况

	缓冲范围	居民点总面积/hm^2	平均面积/hm^2	居民点个数/个
集镇缓冲范围	≤500m	56.83	0.65	87
	500～1500m	199.47	0.78	257
	1500～2500m	114.51	0.57	200
	2500～3500m	43.04	0.38	113
	>3500m	8.06	0.23	35
主干道路缓冲范围	≤250m	196.04	0.65	303
	250～750m	186.00	0.68	273
	750～1250m	23.40	0.36	65
	1250～1750m	11.05	0.33	34
	>1750m	5.42	0.32	17

道路是人类社会生产生活中连接不同区域，以获取物质、信息和能量的主要通道。农村居民点周边的道路系统越发达，农村居民点对外交流与联系的能力也越强。选取海棠镇辖区内省道 102 及其他沥青或水泥硬化道路等主干道路来分析农村居民点分布与主干道路的关系。从表 7-4 和图 7-7 中发现，距离主干道路距离越近，农村居民点的分布在总面积和数量上越多，距离主干道路 250m 以内的

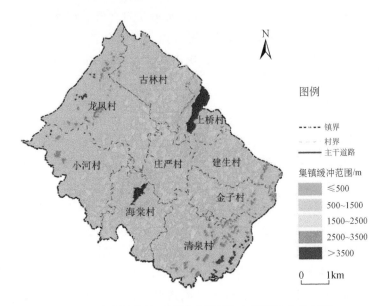

图 7-6 海棠镇集镇不同缓冲范围的农村居民点分布图

农村居民点总面积达到了 196.04hm²，占海棠镇农村居民点总面积的 46.46%；而大于 1750m 的区域，农村居民点总面积仅 5.42hm²，占总量的 1.28%。虽然海

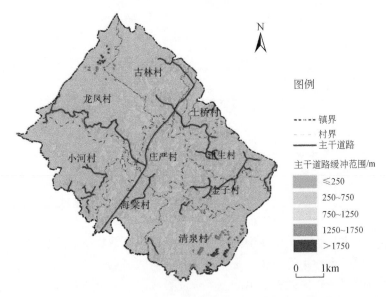

图 7-7 海棠镇主干道路不同缓冲范围的农村居民点分布图

棠镇的生产路和田间道等农村道路已覆盖绝大部分农村居民点，但是由于道路质量较差，等级较低，农村居民的日常生产生活出行仍然不便。

7.3.3.5　农村居民点分布与水源的关系

人类的生存离不开水。河流、湖泊等水体为人类的生产生活提供了丰富的水源，创造了一个舒适的生活环境，人类文明大多发源于水资源丰富的区域。一般来说，距离水源越近，其生产生活条件越优越，周边的环境也越好。海棠镇农村居民点的分布与水源也有较强的关系。在提取海棠镇河流与水库的基础上，利用ArcGIS 对河流和水库图层以 250m 为缓冲距离进行缓冲区分析，划分为≤250m、250~500m、500~750m、750~1000m 以及 1000m 以上 5 个级别，并与农村居民点图层进行叠加分析，得到距离水源不同距离的居民点分布状况。

从表 7-5 和图 7-8 中可以发现，海棠镇农村居民点靠近水源分布的趋势较为

表 7-5　海棠镇水源不同缓冲范围内农村居民点分布情况

水源缓冲范围	农村居民点总面积/hm²	比例/%	平均居民点面积/hm²	最小居民点面积/hm²	最大居民点面积/hm²	居民点个数/个
≤250m	168.40	39.91	0.72	0.04	4.45	233
250~500m	114.24	27.08	0.73	0.02	9.57	156
500~750m	61.32	14.53	0.55	0.01	4.19	111
750~1000m	28.72	6.81	0.48	0.04	2.31	60
>1000m	49.23	11.67	0.37	0.01	2.92	132

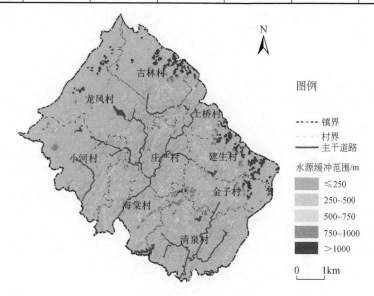

图 7-8　海棠镇水源不同缓冲范围的农村居民点分布图

明显，距离水源 500m 以内的居民点有 389 个，居民点总面积 282.64hm²，占海棠镇居民点总面积的 66.99%，虽然距离水源地距离大于 1000m 的农村居民点有 132 个，但总体规模较小，仅有 49.23hm²。

7.4 海棠镇农村居民点综合影响力评价

7.4.1 评价的流程

海棠镇农村居民点综合影响力评价是在遵循评价指标选取原则的基础上，通过评价指标的选取、指标权重的确定以及指标的量化处理，计算出各评价单元综合影响力分值，并依此划分级别，分析不同级别农村居民点的分布状况。具体评价流程如图 7-9 所示。

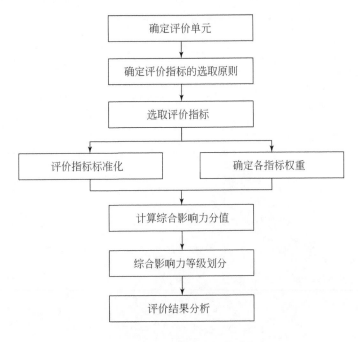

图 7-9 综合影响力评价流程

7.4.2　评价单元的确定

评价单元是具有一定程度的一致性，根据评价目标以及评价方法的需要，划分的具有确定范围的地域空间单位（周广生和渠丽萍，2003）。评价单元是自然和社会经济属性的载体，也是评价的基本单位（王薇和陈为峰，2008）。由于本评价主要针对农村居民点发展能力及居民点间相互影响的程度，涉及微观层面农村居民点的具体情况，加之以镇为研究区域，范围较小，因此以 2018 年土地利用变更调查数据中的农村居民点斑块作为评价单元。

7.4.3　评价指标体系的构建

7.4.3.1　评价指标的选取原则

1）综合性与主导性相结合的原则

农村居民点综合影响力的大小受农村居民点所在区域的自然、经济、社会等多种因素的综合影响，在评价中，必须坚持综合性原则，根据农村居民点综合影响力的定义与内涵，充分考虑各因素对农村居民点综合影响力的影响，选取能反映综合影响力内涵的评价指标。同时，还需要突出主导因素的作用，因此在选取评价指标时要将综合分析与突出主导因素相结合。

2）系统性原则

只有全面充分地了解评价区域以及评价单元才能建立科学合理的评价指标体系。农村居民点作为一个复杂的系统，其综合影响力的大小受自然、区位、经济、社会等因素的综合影响，所以在选取指标时，在考虑农村居民点各自特点的前提下，也应将农村居民点作为一个系统整体，以便全面分析农村居民点总体特征。

3）代表性原则

虽然农村居民点综合影响力受多方面因素的综合影响，需要选择多个指标进行综合评价，但应在各类评价指标中选取最具有代表性的指标，避免各评价指标内涵的重复交叉。

4）可获得性和可操作性原则

农村居民点综合影响力的评价指标选取应充分考虑数据的可获得性，在保证评价指标有用性的基础上，选取易于获得、操作性较强的指标。对于操作性较差的指标，应尽可能找出替代性数据；无法获取且又无法代替的指标，应在开展评价时充分考虑其对评价结果可能产生的影响,并对结果予以修正。

7.4.3.2 评价指标的选取及获取

农村居民点综合影响力评价是一个复杂的过程,既要考虑居民点规模、居民点居民基本特征等居民点自身内部因素的影响力,还要考虑地形地貌、区位、土地利用、社会经济规模等居民点外部因素的影响力,且不同因素对综合影响力的作用效果和强度也是不同的。受篇幅所限,加之农村居民点外部因素的影响力能较好、较全面地反映综合影响力的内涵,农村居民点综合影响力评价主要从可反映居民点外部影响力的方面选择指标并建立评价指标体系。因此,根据农村居民点综合影响力的影响机制,结合海棠镇的实际情况及数据的可获得性与可操作性,从自然、区位、居民点本底条件及其社会经济规模四个方面选取 13 个指标建立农村居民点综合影响力评价指标体系(图 7-10),对海棠镇农村居民点斑块进行评价。

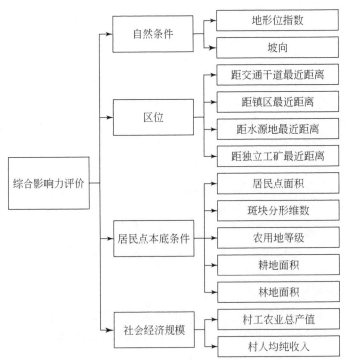

图 7-10 农村居民点综合影响力评价指标体系

1) 自然条件指标

自然条件中,高程、坡度与坡向对农村居民点分布具有重要影响,特别是在丘陵地形区，高程与坡度的大小将对区域农村居民点的建设规模和集聚程度起决定性作用。因此，选择对丘陵地形区农村居民点分布与规模影响较大的地形位指数和坡向两个指标来描述自然条件特征。

地形位指数用来综合描述空间上某点包含高程与坡度的地形属性。其计算公式为

$$T = \lg\left[\left(\frac{E}{\overline{E}}+1\right)\times\left(\frac{S}{\overline{S}}+1\right)\right] \tag{7-1}$$

式中，T 为地形位指数；E 及 $\overline{E}$ 分别为空间任一点的高程值和该点所在区域内的平均高程值；S 及 $\overline{S}$ 分别为空间任一点的坡度值和该点所在区域内的平均坡度值。从式（7-1）可知，高程低、坡度小，则地形位指数小；反之，地形位指数大。

坡向对丘陵地形区的农业生产生活有着重要的作用，坡向对日照时数和太阳辐射强度影响巨大，南坡辐射收入最多，坡向越向北，辐射收入越少。因此，坡向也会对农村居民点分布产生重要影响。由于坡向是一个方向概念，所以通过赋值对其进行量化（表7-6）。

表 7-6　农村居民点坡向分值

坡向	南向	偏南向	东西向	偏北向	北向
分值	5	4	3	2	1

在 ArcGIS 中，通过将获取的全镇地形位指数和坡向数据与农村居民点斑块的图层进行叠加，将地形位指数和坡向数据的指标值添加到各农村居民点斑块中。

2）区位指标

区位反映某一事物与其他事物的外部空间联系。区位是农村居民点布局的又一重要影响因素。其主要表现在农村居民点距交通干道、镇区、水源地、独立工矿最近距离等方面。采用上述 4 个指标反映农村居民点的区位特征，通过选出 2018 年土地利用变更调查数据库中海棠镇辖区内属于公路用地、建制镇、河流水面、水库水面以及采矿用地的地类图斑，测量各农村居民点斑块到上述区域的直线距离来衡量其区位情况，距离越远，区位条件越差，日常生产生活也越不方便，与外界的联系也越弱。

3）居民点本底条件指标

居民点本底条件包括居民点自身特点及周边资源禀赋。居民点面积和斑块分形维数两个指标反映居民点斑块自身规模和形状规整程度。居民点面积来源于前述进行预处理的 2018 年土地利用变更调查数据，从"村庄"地类中获取各农村

居民点的面积；斑块分形维数用来测定斑块边界形状的曲折性和复杂程度，其值介于 1~2，值越小，形状越简单，越利于进行土地整治。其计算公式为

$$D = 2\ln(0.25P/\ln a)/N \qquad (7\text{-}2)$$

式中，D 为某农村居民点斑块分形维数；P 为该农村居民点斑块的周长；a 为该农村居民点斑块的面积；N 为农村居民点斑块的总量。式（7-2）中的农村居民点斑块周长与面积数据从前述进行预处理的 2018 年土地利用变更调查数据中获取。

农村居民点斑块周边的资源禀赋由农用地等级、耕地面积及林地面积 3 个指标反映。耕地面积和林地面积指标通过获取 2018 年土地利用变更调查数据中水田、旱地、有林、灌木林地、其他林地等地类面积实现。当前国家出台的《中华人民共和国基本农田保护条例》，以耕地保护为核心，严格控制非农建设占用农用地。因此，农用地等级越高，反映耕地质量越好，应限制该处农村居民点的扩建，符合国家和地区可持续发展的需要。另外，林地作为生态功能显著的地类，属于限制开发区域，《建设项目使用林地审核审批管理办法》也要求"建设项目应当不占或者少占林地"。综上所述，居民点附近农用地质量等级越高、林地越多，表明该居民点所在区域越不适宜进行建设开发，居民点规模应受到限制。

4）社会经济规模指标

选择反映各村社会经济水平的村工农业总产值和村人均纯收入作为评价社会经济规模的指标。海棠镇各村间地形、区位以及社会经济发展水平差异较大，而村内各居民点间差异总体较小，因此研究中以所获取资料中的最小统计单元——村为单位，获取村工农业总产值和村人均纯收入指标值。以各村第一产业与第二产业产值之和作为各村村工农业总产值的指标值，并将其赋值到对应的农村居民点斑块上；将村人均纯收入赋值给对应的农村居民点斑块。

7.4.4 指标标准化及权重的确定

7.4.4.1 指标标准化

农村居民点综合影响力需要通过多指标评价体系来反映。由于各指标的属性、数量级和单位等不尽相同，无法直接用于综合影响力评价的计算，因而在开展综合影响力评价前，需将各评价指标进行无量纲化处理。学界一般将定量指标划分为正向指标和负向指标两类，正向指标值越大越好，负向指标则正好相反，为了尽可能减小指标属性、数量级与单位不同带来的评价结果误差，需要对评价指标体系的指标作标准化处理。采用极值标准化法，进行指标标准化。计算公

式为

$$正指标: x_j = (X_j - X_{j,\min}) / (X_{j,\max} - X_{j,\min}) \times 100 \tag{7-3}$$

$$负指标: x_j = (X_{j,\max} - X_j) / (X_{j,\max} - X_{j,\min}) \times 100 \tag{7-4}$$

式中，x_j 为 j 指标标准化值；X_j 为 j 指标的实际值；$X_{j,\max}$ 和 $X_{j,\min}$ 分别为研究区内 j 指标的最大值和最小值。

7.4.4.2　指标权重的确定

当前的指标赋权方法主要分为三类：主观赋权法、客观赋权法以及主客观组合赋权法。主观赋权法主要由专家根据个人经验进行主观判断确定权重；客观赋权法则是运用统计方法，根据各评价指标值具有的特点及相互间的关系计算权重。主观赋权法受到专家个人经验和知识的局限，具有较大的主观随意性且缺乏科学依据；客观赋权法具有较强的数学理论依据，避免了主观赋权法评价结果主观随意性的问题，但对数据的过分依赖使其忽视了决策者和专家的经验认识。主客观组合赋权法是主观赋权法和客观赋权法的综合，其基于主观赋权法和客观赋权法获得的权重，通过建立数学模型，求得主客观权重的组合系数，并依此得到组合权重；该方法解决了主观赋权法和客观赋权法存在的问题，既兼顾了二者的优点，又弥补了各自的不足。因此，本研究采用结合层次分析法和熵权法的主客观组合赋权法确定指标权重。

1）层次分析法指标权重的计算方法

层次分析法的基本原理是根据问题性质和总目标，将问题分解成不同的组成因素，并根据因素间的相互关联及隶属关系，将其划分成不同层次的聚集组合，形成一个多层次的分析模型，从而最终将问题归为最低层相对于最高层（总目标）的相对重要性权重值的确定或相对优劣次序的排序（林爱文和庞艳，2006），具体步骤如下。

第一步：递阶层次结构的建立。将系统中具有相似特征的指标归纳成组，再将新组按照另外的特征进一步归纳，从而形成更高层次指标，直到最终形成单一的层次指标。

第二步：建立判断矩阵。针对上一层次指标，专家按递阶层次结构上每一个上级指标，对其所辖的下一级指标两两间的重要程度进行比较，具体形式如表7-7所示。

表7-7　层次分析法判断矩阵表

A	B_1	B_2	...	B_n
B_1	b_{11}	b_{12}	...	b_{1n}

续表

A	B_1	B_2	...	B_n
B_2	b_{21}	b_{22}	...	b_{2n}
⋮	⋮	⋮	⋮	⋮
B_n	b_{n1}	b_{n2}	...	b_{nn}

注：A 为上一层次某因素；B 为本层次同组各指标；b 为同组间各指标重要性的两两比较值

将矩阵中横、纵向指标进行两两比较量化，根据指标间的差异程度赋上不同值，对角线上为1，另一边作相应比较的逆矩阵，得到完整的判断矩阵结果。在层次分析法中，由 1～9 表示两指标之间的差异标度，具体度量标准如表 7-8 所示。

表 7-8　层次分析法数量差异标度

标度值	说明
1	两个指标具有同样重要性
3	两指标比较，一指标比另一指标稍微重要
5	两指标比较，一指标比另一指标明显重要
7	两指标比较，一指标比另一指标重要得多
9	两指标比较，一指标比另一指标极端重要

注：2、4、6、8 分别为其前后标度间的折中标度值；$1/b_{ij}$ 是两指标的反比较

第三步：层次单排序。层次单排序是根据判断矩阵计算并确定本层次与上一层次中某指标有联系的各指标重要性次序的权重值。其核心问题是计算出判断矩阵的最大特征根以及检验矩阵的一致性。采用和积法进行测算。

将判断矩阵的指标按列进行归一化处理，测算出：

$$\bar{b}_{ij} = b_{ij} / \sum_{k=1}^{n} b_{kj} \quad i,j = 1,2,\cdots,n \tag{7-5}$$

对按列进行归一化处理的判断矩阵按行进行求和计算：

$$\overline{W}_i = \sum_{j=1}^{n} \bar{b}_{ij} \quad i = 1,2,\cdots,n \tag{7-6}$$

将向量 $\overline{W}_i$ 进行归一化操作：

$$W_i = \overline{W}_i / \sum_{i=1}^{n} \overline{W}_i \quad i = 1,2,\cdots,n \tag{7-7}$$

则 $W = [W_1, W_2, \cdots, W_n]^T$ 即为所求的特征向量。并以此计算最大特征根：

$$\lambda_{max} = \sum_{i=1}^{n} \frac{(AW)_i}{nW_i} \tag{7-8}$$

式中，$(AW)_i$ 为向量 AW 的第 i 个分量。

此外，需要检验判断矩阵的一致性，以确认矩阵不存在常识性的逻辑错误。为了检验判断矩阵的一致性，需要计算其一致性指标，计算公式如下。

$$CI = \frac{\lambda_{\max} - n}{n - 1} \tag{7-9}$$

当 CI＝0 时，判断矩阵具有完全一致性；反之，CI 越大，表示判断矩阵的一致性越差。为了检验判断矩阵是否具有令人满意的一致性，需要将 CI 与平均随机一致性指标 RI（表7-9）进行比较。

表7-9 平均随机一致性指标 RI

阶数（n）	1	2	3	4	5	6	7	8	9
RI	0.00	0.00	0.58	0.90	1.12	1.24	1.32	1.41	1.45

通过计算判断矩阵一致性指标 CI 与平均随机一致性指标 RI 之比，得出 CR：

$$CR = \frac{CI}{RI} \tag{7-10}$$

如果 CR<0.1，说明判断矩阵通过一致性检验；如果 CR>0.1，说明判断矩阵未通过一致性检验，需要进行调整。

2）熵权法指标权重的计算方法

"熵"源于热力学，信息熵现在已普遍被引入其他领域。熵权法的计算基础为样本观测值，其是从客观数据的角度为研究对象赋权，是一种典型的客观赋权法。熵权理论认为，对于某一指标的单个样本观测值，数据差异越大，该指标对系统整体的比较作用就越大，其包含和传递的信息也越多，应赋予较高的权重（唐韵，2011）。熵权法权重的具体计算公式为

$$e_j = -(\ln m)^{-1} \sum_{i=1}^{m} p_{ij} \ln p_{ij} \tag{7-11}$$

$$p_{ij} = d_{ij} / \sum_{i=1}^{m} d_{ij} \tag{7-12}$$

$$w_j = (1 - e_j) / \sum_{j=1}^{n} (1 - e_j) \tag{7-13}$$

式中，e_j 为指标 j 的信息熵；d_{ij} 为标准化后居民点斑块 i 的指标 j 的分值；p_{ij} 为指标 j 下居民点斑块 i 的特征比例；w_j 为指标 j 的熵权权重；m 为居民点斑块个数；n 为指标数。

3）主客观组合赋权法权重的确定

依据层次分析法和熵权法得出的权重，再通过式（7-14）~式（7-16）计算

组合权重。

$$\alpha = \sum_{i=1}^{m} \left\{ \left(\sum_{j=1}^{n} d_{ij} w_j \right) \left[\sum_{j=1}^{n} d_{ij} (w_j + h_j) \right] \right\} \Big/ \sum_{i=1}^{m} \left[\sum_{j=1}^{n} d_{ij} (w_j + h_j) \right]^2 \quad (7\text{-}14)$$

$$\beta = \sum_{i=1}^{m} \left\{ \left(\sum_{j=1}^{n} d_{ij} h_j \right) \left[\sum_{j=1}^{n} d_{ij} (w_j + h_j) \right] \right\} \Big/ \sum_{i=1}^{m} \left[\sum_{j=1}^{n} d_{ij} (w_j + h_j) \right]^2 \quad (7\text{-}15)$$

$$z_j = \alpha w_j + \beta h_j \quad (7\text{-}16)$$

式中，α 为熵权法权重的组合权重系数；β 为层次分析法权重的组合权重系数；w_j 为指标 j 的熵权法权重；h_j 为指标 j 的层次分析法权重；z_j 为指标 j 的组合权重。

经计算，得到农村居民点综合影响力各评价指标权重，见表 7-10。

表 7-10　农村居民点综合影响力评价指标权重

目标层	准则层	指标层	综合权重	指标属性
综合影响力评价	自然条件	地形位指数	0.13	负向
		坡向	0.08	正向
	区位	距交通干道最近距离	0.08	负向
		距镇区最近距离	0.13	负向
		距水源地最近距离	0.05	负向
		距独立工矿最近距离	0.03	负向
	居民点本底条件	居民点面积	0.14	正向
		斑块分形维数	0.03	负向
		农用地等级	0.04	正向
		耕地面积	0.09	正向
		林地面积	0.01	负向
	社会经济规模	村工农业总产值	0.11	正向
		村人均纯收入	0.08	正向

7.4.5　农村居民点综合影响力分值计算

参考相关文献中关于综合评价方法的应用（徐保根等，2012；孔雪松等，2012；李鑫等，2013），采用多因素综合分析法计算农村居民点综合影响力分值。其计算公式为

$$M = \sum_{j=1}^{n} z_j d_j \quad (7\text{-}17)$$

式中，M 为农村居民点综合影响力分值，分值越大，农村居民点的综合影响力越

大，反之越小；d_j 为指标 j 的标准化值；z_j 为指标 j 的组合权重。

7.4.6　农村居民点综合影响力评价结果与分析

7.4.6.1　农村居民点综合影响力评价结果

通过式（7-17）计算得到海棠镇农村居民点综合影响力。全镇各农村居民点综合影响力分值直方图如图 7-11 所示。

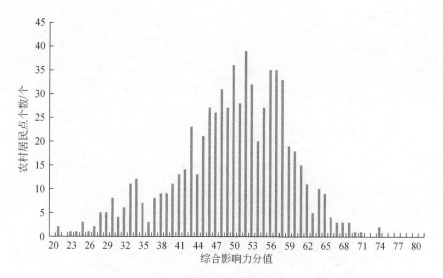

图 7-11　海棠镇农村居民点综合影响力分值直方图

海棠镇农村居民点综合影响力的最大分值为 73.21，最小分值为 20.25，平均分值为 49.26。692 个农村居民点中，综合影响力分值超过平均值的为 381 个，占总数的 55.06%；小于平均值的有 311 个，占总数的 44.94%；其中，528 个农村居民点的综合影响力分值介于 40~60，占总数的 76.30%。

7.4.6.2　农村居民点综合影响力等级划分及分布现状

依据综合影响力分值，通过自然断点方法，分别将海棠镇农村居民点分成村级影响力居民点、社级影响力居民点和零星居民点 3 个等级。3 个不同等级的农村居民点的综合影响力大小分别介于 55.66~73.21、40.67~55.66 和 20.25~40.67。各等级农村居民点的空间分布如表 7-11 和图 7-12 所示。

表 7-11　各等级农村居民点空间分布统计

村名	村级影响力居民点		社级影响力居民点		零星居民点	
	面积/hm²	个数/个	面积/hm²	个数/个	面积/hm²	个数/个
古林村	31.78	32	19.36	42	1.03	9
海棠村	39.96	44	11.31	26	0.00	0
建生村	39.95	64	9.04	30	0.00	0
金子村	0.00	0	32.98	57	3.24	14
龙凤村	0.00	0	34.81	32	11.48	33
清泉村	10.34	4	39.55	98	14.21	55
土桥村	21.20	16	5.64	15	0.00	0
小河村	16.65	13	26.77	30	1.53	7
庄严村	23.69	10	27.40	61	0.00	0
合计	183.57	183	206.86	391	31.49	118

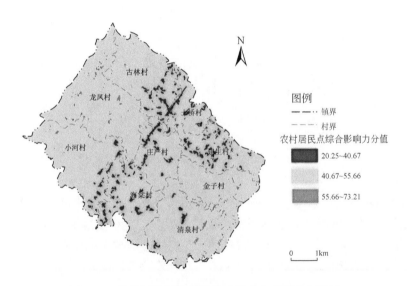

图 7-12　海棠镇农村居民点综合影响力空间分布现状

1）村级影响力居民点

村级影响力居民点指在村内有一定影响力，在未来农村居民点空间优化布局中将重点发展建设的农村居民点，可能形成符合新农村建设要求、具有一定集聚规模、基础设施较为完善的集中居住点。该类居民点本身自然地理条件相对较好，具有一定的规模，有一定公共服务设施基础，能为集镇分担部分服务功能，范围覆盖村内其他居民点，能对周边一定区域的社会经济发展起到辐射带动作用。全镇村级影响力居民块 183 个，面积 183.57hm²，该类居民块主要分布在建生村、海棠村和古林村，其面积之和占海棠镇全镇村级影响力居民点总面积的60.84%。三个村所在区域地势低平，有龚家河沟、打鱼溪及几个小型水库提供水源保证，又有省道 102 及县道、乡道连接对外交通，加之海棠镇镇政府和场镇在本区域内，区域内农村居民点交通便利，靠近建制镇和水源地，基础设施较为完备，经济活动频繁，故该区域村级影响力农村居民点在个数和面积上都占较大比例。

2）社级影响力居民点

社级影响力居民点指在社内有一定影响力的居民点，其能为附近农村居民点提供一些基本生产生活服务，并保证自给自足，具有一定影响力。全镇社级影响力居民点有 391 个，面积 206.86hm²，该类居民点分散分布在海棠镇中东部地势较为低平的区域，其具备一定的经济规模和影响，但其因在自然条件、区位、土地资源禀赋的某些方面存在不足，影响力较村级影响力居民点小，在远期的发展中可能会被村级影响力居民点兼并，但多数将保持现状。

3）零星居民点

由于综合影响力较小，零星居民点中的居民在未来农村居民点优化中将被迁并到影响力较大的居民点中。全镇零星居民点有 118 个，面积 31.49hm²，该类居民点主要分布在龙凤村和清泉村，两村辖区内多为丘陵地形，资源相对匮乏，且居民点呈零碎散乱布局，远离建制镇区和主要交通线，对外交通不便。

7.5　海棠镇农村居民点空间布局优化方法与方案

海棠镇农村居民点空间布局优化主要遵循以下思路：在遵循优化布局原则及确定农村居民点优化类型的基础上，首先，明确空间布局优化的总体方向，并据此制定出海棠镇农村居民点空间布局优化的具体策略；然后，根据优化策略，从众多影响范围划分方法中选择最佳方法对海棠镇优势农村居民点斑块影响势力范围进行划分；最后，依据综合影响力评价结果以及前述确定的空间优化策略和影响范围划分方法，提出农村居民点空间布局优化方案，并就优化前后海棠镇农村居民点规模及分布格局进行对比分析。

7.5.1　布局优化的原则

农村居民点空间布局优化是一项涉及面广、影响较大的工作，不仅要满足农村居民的生产生活需要，而且要满足区域空间合理利用以及可持续发展的要求，因此在进行农村居民点空间布局优化时，应遵循以下原则。

1）方便生产生活原则

农村居民点是农户居住以及生产生活的场所，为满足农户日常生产生活的基本需求，需要有便捷的交通保证其与生产区、相邻农村居民点以及外界之间的相互联系。农民的生存离不开他们耕作的土地，因此在进行优化布局时要充分考虑农民的耕作半径，以方便其日常的生产工作。如果居民点布局过于集中，就会增加耕作半径，从而给日常的生产带来不利影响；居民点布局过于分散又会使农户无法很好地享受到公共基础设施提供的优质生活服务，给生活带来不便。所以，农村居民点空间布局优化调整应以方便生产生活为基本原则。

2）因地制宜，统筹兼顾原则

海棠镇东部和西部地势较高，东中部地势低平，辖区内地形差异较大。因此，在进行农村居民点空间布局优化时，应当从当地自然地理条件出发，因地制宜地做好农村居民点的布局调整和规划，对于自然地理条件较好的区域，可以进行集中居民点的建设，完善基础设施以及公共服务设施；对于自然地理条件较差的区域，应引导该区域规模较小居民点的农户到条件较好的区域居住。另外，农村居民点的空间布局优化，必须从全镇的发展全局出发，使区域居民点形成一个多层次、功能互补的有机整体。

3）节约集约用地原则

由于城市的扩张，当前建设用地的供需矛盾日益尖锐，而建设用地与农用地间的矛盾也逐渐凸显。相较于城市土地的紧缺，农村居民点用地利用率较低，居民点内部存在大量闲置土地。对农村居民点空间布局进行优化，充分利用居民点内部的闲置土地，并将分布较为偏远、利用效率较低的居民点拆并到条件较好的区域集中居住，能提高居民点土地节约集约水平和利用效率，而且适当集中居住也便于为农户提供更好的基础设施服务。

4）衔接相关规划，促进地方经济发展原则

农村居民点空间布局优化调整要与当地的土地利用总体规划、区域发展规划及国民经济发展规划等相关规划相衔接，从当地的自然、社会、经济等方面的长远利益出发，以有利于区域经济持续发展为目标，杜绝重复建设造成的资源浪费。

5）可持续发展原则

农村居民点空间布局优化要充分体现可持续发展理念，注重与自然生态环境相协调。布局优化要有利于自然、经济与社会的协调发展，通过积极实施生态移民工程以及对土地适度且高效的利用，以达到对自然资源进行合理利用与有效保护，保持经济持续增长、生态环境良性发展的目的。

6）综合影响力最大化原则

农村居民点综合影响力能够较为全面地反映农村居民点在自然、区位、社会、经济方面的现状优势度以及未来发展潜力。农村居民点空间布局优化应该在满足上述 5 个优化原则的基础上，实现各农村居民点综合影响力的最大化，以最大限度地改善农村居民点生产生活条件。

7.5.2　农村居民点优化类型划分

将海棠镇农村居民点优化类型划分为城镇化型、重点发展型、保留型和迁并型四类（图 7-13）。

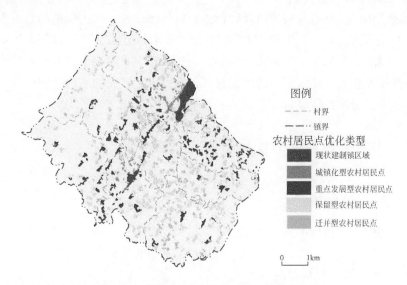

图 7-13　海棠镇农村居民点优化类型分布图

1）城镇化型农村居民点

城镇化型农村居民点是位于镇区发展规划范围内的农村居民点，将来该类农村居民点用地将通过征地转为国有建设用地进行镇区的建设。海棠镇城镇化型农村居民点分布在海棠镇两个集镇周边区域，总规模为 35.14hm²。

2）重点发展型农村居民点

重点发展型农村居民点是综合影响力较强的农村居民点。海棠镇重点发展型农村居民点规模为 174.95hm²，主要分布在海棠镇中部和东部的海棠村、庄严村以及建生村。这类农村居民点具有良好的自然条件以及较好的经济实力、区位、基础设施条件，发展潜力高，对周边其他农村居民点具有较强的辐射影响作用，能够对周边农村居民点的发展有一定带动作用。另外，该类居民点在自我发展的同时，也可能作为周边迁并型农村居民点的迁并目标地，是一定范围内农村居民点建设发展的中心。

3) 保留型农村居民点

在确定了城镇化型和重点发展型农村居民点后，将重点发展型农村居民点周边、综合影响力分值处在中等水平的农村居民点划分为保留型农村居民点。海棠镇保留型农村居民点的规模为 170.08hm²，其均匀分布于海棠镇全境。此类农村居民点具有一定的人口规模，但条件一般，竞争力不强，且农村居民点内部用地集约利用程度也较低，属于最基层的农村居民点。

4) 迁并型农村居民点

除城镇化型、重点发展型以及保留型农村居民点外，将剩余的综合影响力较小的农村居民点划为迁并型农村居民点。海棠镇迁并型农村居民点规模为 41.74hm²，其主要分布在海棠镇西部和东部的丘陵地形区。这类农村居民点大多自然条件较为恶劣、经济实力薄弱，且区位较差，加之交通不便，致使居民点缺乏发展活力，房屋日渐破败，甚至威胁着居住农户的正常生产生活。

7.5.3 农村居民点空间优化方向与策略

7.5.3.1 优化方向

为了实现不同规模不同功能定位的农村居民点的空间良性互动以及对土地资源的高效且适度利用，海棠镇农村居民点总体的优化方向主要有两方面。

1) 散中有聚，科学规划

海棠镇辖区内东西部地势较高，为明月峡背斜低山区（西山），海拔在400~900m，坡度较大，中部为桃花溪河二级台地，地势低平，呈槽谷地貌。从全镇来看，位于东西部丘陵地形区的农村居民点，无论从地形条件、区位条件还是居民点社会经济规模都较中部平坝地形区域差。丘陵地形区农村居民点空间布局优化遵循"适度集中，散中有聚"的原则（刘明皓等，2011），从提高农村土地的利用效率、降低政府的管理成本以及对基础设施的投入角度，应推行农村居民点集中布局建设。但丘陵地形区的地形条件制约了农村居民点的大规模集中，并且从农业生产出发，为了使劳动力和生产资料更接近生产地点，需要农村居民点存在一定的分散，但分散中应该尽量避免散乱布局，做到散中有聚。综合考虑自然、社会、经济等对居民点区位的影响，实现对农村居民点的科学规划。

2）内部挖潜，就近迁并

为了提高农村居民点土地利用率。以海棠镇的相关规划为基础，将一部分居民点作为集中居住点，将条件较差的迁并型农村居民点中的居民基于就近原则迁移到集中居住点居住，最终实现在保证农户日常生产生活方便的前提下，提高农村居民点用地的利用率，并改善当地人的生活条件的目标。

7.5.3.2　具体优化策略

依据中国地形分类的相关研究成果（涂汉明和刘振东，1991；王妍等，2006），将海棠镇按平坝地形（起伏度<20m，海拔<500m）和丘陵地形（起伏度20~200m，海拔≥500m）分为两大类；再根据海棠镇农村居民点综合影响力评价的结果，并综合《海棠镇土地利用总体规划（2006–2020）》和《长寿区新农村集中居民点布点整合规划》（2013年编制）关于海棠镇主要农村集中居民点的规划安排，提出基于不同地形的农村居民点空间布局优化策略（表7-12）。

表7-12　海棠镇农村居民点空间布局优化策略

地形	居民点优化类型	综合影响力	斑块面积/hm²	优化策略
平坝	城镇化型居民点	无限制	无限制	位于镇区规划范围内的纳入城镇体系
	重点发展型居民点	[58.48，73.21]	无限制	加大建设力度，形成一定集聚规模
	保留型居民点	[48.63，58.48)	≥0.1	
		[39.12，48.63)	≥1	限制发展，内部挖潜
	迁并型居民点	[48.63，58.48)	<0.1	
		[39.12，48.63)	<1	就近迁移合并到重点发展型居民点中
		[20.25，39.12)	无限制	
丘陵	城镇化型居民点	无限制	无限制	位于镇区规划范围内的纳入城镇体系
	重点发展型居民点	[57.96，73.21]	无限制	加大建设力度，形成一定集聚规模
		[44.07，57.96)	无限制	
		[35.22，44.07)	≥2	
	保留型居民点	[35.22，44.07)	≥0.1	限制发展，内部挖潜
		[20.25，35.22)	≥1	
	迁并型居民点	[35.22，44.07)	<0.1	就近迁移合并到重点发展型居民点中
		[20.25，35.22)	<1	

以综合影响力分值为划分依据，分别将处于两种地形的农村居民点分为重点发展型农村居民点、保留型农村居民点以及迁并型农村居民点三个类型。在此基

础上，通过设置面积门槛，对分类结果进行微调：如果下一级农村居民点斑块面积是上一级平均面积的 2 倍，则该农村居民点斑块提升一个等级；如果上一级农村居民点斑块面积是下一级平均面积的1/2，则该居民点斑块降低一个等级。

在确定农村居民点优化类型的基础上，对不同类型农村居民点采用不同的策略。

（1）处于镇区发展规划范围内的农村居民点，由于未来将成为城镇建设用地，所以无论其属于哪类优化类型，都划为城镇化型农村居民点，将其纳入城镇体系。

（2）重点发展型农村居民点作为海棠镇未来重点发展的农村居民点，将接纳迁并型农村居民点的居民，通过自身内部挖潜及对外扩大居民点范围，形成拥有一定规模的农村居民点。

（3）保留型农村居民点，但限制其规模扩大，只进行内部挖潜，提高居民点用地利用效率。

（4）迁并型农村居民点斑块，应考虑当前中国农村居民"安土重迁"的情结，迁并时应尽量缩短迁移距离，以村内甚至社内迁并为主，宜迁并到最近的重点发展型农村居民点中。

7.5.4　农村居民点影响势力范围的划分方法

7.5.4.1　空间影响范围划分方法分类

农村居民点影响范围的概念由城市影响范围的概念发展而来，即一个空间对象在空间内的影响力辐射范围。当前关于空间影响范围划分方法的研究主要分为经验和理论两大类。

1）经验划分法

通过经验来划分对象空间影响范围的方法主要建立在大量调查的基础之上，即从人流、物流、信息流、资金流、技术流等多种途径开展调查，并根据调查结果，将各流量的联系范围反映在地图上，找出相互交叉的最小部分即划定的空间影响范围。该方法能够有效地确定单一指标下空间对象的影响势力范围，但是对单对象多指标或者多个空间对象的影响势力范围划分存在明显的不足。另外，利用经验划分范围的方法依赖于大量的调查数据，而在实际工作中，全面的数据获取往往存在较大困难，影响该方法的推广应用。

2）理论划分法

进行空间影响范围划分的理论方法主要分为两类：第一类是通过 Voronoi 图

方法及其改进方法划分空间对象的影响范围（邹亚峰等，2012；邹利林等，2012），包括普通 Voronoi 图方法和加权 Voronoi 图方法；第二类是运用引力模型及基于引力模型的改进模型对空间影响范围进行划分（朱雪欣等，2010；杨立等，2011；谢保鹏等，2014），主要包括引力模型、潜力模型、场模型以及断裂点模型等。

7.5.4.2　Voronoi 图方法

Voronoi 图是一种空间分割方法，其在地理学中主要用于界定经济客体的服务范围或空间影响范围（刘仙桃等，2009）。

1）普通 Voronoi 图的定义和性质

普通 Voronoi 图的数学定义是：设 s 为欧氏平面上一个有限的点集，且点集中各点互不相同，p 和 q 为点集 s 中的两个不同的点，x 为欧氏平面上一个不同于点 p 和点 q 的任意一点，其中点 x 和点 p 间的欧氏距离为 $d(x, p)$，点 x 和点 q 之间的欧氏距离为 $d(x, q)$，$s(p)$ 为点 p 在平面上的切分区域，则 $s(p)$ 可以被定义为

$$s(p)=\{x:d(x,p)\leq d(x,q)\,|\,p,q\in s,p\neq q\} \tag{7-18}$$

式中，$s(p)$ 为点 p 的 Voronoi 多边形。集合 s 中的所有点对应的普通 Voronoi 多边形集合 $V=\{s(p_1), s(p_2), \cdots, s(p_n)\}$ 构成了 s 的普通 Voronoi 图 [图 7-14（a）]。其具有以下性质：第一，对于每个普通 Voronoi 图，每个普通 Voronoi 多边形内仅含有一个发生元；第二，普通 Voronoi 多边形内的空间点到对应发生元的距离均小于到其他发生元的距离；第三，位于普通 Voronoi 多边形边上的点到公用此边的发生元的距离相等（张红等，2005）。

2）加权 Voronoi 图的定义和性质

加权 Voronoi 图是普通 Voronoi 图的扩展，其定义与普通 Voronoi 图相似。加权 Voronoi 图的数学定义为设 s 为欧氏平面上一个有限的点集，且点集中的点互不相同，p 和 q 为点集 s 中的两个不同的点，x 为欧氏平面上一个不同于点 p 和点 q 的任意一点，点 x 和点 q 的权重值分别为 w_x 和 w_q，点 x 和点 p 间的欧氏距离为 $d(x, p)$，点 x 和点 q 间的欧氏距离为 $d(x, q)$，点 x 和点 p 间的加权欧氏距离为 $d_w(x, p)=d(x, p)/w_p$，点 x 和点 q 之间的加权欧氏距离为 $d_w(x, q)=d(x, q)/w_q$，$s(p)$ 为点 p 在平面上的切分区域，则 $s(p)$ 可以定义为

$$s(p)=\{x:d_w(x,p)\leq d_w(x,q)\,|\,p,q\in s,p\neq q\} \tag{7-19}$$

式中，$s(p)$ 为点 p 的加权 Voronoi 多边形。集合 s 中的所有点对应的加权 Voronoi 多边形集合 $V=\{s(p_1), s(p_2), \cdots, s(p_n)\}$ 构成了 s 的加权 Voronoi 图 [图 7-14（b）]。

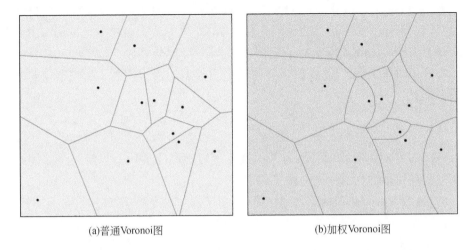

(a)普通Voronoi图　　　　　　　　(b)加权Voronoi图

图 7-14　普通 Voronoi 图与加权 Voronoi 图划分空间影响范围结果对比图

　　加权 Voronoi 图具有以下性质。第一，根据阿波罗尼斯圆给定的两个点的距离之比为不等于 0 和 1 的常数 k 的点的轨迹所组成的图形为圆的定义，当两个发生元的权重相等时，其加权 Voronoi 多边形的共有边是一条直线的一部分；当两个发生元的权重不相等时，其加权 Voronoi 多边形的共有边是一段圆弧。第二，普通 Voronoi 图实质是加权 Voronoi 图所有发生元的权重都相等时的特例。

　　对比上述两种 Voronoi 图方法，普通 Voronoi 图方法的优点是使用简单，缺点是只考虑了空间对象地理位置分布，而忽略了空间对象间的差异；而加权 Voronoi 图方法则综合考虑了空间对象地理位置分布以及对象间的差异。但基于 Voronoi 图的方法都将空间对象看成了质点，没有考虑空间对象自身的一些特性，存在解释能力较弱的缺点。

7.5.4.3　断裂点模型

　　当前引力模型及其改进模型的相关方法中，断裂点模型属于较为成熟的方法。断裂点模型是研究城市与区域相互作用的一种方法，其来源于 W. J. Reily 对商品零售区的范围进行的研究（闫卫阳等，2004）。借鉴万有引力定律，W. J. Reily 提出了"零售引力规律"，其表达为

$$F = \frac{k \times P_A \times P_B}{d_{AB}^2} \tag{7-20}$$

式中，F 为城市 A 对城市 B 的吸引力；P_A 和 P_B 分别为城市 A 和城市 B 的人口；d_{AB} 为城市 A 和城市 B 间的直线距离；k 为经验系数。

而后，P. D. Converse 在 Reily 理论的基础上，提出断裂点模型，用于城市地理学关于城市空间影响范围的确定以及城市经济区划分的研究，指出相邻两个城市间的吸引力平衡处为断裂点，断裂点不是城市吸引力的边界，而是两个城市吸引力优势区域转变的转折点，在断裂点处，两个城市的吸引力相等（闫卫阳等，2004；孙俊等，2012；Anderson et al.，2010）。断裂点计算公式为

$$d_A = d_{AB}/(1+\sqrt{P_B/P_A})\tag{7-21}$$

或

$$d_B = d_{AB}/(1+\sqrt{P_A/P_B})\tag{7-22}$$

式中，d_A 和 d_B 分别为断裂点到城市 A 中心和城市 B 中心的直线距离；P_A 和 P_B 分别为城市 A 和城市 B 的人口；d_{AB} 为城市 A 和城市 B 间的直线距离。

与城市类似，农村居民点之间同样存在着相互影响作用，每个农村居民点都有一个影响范围，范围的大小和农村居民点综合影响力的大小有关。因此，断裂点模型适用于农村居民点的影响范围划分。

Converse 的断裂点模型在实际应用中也存在一些不足。首先，无论是城市还是农村居民点，其吸引力应反映这个城市或农村居民点各方面的综合实力，因此需建立反映农村居民点综合实力的指标体系进行综合评价，通过综合评价结果来确定其吸引力。其次，公式中仅计算了相邻两个农村居民点间的一个断裂点，而这样的吸引范围边界往往是一条线。因此，在根据平衡点来划定各自吸引范围时，就会出现诸如"过断裂点作垂线方法"以及"用平滑曲线连接相邻断裂点方法"等多种方法（闫卫阳等，2004），具有较大的任意性。

为解决上述问题，本书将通过对断裂点模型进行拓展，并综合加权 Voronoi 图方法，研究海棠镇农村居民点的影响范围的划分方法。

7.5.4.4　利用加权 Voronoi 图的断裂点模型扩展

1）断裂点模型的拓展

为了克服前述传统断裂点模型存在的不足，将 P_A 和 P_B 表示农村居民点 A 和 B 的综合影响力，得到如下计算式：

$$d_A/d_B = \sqrt{P_A/P_B}\tag{7-23}$$

即农村居民点 A 和 B 间断裂点到农村居民点 A 和 B 中心的直线距离之比等于农村居民点 A 和 B 综合影响力之比的平方根。

另外，单个断裂点具有上述性质，则农村居民点 A 和 B 之间的综合影响力吸引力平衡线上的其他点同样具有此性质，即农村居民点 A 和 B 之间综合影响力吸引力的平衡线——断裂线，到农村居民点 A 和 B 中心的直线距离之比为两农村居民点综合影响力之比的平方根。

断裂线具有两个性质：第一，两农村居民点综合影响力相等，则其空间影响范围的断裂线是两农村居民点连线的垂直平分线；第二，两农村居民点综合影响力不相等，即d_A/d_B为不等于 1 的常数，则根据阿波罗尼斯圆的定义，两农村居民点空间影响范围的断裂线为圆弧。

2）基于拓展断裂点模型的加权 Voronoi 图

从断裂线的性质可以发现，其与相邻加权 Voronoi 多边形共有边的性质一致。所以，用两个农村居民点作为发生元，以两农村居民点综合影响力的平方根$\sqrt{P_A}$和$\sqrt{P_B}$作为权重值，生成加权 Voronoi 图，生成的加权 Voronoi 多边形的共有边是唯一的，而农村居民点空间影响范围的断裂线也是唯一的。通过此方法划分海棠镇农村居民点的空间影响范围，解决了传统断裂点模型结果多解性和随意性的问题。

因此，选择基于拓展断裂点模型的加权 Voronoi 图方法作为海棠镇农村居民点的影响范围的划分方法。

7.5.5　农村居民点空间布局优化方案

前面对海棠镇农村居民点优化类型进行了划分，并针对不同类型的农村居民点制定了针对性的优化策略。接下来，需要确定迁并型农村居民点的迁移方向问题。使用基于拓展断裂点模型的加权 Voronoi 图方法作为海棠镇农村居民点影响范围的划分方法，以辅助解决迁并型农村居民点的迁移方向问题。

根据海棠镇农村居民点优化类型的划分结果，海棠镇未来重点发展的重点发展型农村居民点共有 143 个，若全部重点发展型农村居民点参与加权 Voronoi 图计算，将会造成重点发展型农村居民点斑块的影响范围变小，不利于形成较成规模的农村居民点。因此，选取相互间具有一定距离且面积较大的重点发展型居民点作为优势农村居民点进行质心化，并作为发生元，以各优势农村居民点的综合影响力分值的平方根作为权重值，生成加权 Voronoi 图。加权 Voronoi 图各多边形内部的迁并型农村居民点的迁移方向为该影响范围的发生元。该方法通过对不同类型农村居民点进行分类管理，指导农村居民点迁移合并，不是对区域农村居民点空间进行彻底改变，而是进行局部调整，既不会对现有居民点体系造成剧烈影响，又可以解决居民点散乱分布造成的土地资源和基础设施浪费。另外，农村居民点的就近迁移安置，不仅充分考虑了搬迁农户日常耕作距离的问题，同时也最大限度地降低了农民搬迁之后的环境陌生感（邹亚峰等，2012）。具体农村居民点迁移合并方案见图 7-15。

将迁并型居民点的农村居民迁移安置到其对应发生元所在地，根据《重庆市土地管理规定》对农村人均宅基地面积的要求，确定 30m²/人的宅基地建设标

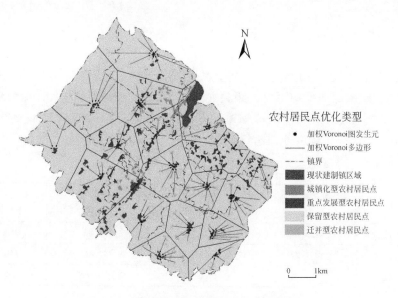

图 7-15　海棠镇农村居民点空间布局优化方案

准，在原有优势农村居民点的基础上扩建或新建较成规模的农村居民点。经过空间优化布局后，海棠镇的农村居民点空间分布如图 7-16 所示。

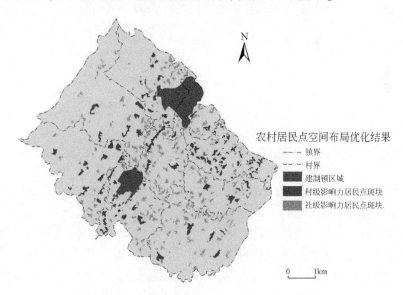

图 7-16　海棠镇农村居民点空间布局优化结果

7.5.6　优化前后结果对比

由表 7-13 可知，通过优化，全镇农村居民点距交通干道平均距离、距镇区平均距离、距水源地平均距离、距独立工矿平均距离分别由优化前的 425.22m、1632.67m、571.82m、953.33m 缩短到优化后的 331.22m、1465.94m、342.66m、846.82m，距离缩短幅度分别达到了 22.11%、10.21%、40.08%、11.17%。

表 7-13　海棠镇优化前后农村居民点区位特征对比　（单位：m）

时期	距交通干道平均距离	距镇区平均距离	距水源地平均距离	距独立工矿平均距离
优化前	425.22	1632.67	571.82	953.33
优化后	331.22	1465.94	342.66	846.82
优化前后变化量	-94.00	-166.73	-229.16	-106.51

从表 7-14 则可以发现，通过优化，全镇农村居民点斑块总面积从优化前的 421.92hm² 减少到优化后的 353.73hm²，减少了 16.16%；居民点斑块密度由优化前的 14.74 个/km² 降低到 8.94 个/km²，降低幅度达 39.35%；居民点平均斑块面积则从优化前的 0.61hm² 增大到 0.84hm²，增加了 37.70%。

表 7-14　海棠镇优化前后农村居民点特征对比

时期	居民点斑块总面积/hm²	居民点斑块密度/（个/km²）	居民点平均斑块面积/hm²
优化前	421.92	14.74	0.61
优化后	353.73	8.94	0.84
优化前后变化量	-68.19	-5.8	0.23

表 7-13、表 7-14 及图 7-16 反映出，经过空间布局优化，海棠镇农村居民点的区位条件得到了较大改善，距交通干道、镇区、水源地以及独立工矿的平均距离都大幅缩短，使得农村居民日常生产生活出行变得更加便捷；另外，空间布局优化也大大改善了海棠镇农村居民点"小、散、乱"的空间分布现状。面积小、区位条件差的农村居民点被归并，居民点的斑块密度大幅下降，平均规模增大，特别是辖区内主要处于丘陵区域的龙凤村和清泉村，其分散分布的居民点实现了一定规模的集聚。这不仅加强了土地资源的集约利用，实现了非农建设用地指标的节余，而且通过推进农村居民点一定规模的集聚，大大减少了政府在基础设施

建设上的浪费。

7.6　本 章 小 结

本章立足新型城镇化发展及社会主义新农村建设对农村居民点布局优化的要求，以城乡统筹的基本思想为指导，根据重庆市区域划分，选择位于重庆市未来"统筹城乡"与"四化同步"重点区域——同城化发展先行区的长寿区海棠镇作为研究区域，遵循"理论研究—现状分析—综合评价—实证检验"的逻辑思路，以农村居民点优化作为研究单元，深入剖析重庆市长寿区海棠镇农村居民点空间分布特征，揭示农村居民点空间分布规律；在农村居民点综合影响力理论阐释的基础上，构建农村居民点综合影响力评价指标体系，评价农村居民点的综合影响力，对海棠镇农村居民点进行综合影响力分级，并根据不同综合影响力等级划分的不同农村居民点优化类型制定优化布局策略；最后应用基于拓展断裂点模型的加权 Voronoi 图对研究区内优势农村居民点影响范围进行空间分割，指导迁并型居民点斑块的搬迁方向，形成镇域农村居民点布局优化技术，以期在理论上为镇域农村居民点空间布局优化研究提供新的思路，在实践上为地形较为复杂区域的农村居民点布局规划提供方法指引及案例参考。结论如下。

（1）综合影响力能够很好地反映农村居民点的综合实力，为后续对居民点的评价和空间布局优化提供理论支撑。空间相互作用理论作为城市地理学的经典理论，其认为由于资源的区域性与稀缺性，空间中任何区域都不可能独立存在和发展，即需要通过区域间的相互作用的驱动。在此过程中，一些区域由于人口、资金、信息的频繁交流，形成相互作用的集中地从而快速发展，因此区域发展的优势程度可以通过相互作用的强度来衡量。农村居民点同样具有产生空间相互作用的自然条件和社会经济条件，为反映农村居民点的综合实力，引入综合影响力；综合影响力的理论基础来源于空间相互作用理论，其概念、内涵以及影响机制很好地剖析了农村居民点间的相互作用原理，论证了综合影响力和农村居民点综合实力的兼容性，因此成为居民点评价和优化的核心概念，为后续研究提供了理论支撑。

（2）通过农村居民点空间布局优化，农村居民点"小、散、乱"的空间分布现状得到较大改善，空间分布更加合理，资源利用更加集约高效。通过制定基于不同地貌类型的优化策略，利用基于拓展断裂点模型的加权 Voronoi 图方法划分优势居民点的影响范围，优化农村居民点的空间格局。优化后，农村居民点距交通干道平均距离、距镇区平均距离、距水源地平均距离以及距独立工矿平均距离均有改善；农村居民点的斑块总面积和斑块密度降低，单个居民点平均斑块面积增加，农村居民点的斑块密度大幅下降，特别是丘陵地区分散分布的居民点实现了一定规模的集聚。这不仅加强了土地资源的集约利用，实现了非农建设用地指标的节余，而且通过推进农村居民点一定规模的集聚，大大减少了政府在基础设施建设上的浪费。

（3）基于综合影响力评价的农村居民点空间布局优化是一个复杂过程，涉及经济学、地理学等多个学科领域。其对于改善人地关系、推进城乡统筹有着重要的意义；对重庆市乃至全国其他区域解决地形较为复杂区域的农村居民点布局规划具有重要的指导价值。但部分问题有待进一步深入研究。

其一，本书并未涉及农村居民的搬迁意愿，但在实际优化过程中，优势居民点的居民是否愿意扩建改造居民点以接纳迁移的农村居民、被迁移的农村居民是否愿意搬迁等意愿问题对于居民点空间优化方案的制定起着相当重要的作用，这是未来需要进一步研究的问题。

其二，农村居民点空间布局优化是中国经济社会发展新阶段的必然要求，是对当前土地利用模式与经济社会发展对土地需求矛盾突出情况的应变调整，是破解城乡二元结构的一个重要举措；空间布局优化的内容与方向随不同经济社会发展水平的区域、同一区域不同的经济社会发展阶段的土地利用结构变化而变化。随着中国农村经济社会发展的不断转型，以及城乡统筹战略与新型城镇化建设的逐步推进，其对同一区域不同阶段的农村土地利用也有新的要求。本章虽然基于不同的地形制定差异化的优化策略，开展农村居民点空间布局优化，但对于农村居民点空间布局优化的阶段性路径与策略的研究尚有欠缺。另外，优化后农村居民点空间布局效果的动态反馈监测机制也值得深入研究。

其三，农村居民点空间布局优化需要以乡村生产、生活和生态空间重构为核心的土地整治作为平台进行整体推进。当前，土地整治正快速改变中国农村的土地利用形态，要更好地实现土地整治助推农村居民点空间布局优化，关键在于开展土地整治相关政策机制与模式的创新。只有在高效的土地整治平台上开展科学的空间布局优化，才能建设"生产发展、生活宽裕、乡风文明、村容整洁、管理民主"的富裕美丽社会主义新农村，从而促进农村的高质量发展。

参 考 文 献

孔雪松, 刘耀林, 邓宣凯, 等. 2012. 村镇农村居民点用地适宜性评价与整治分区规划 [J]. 农业工程学报, 28 (18): 215-222.

李鑫, 甘志伍, 欧名豪, 等. 2013. 农村居民点整理潜力测算与布局优化研究: 以江苏省江都市为例 [J]. 地理科学, 33 (2): 151-156.

林爱文, 庞艳. 2006. 农村居民点用地整理适宜性的递阶模糊评价模型 [J]. 武汉大学学报 (信息科学版), 31 (7): 624-627.

刘明皓，戴志中，邱道持，等．2011．山区农村居民点分布的影响因素分析与布局优化［J］．经济地理，31（3）：476-482.

刘仙桃，郑新奇，李道兵．2009．基于 Voronoi 图的农村居民点空间分布特征及其影响因素研究——以北京市昌平区为例［J］．生态与农村环境学报，25（2）：30-33，93.

孙俊，潘玉君，和瑞芳，等．2012．地理学第一定律之争及其对地理学理论建设的启示［J］．地理研究，31（10）：1749-1763.

唐韵．2011．基于 AHP-熵权法的浙江高校科研项目绩效评价研究［D］．杭州：浙江工业大学．

涂汉明，刘振东．1991．中国地势起伏度研究［J］．测绘学报，20（4）：311-319.

王薇，陈为峰．2008．黄河三角洲土地整理生态评价研究［J］．中国土地科学，22（1）：65-70.

王妍，刘洪斌，武伟，等．2006．基于 GIS 的三峡库区地貌形态信息统计分析［J］．测绘科学，31（2）：93-95.

谢保鹏，朱道林，陈英，等．2014．基于区位条件分析的农村居民点整理模式选择［J］．农业工程学报，30（1）：219-227.

徐保根，赵建强，薛继斌，等．2012．村级土地规划中的农村居民点用地方式适宜性评价［J］．中国土地科学，26（1）：27-31.

闫卫阳，秦耀辰，郭庆胜，等．2004．城市断裂点理论的验证、扩展及应用［J］．人文地理，19（2）：12-16.

杨立，郝晋珉，王绍磊，等．2011．基于空间相互作用的农村居民点用地空间结构优化［J］．农业工程学报，27（10）：308-314.

杨万忠．1999．经济地理学导论［M］．上海：华东师范大学出版社．

张红，王新生，余瑞林．2005．基于 Voronoi 图的测度点状目标空间分布特征的方法［J］．华中师范大学学报（自然科学版），39（3）：422-426.

周广生，渠丽萍．2003．农村区域规划与设计［M］．北京：中国农业出版社．

朱雪欣，王红梅，袁秀杰，等．2010．基于 GIS 的农村居民点区位评价与空间格局优化［J］．农业工程学报，（6）：326-333.

邹利林，王占岐，王建英．2012．山区农村居民点空间布局与优化［J］．中国土地科学，26（9）：71-77.

邹亚峰，刘耀林，孔雪松，等．2012．加权 Voronoi 图在农村居民点布局优化中的应用研究［J］．武汉大学学报（信息科学版），37（5）：560.

Anderson S，Volker J，Phillips M．2010．Converse's Breaking-Point Model Revised［J］．Journal of Management and Marketing Research，3：1-10.

Miller H J．2005．Necessary space-time conditions for human interaction［J］．Environment and Planning B：Planning and Design，（32）：381-401.

第8章　丘陵山区村域农村居民点空间重构：长寿区海棠村、潼南区中渡社区、石柱县八龙村实证

　　农村居民点是农村土地利用的重要组成部分，农村居民点空间重构是农村土地利用问题研究的重点（刘明晧等，2011；曲衍波等，2012；吴俊等，2021）。由于中国宅基地的福利功能和村庄规划建设管理的长期缺位，以及农村基础设施建设等方面的发展相对滞后，农村居民点"外扩内空"的现象日益严重，村庄空心化现象备受关注。空心村是农村经济社会转型发展中出现的一种乡村地域系统退化性演变的结果，造成了农村土地资源的浪费和低效利用，有必要对农村居民点布局及其演化特点与发展趋势进行研究，为调整和优化现有农村居民点，合理减少居民点用地规模，充分挖掘农村居民点整理潜力，改变零星居民点的生活居住环境，以及促进农村社会经济的可持续发展提供依据（冯电军和沈陈华，2014；杨馗等，2021）。近年来，对农村居民点空间重构的研究日益受到重视，如针对不同研究区域总结农村居民点布局优化典型模式（曲衍波等，2021；刘建生等，2013；夏方舟等，2014；谢保鹏等，2014），加权 Voronoi 图空间分割功能（李卫民等，2018；谢作轮等，2014），共生理论构建空间重构策略（王成等，2014），以及中心地理论和扩展断裂点模型（冯电军和沈陈华，2014）等理论和方法被广泛运用到农村居民点空间优化研究中。

　　相较于县域和镇域，村域是农村社会中地缘、亲缘关系最密切的行政单元，无论是农村居民点空间重构模式选择还是整治项目的实施都以村为重要组织单元。本章基于村域尺度，以长寿区海棠村、潼南区中渡社区和石柱县八龙村为案例，探讨农村居民点空间重构相关技术，形成村域农村居民点斑块分级技术、村域空间功能综合分区技术、村域农村居民点选址技术，与区域、县域、镇域农村居民点空间重构技术共同组成农村居民点空间重构体系。

8.1 村域农村居民点空间重构相关基础理论与研究框架

8.1.1 相关基础理论

1）城乡一体化理论

城乡一体化是以城市为中心、小城镇为纽带、乡村为基础，城乡依托、互利互惠、相互促进、协调发展、共同繁荣的新型城乡关系，它是中国现代化的一个新阶段。城乡一体化就是要把工业与农业、城市与乡村、城镇居民与农村居民作为一个整体，统筹谋划、综合研究，通过体制改革和政策调整，促进城乡在规划建设、产业发展、市场信息、政策措施、生态环境保护、社会事业发展的一体化，改变长期形成的城乡二元经济结构（White et al.，2009），实现城乡在政策上的平等、产业发展上的互补、国民待遇上的一致，让农民享受到与城镇居民同等的文明和实惠，使整个城乡经济社会全面、协调、可持续发展（郭焕成和冯万德，1991）。然而"空心村"的出现成了城乡一体化发展的障碍，导致了农村在人口、资金、基础设施等方面的空心及农村与城市在事实上的割裂（房艳刚和刘继生，2009）。因此，必须加强城乡一体化发展，改变城乡二元结构现状，使得城乡对立、分割的矛盾彻底转化为人与自然的和谐关系（Sauer，1925）。

2）土地资源优化配置理论

土地资源优化配置理论源于经济学上的资源稀缺性理论，主要包括土地利用结构优化、土地空间布局优化、土地集约利用配置和土地利用效益优化四个方面的内容（邱道持，2005）。加强对农村土地的综合整治，改变农村土地粗放利用的局面，是实现土地资源优化配置的主要途径之一。当前中国农村用地方式粗放，不仅浪费土地资源，而且不利于中国农村生产和生活环境的改善，无法实现城乡协调发展。因此，必须形成结构合理、布局紧凑的农村建设用地配置格局。

3）推-拉理论

西方古典推-拉理论认为，劳动力迁移是由迁入地与迁出地的工资差别引起的。现代推-拉理论认为，迁移的推拉因素除了更高的收入以外，还有更好的职业、生活条件、受教育机会和社会环境等。推-拉理论是解释人口迁移的重要理论之一，形象地揭示了农村人口向城市迁移的动力机制。农村空心化是城乡系统间要素流动及乡村系统要素结构演变的综合反映（卢向虎等，2006），如果把收入、投资、非农就业等看作是离心力，把乡土观念、邻里关系等作为向心力，那么在空心化形成初期，城市对乡村系统具有的拉力与乡村系统自我推力构成了乡村系统演化的离心力，并远大于乡村系统拉力与城市系统推力所构成的向心力；在空心化成长期，离心力保持着绝对优势，农村空心化加快发展。当某些外部约束因素对乡村系统开始产生作用时，离心力与向心力逐渐达到均衡，农村空心化趋于稳定。当制度约束与规划引领作用得以发挥时，乡村系统的向心力超过离心力，促使农村空心化进入衰退期，甚至转向活化振兴状态。

4）劳动力转移理论

20 世纪 80 年代以来，农村改革的不断深入，特别是家庭联产承包责任制的稳定和完善，调动了广大农民的积极性，社会生产力得到了进一步的解放。同时，农村富余劳动力问题也逐渐显现出来。乡镇企业的发展为解决农村富余劳动力就业问题开辟了新的途径，但还不足以吸纳农村富余劳动力。20 世纪 90 年代以来的"民工潮"反映了农村劳动力跨地区流动的客观必然性。21 世纪以来，随着中国城镇化进程的加快，中国农村富余劳动力转移问题已成为全局性问题。农村剩余劳动力的转移使得大量有知识、有技能的青壮年劳动力流出农村，导致农村劳动力数量短缺、耕地撂荒弃耕、宅基地季节性闲置等现象突出；农村年轻人外出，农村老年人口比例明显上升，加快了农村人口的老龄化及劳动力短缺的问题，同时使得流出地农村常住人口文化程度明显下降，导致农村人口空心化（邱道持，2005）。

8.1.2　村域农村居民点空间重构的基本原则

农村居民点规划布局合理与否对农村居民生产生活具有重要影响。居民点布局应满足资源利用合理、生活环境安全卫生和乡村景观面貌美观等要求。居民点的布局应当给人们的工作出行提供便利的交通条件、清洁舒适的居住环境、安全的居住条件和美观生态的整体氛围。因此，农村居民点空间布局重构主要应遵循以下原则。

1）保护耕地、节约集约利用土地的原则

中国土地资源特别是耕地资源严重不足，耕地保护任重道远，农村居民点的合理规划布局，对耕地质量和数量的保护起到了积极的作用。合理布局农村居民点，能够改善土地利用结构，盘活大量闲置土地，调整农业经济结构。农村居民点空间布局优化不仅是保护耕地、提高农村建设用地节约集约利用水平的重要措施，还是适应乡村快速转型、重塑乡村聚落景观、振兴乡村经济的客观要求。

2）安全便利的原则

首先，农村居民点的布局应当为村民的生产、生活提供基础条件。对农村居民点的位置进行选择时应该充分考虑村民出行及从事农田生产活动的便捷性。其次，还必须考虑安全问题，充分评估地质条件，避开自然灾害多发地带。因此，在规划布局时，必须按照有关规范，对建筑的防火、防震、安全疏散等工作进行统一的安排，这有利于防灾、救灾工作。

3）尊重和保护传统民俗的原则

丘陵山区传统民居需要保留原有的乡村风情，需要充分考虑当地原有建筑风格，以及植被种类、数量以及环境等因素，与当地的传统民俗相融合，在进行农村居民点布局优化时，对具有乡土风貌和特色的居民点进行着重保护。

4）与农村经济发展水平、居民收入水平以及生活习俗相适应的原则

农村居民点的规划布局与农村经济发展水平、村民生活水平以及生活习俗密切相关，规划布局需要考虑当地村民的经济状况和生活习俗。此外，农村居民点的规划布局还要注意建设费用的节约，可以通过对居民点用地范围的标准进行合理的把控以节约建设费用。

8.1.3　研究框架

丘陵山区面积广阔，各区域地形地貌条件和社会经济发展条件差异显著，应根据各村实际情况，因地制宜制定农村居民点空间重构策略。本章根据各研究区地形地貌、经济状况等条件的不同，提出三种重构策略，以指导不同区域村域居民点空间重构（图 8-1）。长寿区海棠村位于渝中川东平行岭谷区和低山丘陵区，以平坝、丘陵地貌为主，采用加权 Voronoi 图进行村域农村居民点空间重构；潼南区中渡社区位于渝西浅丘带坝区和丘陵宽谷区，从功能分区角度研究农村居民点空间布局；石柱县八龙村位于渝东中高山区，地形起伏较大，采用基于布局适宜性的农村居民点选址策略。

8.2　基于综合影响力的村域居民点空间重构：长寿区海棠镇海棠村实证

8.2.1　研究区概况

海棠村位于长寿区海棠镇东南部，地处东经 $107°12'49''\sim107°14'30''$，北纬

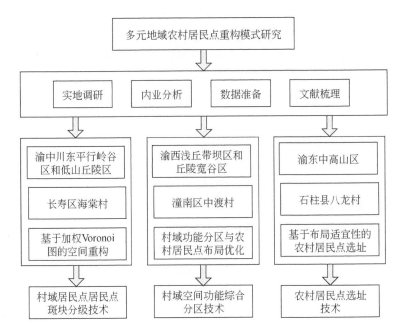

图 8-1　村域农村居民点空间重构研究框架

$30°09'00''\sim30°10'59''$，土地面积 $4.8km^2$。海棠村地处渝中川东平行岭谷区和低山丘陵区，位于四川盆地边缘、川东弧群褶皱带，其海拔在 $400\sim500m$，地貌以平坝、丘陵为主。海棠村属于中亚热带湿润季风气候区，具有气候温和、四季分明、冬暖春早、初夏多雨、盛夏炎热常伏旱、秋多连绵阴雨等特点；降水充沛，多年平均降水量为 1154.8mm；无霜期长，平均无霜期 331 天；年均日照时数 1245.1 小时。区域内以灰棕紫泥田为主，旱地土壤主要为灰棕泥土。水源主要由地表水和地下水构成，其中地表水主要由降雨形成的地表径流补充得到，集中在 $5\sim9$ 月，多年平均径流深约为 638mm；地下水的补给主要受大气降水控制，由地表径流补充，其动态随季节变化而变化。

海棠村辖 9 个农业合作社（图 8-2），2018 年总人口 5002 人。区位、交通优势明显，区内传统的"粮–猪型"经济结构正在发生转变，近年来依据现代粮食园区，着力转变发展方式，绿色大米、莲藕、香菇成为农业的"三朵金花"，2017 年大米成功申请通过绿色产品认证。

8.2.2　数据来源与处理

农村居民点斑块数据来源于长寿区土地利用变更调查（2018 年）；空间数据

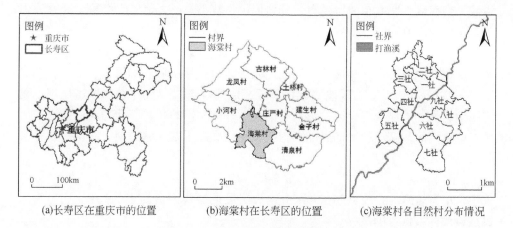

(a)长寿区在重庆市的位置　　　(b)海棠村在长寿区的位置　　　(c)海棠村各自然村分布情况

图 8-2　长寿区海棠镇海棠村区位图

来源于长寿区数字高程模型（DEM）、长寿区 2018 年遥感影像资料；社会经济数据来源于《长寿区海棠镇农经报表（2016～2018 年)》及实地调研。

8.2.3　农村居民点综合影响力评价指标体系构建

8.2.3.1　指标选择

农村居民点综合影响力评价是实现居民点空间重构的前提，将农村居民点综合影响力作为一个系统，根据内部因素之间的关系分为有条理的有序层次，厘清各因素间关系，从自然状况、区位状况和社会经济状况三方面，综合评价全村 84 个居民点斑块，全面把握海棠村村域范围内农村居民点的现状和发展潜力，为优化居民点布局、实现居民点空间重构提供依据。

（1）地形位指数。地形位指数是综合计算高程和坡度属性的数据，由于居民点斑块是面状地物，故居民点斑块的高程值取居民点斑块高程的平均值，坡度值取居民点斑块坡度的平均值，计算公式为

$$T = \lg\left[\left(\frac{E}{\overline{E}} + 1\right) \times \left(\frac{S}{\overline{S}} + 1\right)\right] \tag{8-1}$$

式中，T 为农村居民点斑块的地形位指数；E 为农村居民点斑块的平均高程；$\overline{E}$ 为村域范围内所有居民点的平均高程；S 为农村居民点斑块的平均坡度；$\overline{S}$ 为村域范围内所有居民点的平均坡度。利用式（8-1）计算得到每个居民点的地形位

指数，高程低、坡度小的居民点，其地形位指数小，反之地形位指数大（李云强等，2011；饶卫民等，2007）。

（2）地势起伏度。地势起伏度也称地形起伏度，反映地表起伏变化，常用某一确定面积内最高点和最低点高程之差来表示（涂汉明和刘振东，1991；陈志明，1993）。西南丘陵山区地势起伏明显，居民点斑块包含的农户住房用地、附房用地、晒场用地、宅旁绿地等顺势而建，存在一定的高差，地势起伏度通过居民点斑块内的最高点和最低点的高程差反映居民点所处区域的地表起伏特征，其公式为

$$R = H_{max} - H_{min} \tag{8-2}$$

式中，R 为居民点的地势起伏度；H_{max} 为居民点斑块内最高点的高程；H_{min} 为居民点斑块内最低点的高程。

（3）距公路的距离、距集镇的距离。国道渝巫路自东北向西南贯穿海棠村，指标体系中距公路的距离即是各居民点与渝巫路之间的空间直线距离。集镇位于海棠村中部，距集镇的距离是各居民点到集镇中心的空间直线距离。

（4）居民点斑块面积规模、居民点斑块人口规模、居民点斑块周边区域粮食产量。这三个指标以居民点斑块作为计算单元进行统计，居民点图斑面积规模利用 ArcGIS 软件在土地利用现状图中提取获得，居民点斑块人口规模、居民点斑块周边区域粮食产量通过实地走访调查获得。

8.2.3.2 指标标准化与权重确定

各指标体系的量纲不同，为了让各项指标具有可比性，使各个指标的分值和计算单位统一，需要进行标准化处理（郭庆胜等，2003）。这里采用极值标准化法进行数据处理，根据评价指标与农村居民点综合影响力的正相关、负相关两种关系，分别采用不同的公式：

当评价指标与农村居民点综合影响力呈正相关时，采用式（8-3）：

$$Z_i = (X_i - X_{imax}) / (X_{imax} - X_{imin}) \tag{8-3}$$

当评价指标与农村居民点综合影响力呈负相关时，采用式（8-4）：

$$Z_i = (X_{imax} - X_i) / (X_{imax} - X_{imin}) \tag{8-4}$$

式中，Z_i 为 i 指标标准值；X_i 为 i 指标的实际统计值；X_{imax} 和 X_{imin} 分别为研究区内 i 指标的最大值和最小值。

经过标准化处理，各指标值都处于同一个数量级上，可以进行综合测评分析。采用层次分析法来确定权重，在确定权重过程中通过两两比较建立判断矩阵，最终一致性指标 CI<0.1，通过检验，各指标权重见表8-1。

表 8-1　海棠村农村居民点综合影响力评价指标及权重

目标层	准则层	权重	指标层	权重	总权重
海棠村农村居民点综合影响力	自然状况	0.364	地形位指数	0.524	0.191
			地势起伏度	0.476	0.173
	区位状况	0.325	距集镇的距离	0.328	0.107
			距公路的距离	0.672	0.218
	社会经济状况	0.311	居民点斑块面积规模	0.391	0.122
			居民点斑块人口规模	0.326	0.101
			居民点斑块周边区域粮食产量	0.283	0.088

8.2.3.3　综合影响力分值计算

根据上述各评价因素的权重和标准化值，得到综合影响力分值，计算公式如下。

$$A = \sum_{i=1}^{n} W_i \times X_i \tag{8-5}$$

式中，A 为居民点斑块的综合影响力分值；W_i 为第 i 个评价因素的权重；X_i 为第 i 个评价因素的指标值。通过式（8-5）求得海棠村每个居民点斑块的总分值，其中最高值为 0.738，最低值为 0.173。评价得分越高，其综合影响力越强；反之，则越弱。

8.2.4　结果与分析

8.2.4.1　海棠村农村居民点综合影响力评价结果

综合影响力分值是系统分析海棠村村域范围内各农村居民点的自然、区位和社会经济三方面的情况后得到的分值，能较为全面地反映居民点的现状和发展潜力。通过式（8-5）得到，海棠村农村居民点综合影响力分值位于 [0.173，0.738]。因此，根据各农村居民点斑块的综合影响力分值，将农村居民点划分为重点发展型农村居民点、保留型农村居民点和迁并型农村居民点。为了避免主观分级可能造成的偏差，采用聚类分析对结果进行分级。聚类分析是将物理或抽象对象的集合分组成由类似的对象组成多个类的分析过程（郭庆胜等，2003）。现状条件较好、具有明显发展潜力的居民点斑块划分为重点发展型农村居民点；现状条件较差、限制发展因素较多、发展势头不足的居民点斑块划分为迁并型农村居民点；其余前景较好、有剩余发展空间的居民点图斑划为保留型农村居民点。具体方法是根据计算得到的居民点斑块综合影响力指数，使用欧氏距离计算聚类统计量，通过组间连接法进行系统聚类分析，运行SPSS软件获得聚类分析结果，将海棠村84个农村居民点斑块分成3个发展潜力等级（图8-3）。

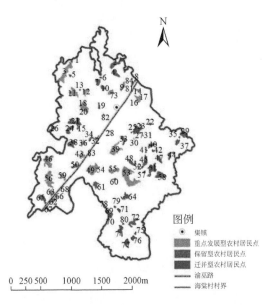

图8-3　海棠村农村居民点图斑发展潜力分级图

通过聚类分析，得到如表8-2所示的各农村居民点的发展定位。重点发展型农村居民点24个，该类型的居民点地势平坦，交通便利，靠近渝巫路，受到来自集镇的辐射带动作用，具备了一定的规模，是未来居民点集聚的中心，零星居民点的搬迁和还建也向此类居民点靠拢。保留型农村居民点42个，这些居民点存在一个或多个限制其发展的因素，使得聚集力相对较弱，将来可能会被中心村兼并，也有可能发展成为另一个中心村。迁并型农村居民点18个，主要分布在海棠村东部和南部地区，北部仅有两个需要拆并的居民点，即5号和6号居民点，这两个居民点规模较小，居住人口较少。另外，5号居民点海拔较高，坡度较大，地形位指数较高，综合影响力分值较低；南部地区共有11个迁并型居民点，其发展势头不足的原因主要是距离渝巫路较远，交通不便，再加上距离集镇较远，集镇的辐射带动力度不足。因此，南部地区居民点发展程度不高，并且都是小规模分散分布，没有形成大面积集中布局的居民点斑块。但这部分居民点所处的区域地势较为平坦，除64号居民点地势起伏度相对较大之外，海棠村南部地区地形位指数相对较低，地势起伏和缓，高程值总体差异不大，在地势起伏度方面的条件也较好，对于西南丘陵山区而言，已经可以算作大规模居民点布局较理想的场所。东部地区靠近渝巫路，距集镇的距离也较近，大部分居民点在距公路的距离、距集镇的距离这两项衡量区位状况的指标上具有明显优势，该区域划分为迁并型的农村居民点均具备良好的区位优势，但在自然状况方面的条件不理想，在海棠村 DEM 图像上可以看出，这些居民点均位于地势起伏较大的地区。23 号、25 号和 42 号居民点坡度较大，地势起伏度也较大，47 号居民点海拔较高，地形位指数和地势起伏度大，拉低了居民点综合影响力分值，需要并入其他更具备发展潜力的居民点。35 号和 57 号居民点自身规模较小，两个居民点的居住人口和粮食产量也较少，社会经济状况优势不足，可以考虑将其迁入规模较大，发展条件更好的居民点。

表 8-2　海棠村农村居民点斑块发展潜力分级

农村居民点	农村居民点斑块编号
重点发展型农村居民点	3、9、11、12、14、16、17、18、19、28、30、31、36、39、43、46、49、53、55、56、59、63、73、82
保留型农村居民点	1、2、4、7、8、10、13、15、20、21、22、24、26、29、32、33、34、37、38、40、41、44、45、48、50、51、52、54、58、60、61、62、65、66、67、68、69、72、78、81、83、84
迁并型农村居民点	5、6、23、25、27、35、42、47、57、64、70、71、74、75、76、77、79、80

8.2.4.2　基于加权 Voronoi 图的居民点迁移方向分析

Voronoi 图常用于空间分割，加权 Voronoi 图则是一种赋予常规 Voronoi 图均质发生元不同权重后，划分新的空间影响范围的一种方式。在某一特定区域内，如果每个发生元有不同的权重，分别以各自的权重为速度向周围扩张形成各自的空间辐射范围，即为加权 Voronoi 图生成的基本思想。设 $P_i(i=1,2,\cdots,n)$ 为二维欧氏空间上的 n 个点，$\lambda_i(i=1,2,\cdots,n)$ 为给定的 n 个正实数，λ_i 为 P_i 的权重，$V_n(P_i,\lambda_i)=\cap j\neq 1\{P\mid d(P,P_i)/\lambda_i<d(P,P_j)/\lambda_j\}(i=1,2,\cdots,n)$ 将平面分成 n 部分，由 $V_n(P_i,\lambda_i)$ $(i=1,2,\cdots,n)$ 确定的对平面的分割称为点上加权的 Voronoi 图（郭庆胜等，2003）。加权 Voronoi 图划分的每个区域内的所有点受该区域发生元的影响最大（闫卫阳等，2003）。

海棠村村域范围内的居民点斑块在自然条件、区位条件和社会经济条件上都存在差异，对周边居民点的影响力也有所不同。重点发展型农村居民点对周边农村居民点有强烈的带动和辐射作用，是该区域农村居民点集聚的中心点。提取重点发展型农村居民点斑块，利用 ArcGIS 10.2 的 Calculate Geometry 功能获取斑块的质心坐标并转换成点，作为发生元点集，农村居民点综合影响力指数作为发生元权重，构建加权 Voronoi 图。加权 Voronoi 图划分的格网区域即为重点发展型农村居民点的空间辐射范围，决定了周边迁并型农村居民点的搬迁方向（图8-4）。

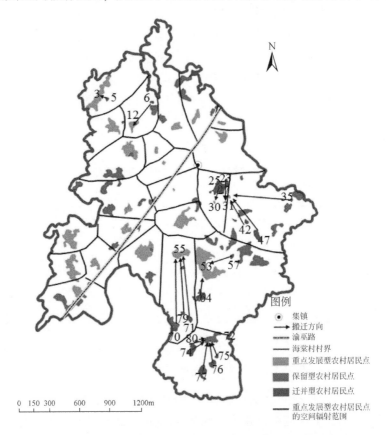

图 8-4　海棠村迁并型农村居民点搬迁方向图

海棠村南部农村居民点分布较集中，地势起伏和缓，但现阶段没有形成重点发展型农村居民点。考虑到村域范围内农村居民点布局的均衡性，以及农户对耕作半径的要求，将发展条件较好的 72 号居民点作为加权 Voronoi 图的一个发生元，权重仍为居民点综合影响力分值。这样既培养了南部地区农村居民点的集聚中心，减少了南部地区迁并型农村居民点的搬迁距离，又保障了农户原有生活方式，缓解了村域范围内农村居民点发展不均匀的情况。因此，加上 24 个重点发展型农村居民点，加权 Voronoi 图有 25 个发生元。

借鉴加权 Voronoi 图，生成重点发展型农村居民点的空间辐射范围，将各自辐射范围内的迁并型农村居民点搬迁至该重点发展型农村居民点附近，既可以减少居民点个数，改变杂乱无序的布局现状，挖掘居民点整理潜力，也有利于建设基础设施，缩减建设成本，同时也充分考虑了农户搬迁前的生活习惯和社交范围，最大限度保证了搬迁后生活的便捷性。

以 25 个农村居民点为加权 Voronoi 图的发生元，生成各农村居民点的空间辐射范围，在各农村居民点空间辐射范围内的迁并型农村居民点受该发生元的影响最大，将其范围内的迁并型农村居民点搬迁至该重点发展型农村居民点内部或周围，确定迁并型农村居民点的搬迁方向，从而达到优化农村居民点空间布局的目的。

海棠村迁并型农村居民点斑块有 18 个，占总数的 21.43%，18 个迁并型农村居民点平均搬迁距离为 299.7m。其中，距离最远的是 70 号居民点搬迁至 55 号居民点，搬迁距离为 693.66m；最近的是 25 号居民点搬迁至 30 号居民点，搬迁距离为 77.60m（表 8-3）。

表 8-3　海棠村迁并型农村居民点图斑的迁并方向

需要迁并的居民点	迁并目的地居民点/个	拆迁面积/m²	拆迁距离/m
5	3	1 149.36	91.26
6	12	895.62	273.54
25	30	12 206.00	77.60
27		1 479.67	137.30
23	31	803.90	132.00
35		723.56	609.91
42		1 304.16	302.09
47		5 385.44	469.97
57	53	1 314.83	270.18
64		7 791.62	319.99
70	55	3 903.69	693.66
71		2 647.80	622.89
79		1 160.84	580.64
74	72	6 870.73	199.94
75		1 258.82	195.04
76		3 890.56	255.16
77		7 549.90	335.52
80		808.78	79.97

（1）5 号居民点搬迁至 3 号，6 号居民点搬迁至 12 号。它们都存在规模小、居住人口少、粮食产量低，以及所在区域海拔较高、坡度较大的现状，不利于居民点的布局。与它们临近的 3 号、12 号居民点已经具备了一定的规模，有足够能力接收搬迁的农户，并且搬迁距离较近，能最大限度地保留农户原先的生活生产习惯。

（2）23 号、35 号、42 号和 47 号居民点向 31 号居民点搬迁，东部地区的居民点迁并主要从自然状况和区位条件方面考虑，31 号居民点虽然不具备较大的现状规模，但所处地势起伏和缓、坡度小，距渝巫路和集镇的距离较近，迁并有利于改善其他居民点居住条件。

（3）25 号居民点所处区域地势起伏度大，可以向附近的 30 号居民点搬迁。30 号居民点虽海拔较高，但地势起伏度仅为 3m，坡度仅为 0.83°，地势较为平坦，适宜居民点布局。

（4）57 号和 64 号居民点搬迁至 53 号居民点附近。这两个居民点与渝巫路和集镇的距离较远，同时 64 号居民点的地势起伏度相对于其他居民点较大，57 号居民点自身规模较小，居住人口和粮食产量较少。53 号居民点是南部地区面积最大、社会经济状况最好的居民点，适宜接收 57 号和 64 号居民点搬迁。

（5）海棠村村域范围内的最南部地区分布有较为密集的居民点集群，这些居民点距离公路和集镇较远，规模较小，现阶段居住人口较少。为保证村域范围内居民点的合理、平衡布局，考虑到南部地区村民生活生产习惯，选择了条件相对较好的 72 号居民点作为将来重点发展的居民点。一方面发展南部区域的集聚中心，使村域居民点布局相对平衡，避免南部地区没有大型居民点布局的现象。另一方面，避免南部区域居民点长距离搬迁，最大限度地保留农户搬迁前的生活习惯。在今后的发展过程中，需要特别注重该区域交通设施的建设，提高居民出行便捷度。

值得注意的是，虽然 70 号、71 号和 79 号居民点在空间上距离 72 号居民点较近，但 72 号居民点的影响力远不及 55 号居民点，72 号居民点的空间辐射范围在向北部延伸时被 55 号居民点压制，在生成的加权 Voronoi 图中，70 号、71 号和 79 号居民点划入了相距较远的 55 号重点发展型居民点，这一迁移方向的选择能有效缓解过多居民点迁向 72 号居民点给发展并不充分的 72 号居民点造成过大的压力。

优化后的海棠村农村居民点数量为 65 个，均为自然环境良好、生产生活条件相对优越且成一定规模的居民点，村域范围内居民点的布局趋于规模化和有序化，为整合农村资源、挖掘农村居民点潜力、建设生态文明新农村提供了有效的参考。从农村居民点所处的自然环境出发，充分考察居民点的区位状况，并结合各居民点的社会经济状况选择重点发展的居民点和需要迁并的居民点，并确定迁并型居民点的搬迁方向。但值得注意的是，农村居民点的搬迁是双向选择的过程，既取决于农村居民点对周边居民点的吸引力，又表现为农户基于自身生计来源、宗室亲缘关系、邻里关系和生活生产习惯的选择。因此，在实际搬迁过程中，需要根据农户意愿予以适当调整，以保证搬迁的可操作性和农户切身利益。

8.3　基于功能分区的村域农村居民点空间重构：潼南区柏梓镇中渡社区实证

8.3.1　研究区域及数据来源

8.3.1.1　研究区概况

中渡社区位于潼南区西南部柏梓镇，东经105°43′00″~105°46′19″，北纬30°04′01″~30°05′46″，全社区土地总面积434.11hm²（图8-5）。西接石坝村，东临郭坡村，北靠樊家村，南临小岭村。中渡社区为侵蚀剥蚀丘陵地貌区，地势北低南高，区域内浅丘带坝地貌特征明显，坡度在3°以下区域占社区面积的80.8%。海拔在249~305.54m。研究区属亚热带湿润季风气候区，气候温和，雨量充沛，降水集中，多年平均降水量为1006mm，主要集中于每年4~10月，多大雨或暴雨，占全年总降水量的76%左右。中渡社区灌溉水源主要来自琼江和道场沟水库，琼江是涪江的主要支流之一，潼南段平均水深6.5m左右，水质良好，水流缓慢。道场沟水库库容27.83万m³，可灌溉108.93hm²耕地，春旱和夏涝仍是影响农业生产的主要灾害。潼南区作为中国西部绿色菜都，是重庆市重要的蔬菜生产基地，中渡社区作为潼南区重点打造的绿色无公害蔬菜产业基地，现有重点产业为蔬菜种植和生猪养殖。村内约有133hm²土地实现流转，规模化、产业化的现代农业经营模式有力地带动了农业经济发展转型，提高了土地产出率和土地利用经济效益。

8.3.1.2　数据来源与处理

空间数据来源于潼南区2018年土地利用变更调查（比例尺为1∶2000）、潼南区2018年遥感影像图（0.5m×0.5m），土壤数据来源于潼南区柏梓镇中渡社区土地整治整村推进实施方案。课题组于2018年12月进行实地调查得到中渡

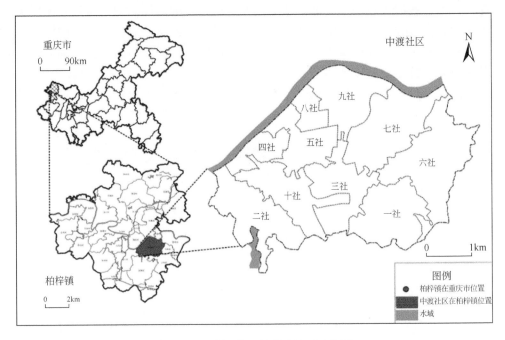

图 8-5　潼南区柏梓镇中渡社区区位图

社区基础设施建设情况等数据，了解农户对居住地的意愿和需求。为了揭示中渡社区最小用地单元空间特征，在 ArcGIS 软件支持下，以土地利用现状数据为基础，建立像元大小为 50m×50m 的栅格数据，并结合已有数据构建空间属性数据库。

8.3.2　中渡社区居民点布局形态特征

中渡社区农村居民点格局经历了长期的演变过程，形成了极富丘陵地区地域特色的居民点格局形态。中渡社区是典型的丘陵地貌区，社区内低丘、平坝相间分布，居民点空间布局形态多样，从中渡社区农村居民点布局现状图（图 8-6）可以看出，农村居民点布局形态主要包括沿浅丘边缘"U形"带状集聚、平坝区"院落式"组团状集聚以及村级公路沿线"珠串式"带状集聚三类（图 8-7）。

1）沿浅丘边缘"U形"集聚带

居民点顺应地势走向，表现为沿浅丘边缘"U形"分布［图 8-7（a）］。在该布局形式下，居民点多面向水田，背靠旱地，水田分布于所面向的平坝区，旱地位于所靠山体上。这类居民点主要分布在地势起伏相对较大的南部和东部区

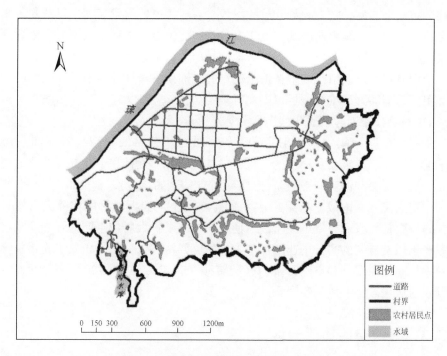

图 8-6　中渡社区农村居民点布局现状图

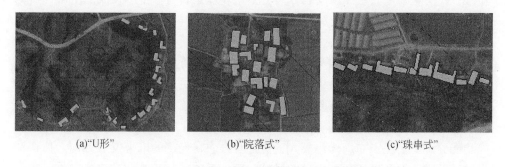

| (a)"U形" | (b)"院落式" | (c)"珠串式" |

图 8-7　中渡社区居民点布局形态特征示意图

域，包括四社、五社、六社、八社和九社。居民点耕作距离短，地缘关系是农户居民点集聚的决定因素（张俊峰等，2013）。当农户改变传统生计方式或者耕地流转，地缘关系被打破，这种"居民点–农田"组合布局形式将不再适应生产发展需要。

2）平坝区"院落式"集聚组团

房屋之间紧紧相连，布局散乱［图 8-7（b）］。地势较为平坦的一社、三社、十社分布较为典型。随着改革开放的深入、农村人口的大量流动，以及收入水平的提高，农户逐步搬离此区域。近年来，这类居民点土地利用效率低，闲置废弃现象明显。对于这类农户，一方面，他们希望能有宽敞整洁的生活空间；另一方面，他们珍视乡邻亲情，希望在追求便利的交通条件和良好生活条件的同时，原有邻里关系能够继续维持，尽可能实行集中居住。

3）村级公路沿线"珠串式"集聚带

受村级公路和集镇的辐射带动，出现沿村级公路的"珠串式"布局形式[图 8-7（c）]。村级公路穿过的一社、二社、三社、七社和十社都有这类居民点分布。区位优势和便利的交通条件是吸引农户集聚的重要因子。20 世纪 80 年代初，中华人民共和国成立后第二次生育高峰期出生的大量村民相继进入婚育年龄，人口数量和家庭数量迅速增加，使得村民有了扩大居住空间的强烈要求。家庭联产承包责任制的实行迅速增加了农民家庭经济收入，部分积累了充足资金的农户率先向交通便利和空间开阔的区域转移（张玉英等，2012），公路两侧开始出现农村居民点，并进一步集聚。

8.3.3　村域空间功能分区

居民点空间布局优化与农业经营条件、生态环境保护有极大的相关性，农业经营方式决定未来农村经济发展方向，生态环境是农村可持续发展的基础，协调村镇建设与地域生态系统的关系成为热点问题之一（陈群元和宋玉祥，2009；郧文聚和宇振荣，2011）。农村居民点空间优化应适应农业经营方式，有利于产业结构调整，强化生态保护和建设。随着新农村建设的发展，人类活动范围扩大、强度增加，维护农村生态系统安全的生态空间受到更加强烈的干扰，进行生态主导功能评价，明确重要生态区域空间分布，促进环境敏感区开展生态保育和生态建设至关重要。基于此，从土地宜耕性和生态功能主导视角入手，探索在不同空间功能分区下居民点布局优化模式，更加契合农村经济的未来发展方向。值得注意的是，宜耕性和生态功能主导的村域分区，反映的是某区域在耕作条件、生态功能方面的整体情况，忽略了各分区中的居民点用地、公路等不适宜耕作和无法评价其生态功能的地类。

8.3.3.1　土地宜耕性分区

从传统家庭式农业向兼具产业化、规模化的高效生态农业转型是农业经济发展的必然趋势，中国农村正处于经济急剧转型期，传统家庭式农业与高效生态农业将长期并存。在农业发展和农户居住需求兼顾的情况下，农村居民点空间优化应与农业生产经营方式相结合，而农业生产经营方式与土地宜耕性存在极强的关联性，居民点的布局也应该与土地宜耕性相适应。

土地宜耕性评价是评定土地用于农作物种植的适合程度的评估活动（周建等，2019；朱德举，2002），包括耕地自然生产潜力和地块耕种需求度两方面。土地宜耕性首先与其自身生产潜力有关，生产潜力反映的是自然属性决定的耕地质量等级（谢春树和赵玲，2005；张友焱和周泽福，2003；侯华丽等2005；郑宇等，2005）。地块耕种需求度是指农业生产对某地块耕种需求的迫切度，农户愿意种植距离居民点近、交通方便的地块（Miller et al.，1998；Steiner et al.，2000；于婧等，2006），流转大户和企业青睐经过土地整治、能够实施机械化耕作的农田。土地宜耕性评价从耕地自然生产潜力和地块耕种需求度两方面选择评价指标，分别评价市场经济条件下自然因素和社会经济因素对土地利用的影响（付海英等，2007），寻求客观潜力与主观需求的有效结合。

1）选择评价指标并确定各指标权重

根据主导性、易获取性、空间变异性和稳定性原则，选择土壤质地、土层厚度、坡度作为耕地自然生产潜力评价要素。土壤质地反映耕地的保水保肥能力和耕作性能，以土壤表层30cm的平均质地为标准进行划分；土层厚度指从自然地表到障碍层或石质接触面的土壤厚度（付海英等，2007），土层厚度过小不利于农作物生长；坡度反映耕地地势起伏状况。地块耕种需求度的指标包括反映区位条件的距村级公路的距离和顺应未来高效农业发展需要的机械化耕种条件，以及反映耕地经营条件的灌溉保证情况、排水条件。土地宜耕性评价采用层次分析法确定各指标权重，在此基础上，建立评价指标体系（表8-4），计算土地宜耕性评价指数最终得分。

2）中渡社区土地宜耕性分区方案

根据计算的土地宜耕性评价指数分值，将中渡社区分为高度宜耕区、中度宜耕区和勉强宜耕区三个类别，生成中渡社区土地宜耕性分布图（图8-8）。

（1）高度宜耕区。位于中渡社区中部地势平坦区域，面积约为153.45hm²，占全域总面积的35.35%。从自然角度看，耕地条件良好，地形平坦、地势起伏小，土质、土壤肥力状况好。该区域开展土地整治时间早，耕地集中连片程度高，区域内村级公路呈网格状分布，适宜机械耕种；灌排渠设施完备，灌溉水源有保证，排水条件较好。区域内大部分土地已经实现流转，用于蔬菜种植和生猪养殖，是柏梓镇重点打造的绿色无公害蔬菜产业基地，产业化经营初具规模，农业生产方式逐渐转型。

表8-4　研究区土地宜耕性评价指标及分级

评价因子				适宜性				权重
目标层	准则层	指标层		1级	2级	3级	4级	
耕地适宜性评价	自然生产潜力	土壤质地	分级	壤土	黏土	砂土		0.128
			分值	100	80	60		
		土层厚度	分级	≥60cm	40~60cm	20~40cm	<20cm	0.133
			分值	100	80	60	40	
		坡度	分级	≤3°	3°~6°	6°~10°	>10°	0.167
			分值	100	80	60	50	
	耕地发展压力	距村级公路的距离	分级	≤20m	20~50m	50~100m	>100m	0.172
			分值	100	80	60	40	
		机械化耕种条件	分级	好	较好	一般	较差	0.149
			分值	100	80	60	40	
		灌溉保证情况	分级	有保证	尚能保证	一般	较差	0.132
			分值	100	80	60	40	
		排水条件	分级	好	较好	一般	较差	0.119
			分值	100	80	60	40	

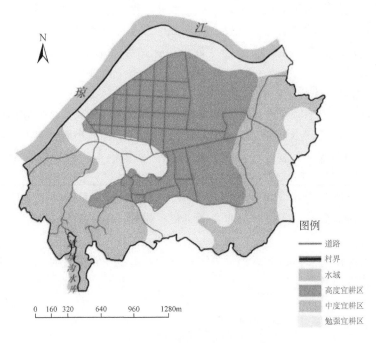

图8-8　中渡社区土地宜耕性分布图

（2）中度宜耕区。总面积 150.65hm²，占全域面积的 34.70%，分别在中渡社区西南部三峡库区附近以及高度宜耕区东侧长条形区域，面积分别为78.11hm² 和 72.54hm²。中度宜耕区土地自然生产潜力较高，土壤肥沃，但距离村级公路太远，且田块比较破碎，不适合机械化耕种。如果企业流转该区域土地进行经营，则用于田块归并、土地平整和田间道路建设的投资量较大。目前，该区域绝大部分农地仍保持传统家庭式农业经营方式。

（3）勉强宜耕区。勉强宜耕区总面积 130.01hm²，占全域总面积的 29.95%，包括三个区域，其中一处位于中渡社区北部沿琼江分布的条带区，面积为81.21hm²。该区土壤中砂石含量较大，虽靠近河流但没有相应灌溉设施，灌溉较困难，琼江夏汛期容易受洪灾影响；另外两处位于中渡社区南部和东部地区，面积分别为 27.32hm² 和 21.48hm²。这两处情况相似，均位于坡度较大的低山丘陵区，土层厚度、土壤质地及肥力不如其他区域。本区域尚未开展土地整治，缺少灌溉排水沟渠，地块破碎，道路条件较差，机械耕作难度大，与中度宜耕区一样，家庭式经营模式占主体地位。

8.3.3.2　生态主导功能分区

生态环境是区域可持续发展的依赖，也是区域获得自然生态服务的基础。生态主导功能评价主要是从生态学和可持续发展角度，运用生态学原理和方法，对农村生态功能适宜性进行评价（谢花林和李秀彬，2011），得到生态主导功能分区。中渡社区生态系统运行状况良好，植被覆盖率较高，生物多样性条件好。琼江和道场沟水库两大重要水体，既是十分重要的灌溉水源，又是中渡社区洪涝灾害的隐患。农村居民点建设需要给予自然环境最大限度的保护，缓解乡村建设给环境造成的压力。研究中渡社区村域范围适宜的生态主导功能，明确其空间分布，有助于农村生产生活空间与自然生态系统的协调，以及从宏观上预防农村建设可能带来的生态问题。

1）生态主导功能评价指标选择及其指数计算

生态主导功能评价指标选择除了遵循科学性、差异性、可操作性以及定性与定量相结合的原则外，考虑到评价目标为明确村域范围生态主导功能及其空间分布，因此评价指标还需要具有空间性，便于在 GIS 中表达，尽量实现定量化与定位化，为后续的居民点空间布局优化提供基础。参考主要研究成果（谢花林和李秀彬，2011；陈然等，2012），结合研究区可能面临的自然灾害及生态问题，从地形条件、生物资源、水资源及人类干扰四方面建立中渡社区生态主导功能评价指标体系（表 8-5）。地形条件中，高程反映热量和水分的组合特征；坡度影响植被根系发育和生长情况，反映生态系统稳定性或脆弱性。生物资源中，植被覆盖率指一定区域内植被面积的比例，与植被类型一样，二者都能体现水土保持、气候调节等生态功能的强弱。琼江和道场沟水库是中渡社区重要的水体，对整个生态环境有重要意义，因此需要给予足够的重视和保护，均采用与水体的空间直线距离表述。采用距村级公路距离和人口密度两项指标表征人类干扰，反映人类活动对生态资源的干扰程度。距村级公路距离通过构建缓冲区实现，表征交通干线对生态环境的影响强度随距离逐渐衰减的特点。人口密度是根据实地调查的居民点人口，运用插值模型生成人口密度表面模型，密度越大，对生态资源的干扰程度越高。同样，用层次分析法确定指标权重，根据评价指数得分进行生态主导功能分区。

表8-5　研究区生态主导功能评价指标分级标准及权重

评价因子				适宜性				权重
目标层	准则层	指标层		1级	2级	3级	4级	
生态主导功能评价	地形条件	高程	分级	≤250m	250~260m	>260m		0.084
			分值	100	80	60		
		坡度	分级	≤3°	3°~6°	6°~10°	>10°	0.116
			分值	100	80	60	50	
	生物资源	植被覆盖率	分级	≥60%	30%~60%	<30%		0.103
			分值	100	80	60		
		植被类型	分级	阔叶林或针叶林	灌丛	农田		0.117
			分值		80	60		
	水资源	距水库距离	分级	≤200m	200~500m	500~1000m	>1000m	0.192
			分值	100	80	60	40	
		距琼江距离	分级	≤200m	200~500m	500~1000m	>1000m	0.128
			分值	100	80	60	40	
	人类干扰	距村级公路距离	分级	≥100m	50~100m	20~50m	0~20m	0.146
			分值	100	80	60	40	
		人口密度	分级	≥15（人/km²）	10~15（人/km²）	4~9（人/km²）	<4（人/km²）	0.114
			分值	100	80	60	40	

2）中渡社区生态主导功能分区方案

根据得到的生态主导功能评价结果，经过反复试验，确定各等级的适当临界值，将中渡社区划分为强生态限制区、弱生态限制区和非生态限制区（图8-9）。

（1）强生态限制区。主要分布在道场沟水库附近及沿琼江分布的长条形地带，面积127.97hm²，占村域总面积的29.48%。强生态限制区距离主要村级公路较远，人口集聚程度不如其他区域。依托琼江和道场沟水库两大重要生态资源，植被覆盖率高，具有涵养水源、保持水土、维护生物多样性等生态服务功能，是中渡社区水土安全、生物多样性保护的关键性生态用地。

（2）弱生态限制区。分布于东部和东南部的低丘缓坡，面积85.57hm²，占村域总面积的19.71%。区域内农田、疏林地和少量有林地混合分布，距离道场沟水库和琼江较远，坡度相较于村域其他区域较大，是自然系统与人类密集活动区的缓冲地带。

（3）非生态限制区。位于中渡社区中部平坦地区，总面积220.57hm²，占村域总面积的50.81%。地势平坦，适宜人类开发建设和生产生活活动，是受人类活动影响最强烈的区域。区域内人口密度大，居民点集聚程度高，村级公路交错分布，农村生产景观表现突出，硬化的沟渠、道路明显。生态系统较为简单，以农田生态系统为主，植被覆盖率低，对生态资源保护的贡献率弱。

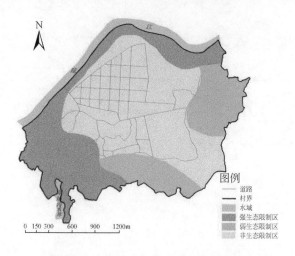

图8-9　中渡社区生态主导功能分布图

8.3.3.3　中渡社区空间功能综合分区

村域空间功能综合分区是基于耕地经营条件和生态主导功能的综合考虑，期望实现生产、生活与生态的结合，以及自然生态与人类活动需求的契合。基于土地宜耕性评价结果将中渡社区划分为高度宜耕区、中度宜耕区和勉强宜耕区，根据生态主导功能评价结果，中渡社区又可以划分为强生态限制区、弱生态限制区和非生态限制区。为寻找两者之间的相关性，利用 ArcGIS 软件将土地宜耕性分布图和生态主导功能分布图进行叠加，生成 400m×400m 的栅格，依次记录每个栅格的耕地、生态分区类型（若一个栅格中存在多种分类，以面积大的类型记录），经过对比，发现两者存在较大关联性。在村域范围内的北部和中部，土地宜耕性和生态主导功能分区呈现负相关性，高度宜耕区对应非生态限制区，勉强宜耕区对应强生态限制区；西部、西南部分布的是土地宜耕性类型中的中度宜耕区和强生态限制区；南部和东南部的中度宜耕区与生态主导功能分区中的弱生态限制区和非生态限制区相对应。依据上述分析，结合对中渡社区的实际考察，利用公路、沟渠等重要地物作为边界，根据各区域现有农业经营方式，将中渡社区村域空间分为规模经营示范区、农业自耕经营区和生态功能区（图 8-10）。

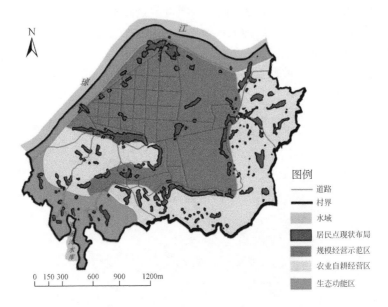

图 8-10　中渡社区空间功能分区图

1）规模经营示范区

位于中渡社区中部，地形平坦，面积约为 186.9hm²，占中渡社区总面积的43.1%。部分区域经过土地整治，农田集中连片程度高，地块规模较大，灌溉排水沟渠完善，村级公路呈格网状分布，适合机械化耕种。居民点集聚现象明显，表现为村级公路沿线"珠串式"分布以及"院落式"集聚组团，人类活动强度大、范围广。由于该区域耕作条件良好，农地大部分已经流转，已有相当规模的农地承包给企业和种植大户，传统家庭式农业耕作方式并不明显，转而表现为规模化、集约化、产业化的现代农业经营方式。位于规模经营示范区的农户已基本完成主要生计方式转变，外出务工或从事蔬菜基地的相关工作，因此他们愿意将承包地流转以获取经济收益。规模经营示范区发展定位为蔬菜种植和生猪养殖，是柏梓镇重点打造的绿色无公害蔬菜产业基地，产业化经营模式已经具备一定基础，农业生产方式逐渐转型。该区域是继续发展建设潼南无公害蔬菜基地的基础和保障，是未来农业经济发展的重要示范区。

2）农业自耕经营区

农业自耕经营区分布在两个区域，①环绕规模经营示范区分布于中渡社区东部和南部；②位于中渡社区西部，琼江和道场沟水库中间地带。两部分面积之和为166.7hm²，占中渡社区总面积的38.4%。农业自耕经营区农地耕作条件不及规模经营示范区，表现为典型的丘陵区农田布局模式，农地多为低丘上的梯田，地块分散破碎，道路建设还未完备，不利于机械耕种。区内多为传统家庭式农业经营方式，农户对耕地依赖程度高，农业耕种仍是重要生计方式。居民点多沿丘陵边缘呈"U形"分布或者靠近农田零星分散布局，随着农村经济多样化发展，农业经营方式的转变，该区域居民点逐渐倾向于集聚组团式发展。

3）生态功能区

生态功能区依托中渡社区两大重要水域琼江和道场沟水库，生态服务功能强，是维系生态安全的生态廊道，面积约为80.5hm²，占中渡社区总面积的18.5%。春旱和夏涝是影响该区域农业生产、村民生活的主要灾害。一方面，琼江和道场沟水库是十分重要的灌溉水源，可保障规模经营示范区和部分农业自耕经营区的灌溉条件，减少春旱时期农业损失。另一方面，它们也是中渡社区洪涝灾害的隐患，亚热带季风区降水集中，夏汛期间琼江和道场沟水库水量的突然增加，极容易威胁周边居民点和农田。因此，需要对生态功能区进行整治，预留出可供调、滞、蓄洪的低地和河道缓冲区，满足洪水自然宣泄的空间，预防洪灾可能带来的对生命财产安全的威胁。

8.3.4 中渡社区不同功能区农村居民点空间布局优化模式

农村居民点空间布局优化方案应有利于产业结构的调整，促进经济发展，保护自然生态空间。从耕地经营方式和生态安全的角度，将中渡社区村域空间划分为规模经营示范区、农业自耕经营区以及生态功能区，根据现状发展、未来预期的不同，居民点空间布局优化模式应当与经营方式和功能定位相适应，不同功能区的居民点布局优化模式如图8-11所示。

1）规模经营示范区空间布局优化模式——四周环绕式

提高土地利用的经济效益，发展高效生态农业，实现产业化、规模化经营，

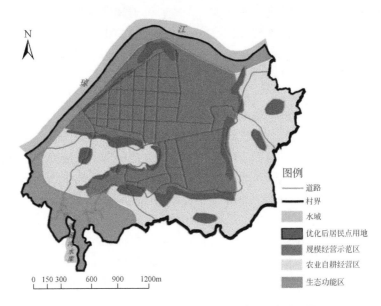

图 8-11 中渡社区农村居民点空间布局优化示意图

提高比较优势是耕地保护的关键（陈江龙等，2004），也是现代农业发展的方向。中渡社区作为潼南区绿色无公害蔬菜产业基地的重要组成部分，规模经营示范区是实现产业化发展的重要区域，居民点的空间布局优化需要适应现代农业生产方式。农民在农地流转后开始寻求生计方式的转变，基本脱离传统农业社会的人地关系，居民点布局受农地位置影响较弱，在观念上农户更愿意接受居民点布局重组。该区域居民点布局特点为居民点呈"U"形或"珠串式"沿规模经营示范区边界布局，"院落式"居民点组团镶嵌在耕地中。对于该区域的居民点布局优化，若采用修建新村的方式将面临许多问题，如该区域多基本农田，新村选址困难；并且农户经济收入较高，新建房屋较多，整体搬迁成本高、难度大。为适应产业化农业经营方式，结合居民点布局现状，规模经营示范区采用四周环绕式优化方案：位于农田之中的"院落式"居民点组团搬迁后靠至区域边缘，区域边缘居民点就地重建。居民点后靠，腾出在农地之中的居民点用地，提高农田集中连片程度，便于机械化耕作；区域周边居民点均是经多年发展形成的，其原址上一般配有一定量的基础设施，采取就地改建的方式，在改善居住环境的同时，可充分利用原有基础设施。

2）农业自耕经营区空间布局优化模式——组团嵌套式

中国农村正处于经济急剧转型期，传统家庭式农业与高效现代化农业将长期并存。农业自耕经营区地形以低山丘陵为主，受地势起伏影响，村民出行不便，再加上交通建设还未完善，为便于耕作，农户往往单居独户或形成小型院落分散分布于农业自耕经营区。由于农地仍是家庭经营，农业生产仍占有重要地位，故在优化居民点布局过程中需要考虑农户耕作半径，采用组团嵌套式居民点空间布局优化模式。首先，根据居民点集聚程度将农业自耕经营区划分为若干片区，选择布局条件较好的区域，根据不同集约利用程度确定建设用地规模标准，形成农业自耕经营区发展组团，附近零散居民点配合搬迁至组团附近，形成新的居民点集中发展区。其次，结合基础设施配套建设的人口门槛，引导居民适度向发展组团集聚。只有当人口达到一定规模时，配套设施才能发挥最大效益，发展组团是基于农村人口的集聚，是公共设施向农村延伸的必要前提。居民点集聚组团嵌套到耕地之中，尽可能照顾农户耕作距离，同时零星居民点可以根据承包地位置、宗室邻里关系等情况，确定搬迁至的发展组团，尊重农户搬迁意愿，最终形成区位条件好、人口相对集中、发展要素相对优越、便于基础设施配套的居民点集聚组团。

3）生态功能区空间布局优化模式——整合迁并式

生态功能区是维护区域生态系统服务功能的基底，是营造美丽乡村环境、寄托乡村情感的依托。生态功能区内居民点布局分散、规模较小，但随着人类活动范围的扩大和强度的增加，对生态功能区产生强烈的干扰。该区域以生态养护为重点、水源涵养功能为目的、发挥其生态服务保障功能为核心，鼓励将分散居民点整合后迁出该区域，迁至附近居民点集中区，减弱洪水灾害的威胁，同时保护中渡社区两大水体，实现可持续发展。

中渡社区农村居民点经过优化布局，预留了生态保护和水源涵养空间，居民点形成沿规模经营示范区边缘条带状分布、农业自耕经营区内组团发展的空间分布格局。与原来杂乱零星分布相比，该模式更符合新农村建设的要求，在考虑搬迁可行性的同时，逐步实现集中居住，节省基础设施建设成本，提高土地节约集约利用水平。

8.4　基于农村居民点选址适宜性的空间重构：石柱县八龙村实证

8.4.1　研究思路及数据

8.4.1.1　研究区域概况

八龙村位于重庆市石柱县冷水镇的东北部，地处重庆市与湖北省交界处，是重庆市的东大门，北与石柱县枫木镇相连，东与湖北省利川市相邻，南连石柱县冷水镇，西连石柱县黄水镇（图 8-12）。八龙村对外交通较为便利，紧邻沪蓉高速公路；其地形主要为两山夹一槽的长槽地形，境内海拔在 1150～1895m，平均海拔 1500m，属于典型的山地区域；气候系亚热带湿润季风气候区，春季升温快，夏初多阴雨，夏末秋初多伏旱，秋季多绵雨低温，冬季多霜雪；雨量充沛，年平均降水量在 1370mm 左右，其中夏秋季节的降水量占全年总降水量的 85%。夏季最高气温 27℃，年平均气温 10℃，清爽宜人，是避暑纳凉、休闲养生的好地方；八龙村面积 1846.02hm²，辖双坪、凤凰、小康、双坝、碓窝坝 5 个社，2018 年末，八龙村有农户 388 户，总人口 1365 人，农民人均纯收入超过 1.5 万元，先后被评为全国休闲农业与乡村旅游示范点、中国少数民族特色村寨、全国文明村镇、重庆市最美休闲乡村、重庆市现代农业示范园区。

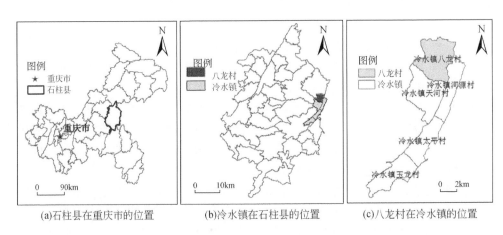

| (a)石柱县在重庆市的位置 | (b)冷水镇在石柱县的位置 | (c)八龙村在冷水镇的位置 |

图 8-12　八龙村区位图

8.4.1.2　研究思路

结合研究区域的自然经济状况，八龙村居民点规划选址应满足集中布局、不占用耕地、方便生产与生活、避开不宜建设区及尽量利用现有居民点用地的原则。在系统分析八龙村居民点现状布局基础上，根据人口与产业发展趋势，预测未来农村人口，确定农村居民点用地规模，分析居民点选址影响因素，最终确定居民点选址方案。研究技术路线如图 8-13 所示。

8.4.1.3　数据来源及处理

数据包括空间数据与属性数据，空间数据来源于 2010 年 10 月石柱县冷水镇

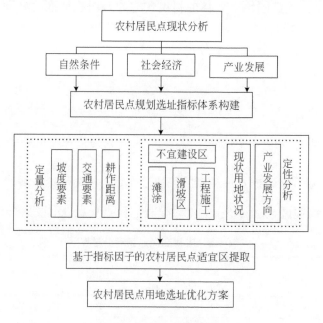

图 8-13　研究技术路线

八龙村 1：2000 实测土地利用现状图（CAD 图件）和石柱县乡镇土地利用总体规划数据（2016～2020）（Shapefile 格式）；属性数据来源于八龙村 2018 年土地利用现状台账、当地农经报表、实地调研数据以及石柱县统计年鉴（2019 年）。

　　针对土地利用现状 CAD 图件，通过 ArcGIS 转换工具，得到矢量格式数据，基于 ArcGIS 平台，对地类图斑赋以相关地类名称，获取八龙村土地利用现状数据，通过空间分析中 Feature to Raster 工具，得到土地利用现状栅格数据；将八龙村等高线 CAD 数据转换到 ArcGIS 平台，在 ArcMap 平台上对其进行属性赋值，等高距为 2m，利用 ArcGIS 软件中 3D 分析模块生成 TIN，由 TIN 转换生成八龙村 DEM 数据。考虑到分析精度，文中涉及的栅格大小统一设置为 10m×10m。

8.4.2　居民点现状分析

　　冷水镇八龙村辖五个村民小组，现状农村居民点主要分布于村域东部狭长地带和村域南部平坝区域。根据石柱县土地利用变更数据，2018 年全村建设用地 21.61hm²，人均建设用地面积为 171.80m²，明显高于国家《镇规划标准》规定的人均建设用地最高级别五级（120～150m²）的标准；其中农村居民点面积为 15.87hm²，人均农村居民点面积为 126.97m²，远高于《重庆市村规划技术导则

275

(2009 年试行)》规定的集中居住的村民住宅建筑面积标准（65m²/人）和其他散居村民的住宅建筑面积标准（60m²/人）。为更好地描述八龙村居民点分布特征，引用景观生态学中的景观分散度 F_i 分析其分布特征（陈利顶和傅伯杰，1996）：

$$F_i = \frac{D_i}{S_i} \qquad (8\text{-}6)$$

式中，D_i 为景观类型 i 的距离指数，$D_i = \frac{1}{2}\sqrt{\frac{n}{A}}$；$S_i$ 为景观类型 i 的面积指数，$S_i = \frac{A_i}{A}$，其中 n 为研究区域内景观类型的斑块总个数，A_i 为研究区域内景观类型 i 的总面积，A 为研究区域总面积。各社及全村居民点景观分散度见表 8-6。

表 8-6 农村居民点景观分散度

社名	斑块个数/个	总面积/hm²	居民点面积/hm²	距离指数 D	面积指数 S	景观分散度 F
凤凰社	30	193.57	2.87	0.197	0.015	13.133
双坝社	47	562.56	3.71	0.145	0.007	20.714
双坪社	45	496.15	2.50	0.151	0.005	30.200
小康社	39	249.15	3.12	0.198	0.013	15.231
碓窝坝社	36	344.59	3.67	0.162	0.011	14.727
总计	197	1846.02	15.87	0.163	0.009	18.111

依据坡度等级划分标准（0°~6° 为平地、6°~15° 为缓坡、15°~25° 为中坡、大于 25° 为陡坡），对坡度进行划分，结合八龙村台账数据中"坡度级别表"可知，坡度在 15° 以下的农村居民点有 6.49hm²，仅占八龙村农村居民点用地的40.89%；八龙村境内主要有三条公路，即横穿村南部通往黄水国家森林公园的旅游公路，以及两条贯穿八龙村中部的南北走向和东西走向的乡村主干道，以此三条干道为基准，按照距公路 0~200m、201~400m、401~600m、≥600m 的划分标准，基于 ArcGIS 软件进行缓冲分析、叠加分析和统计分析，得到八龙村居民点距主要公路直线距离 200m 范围内的居民点斑块 138 个，面积为 11.21hm²，分别占八龙村农村居民点斑块总数和总面积的 70.05% 和 70.64%；在八龙村农户关于宅基地复垦意愿的实地调研中发现，村内部分农户已从山坡上搬迁至公路两旁或外迁，原有房屋闲置废弃，仍居住于山坡之上的农户迫于交通不便、房屋破损等原因，迫切希望搬迁至公路两旁，调研数据表明，全村闲置废弃及愿意复垦的农村居民点用地面积为 2.11hm²，占现状居民点的 13.30%，涉及斑块数达

37 个。

　　通过对八龙村农村居民点现状进行分析，发现其居民点布局主要存在四方面问题：一是人均农村居民点用地比例高，节约集约化程度低；二是全村居民点布局分散，景观分散度达到 19.00，多呈点状分布，进而造成单个居民点规模较小；三是居民点多位于坡度较陡区域；四是部分农村居民点闲置、废弃，造成土地资源严重浪费。

8.4.3　居民点规划选址过程：规划农村居民点适宜区域提取

　　农村居民点选址受诸多因素影响，主要有地形地貌、交通、水文、耕作半径、发展历史、农户意愿、社会经济、政策等自然和人文因素等（石诗源等，2010）。区域农村居民点规模、布局是这些因素综合作用的结果。准确全面地确定村域居民点选址影响因素，能使居民点位置选取和优化方案更加合理。

　　根据对八龙村自然条件的剖析以及实地调研情况，八龙村地处山区，地形地貌条件较为复杂，滑坡区域分布较多，因此坡度及地质灾害是影响八龙村居民点选址的主要自然因素。目前，八龙村以传统农业为主，同时，其正积极加快产业结构的优化升级，着力发展旅游业与生态农业，推动村域基础设施建设。因此，区域耕作条件、交通要素、现状用地状况、产业发展方向及工程建设等要素是影响八龙村居民点选址的主要社会经济因素。在对影响农村居民点选址因素进行处理过程中，定量选取坡度、交通和耕作距离影响下的适宜区域，并采取"一票否决制"扣除地质灾害区和工程建设区等不宜建设区域；在此基础上，根据村域现状用地状况和产业发展方向，进行定性分析，确定规划农村居民点适宜区域。

8.4.3.1　基于坡度的农村居民点适宜区提取

　　平地与缓坡更适宜于居住及农业耕种，其修建交通等基础设施的成本更低，更方便农民生产生活。结合现状，规划农村居民点应分布于坡度为 0°～15° 的区域。利用处理过的八龙村 DEM 数据，在 ArcMap 平台下，运用空间分析模块下的表面分析工具 Surface Analysis，计算其坡度，按照划定的坡度等级对数据进行重分类，按照不同等级赋予不同的权重。0°～6° 最易建房，其权重值设置为 10，依次，6°～10° 设置为 8，10°～15° 设置为 6，≥15° 设置为 "no data"。赋值后的八龙村坡度等级图见图 8-14。

8.4.3.2　基于交通因素的农村居民点适宜区提取

　　交通因素是影响居民点选址布局的重要因素，交通通达度直接影响村民的出

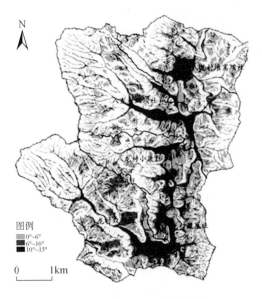

图 8-14　八龙村坡度等级图

行与生产生活。根据八龙村现状居民点与主要公路关系的特征分析，结合八龙村地形情况，为使规划农村居民点控制在距主干公路 400m 范围以内，按照距三条主干道距离每隔 100m 划分一个等级，共划分四个等级：0～100m 为第一等级，权重为 10；101～200m 为第二等级，权重为 8；201～300m 为第三等级，权重为 6；301～400m 为第四等级，权重为 4；≥400m 的区域则排除在适选区域外。按照此标准，对三条主干道按等间距 100m 做缓冲区分析，得到八龙村距主干道交通等级图（图 8-15）。

8.4.3.3　基于耕作距离的农村居民点适宜区提取

耕作距离是满足农民宜居性的一个重要因素。根据相关文献（潘娟等，2011）对重庆市山地地区农村居民点宜居性的调查研究，农户可接受的耕作半径平均值为 613m，为保证农村规划居民点与耕地距离符合农户可接受的耕作半径，以耕地为中心，作缓冲区分析，向外延伸划分四个等级：0～150m 为第一等级，权重为 10；151～300m 为第二等级，权重为 8；301～450m 为第三等级，权重为 6；451～613m 为第四等级，权重为 4，得到八龙村耕作半径等级图（图 8-16）。

8.4.3.4　基于不宜建设区的农村居民点适宜区提取

结合八龙村实际，村内不宜建设区主要包括滩涂、滑坡区域和规划水库建设

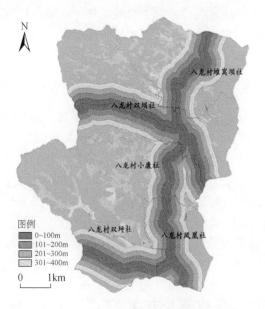

图 8-15　八龙村距主干道交通等级图

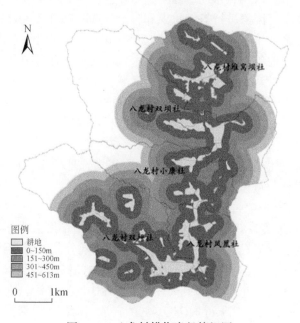

图 8-16　八龙村耕作半径等级图

区域。滩涂主要分布于碓窝坝社南部；滑坡区域主要分布在村南部旅游公路西端入村沿路地带、凤凰社西北地带以及双坝社中部地带；规划水库即曹家沟水库位于双坪社曹家沟。根据实地情况对不宜建设区进行扣除。

8.4.3.5　基于现状用地情况和产业发展方向的农村居民点适宜区提取

根据八龙村现状用地情况和冷水镇产业发展规划，八龙村将重点推动莼菜种植基地（村内大部分耕地）、黄连种植基地（村内部分园地）和土家风情街（位于村东南角，村内主干道与旅游路交会处）的建设，以升级产业结构，拉动村域经济，促进旅游业的发展。因此，规划居民点禁止占用现状耕地资源、黄连种植基地、独立建设用地、农村道路和农田水利用地，同时凤凰社和双坪社规划居民点应趋近于土家风情街。此外，为了减少整理、搬迁工程量，避免资源浪费，在满足其他因素的前提下，尽可能选取现有的居民点加以改造或扩建。通过定性分析，八龙村农村居民点规划选址应集中分布于土家风情街和现有居民聚集区域。

8.4.4　农村居民点最终选址方案

村域范围内影响居民点布局的因素相对较少，为了选取最佳布局区域，对坡度、交通和耕作半径因素进行等权重求和，定量选取权值最大的两级区域，在此基础上扣除滑坡区、工程建设区、部分园地（黄连）、其他独立建设用地和农村道路及农田水利用地等，定性选取靠近土家风情街和现有居民点聚居区域作为农村居民点适宜区域。基于农村居民点适宜区域，结合各社规划年间预测所需农村居民点用地规模以及当地宅基地和附属用地总进深约为20m的标准，在ArcGIS平台下，对适宜区域进行图形处理，得到八龙村农村居民点选址优化方案（图8-17）。

基于ArcGIS对图形进行数据统计分析，规划选址后农村居民点的相关景观参数及可新增耕地数量见表8-7。

由图8-17和表8-7可知，优化选址后农村居民点主要分布于主干道两侧200m范围之内，坡度在0°～15°，呈带状、团状分布；最大耕作半径在600m以内；规划后全村农村居民点距离指数为0.039，景观分散度下降到7.72；现状居民点的197个斑块，经重新规划选址后，归并为11个斑块；按照规划居民点的聚集程度统计，居民点个数下降到8个，其中利用现有居民点面积达4.65hm^2；通过对部分农村居民点进行复垦，按"宜农则农"原则，全村可新增耕地2.65hm^2。

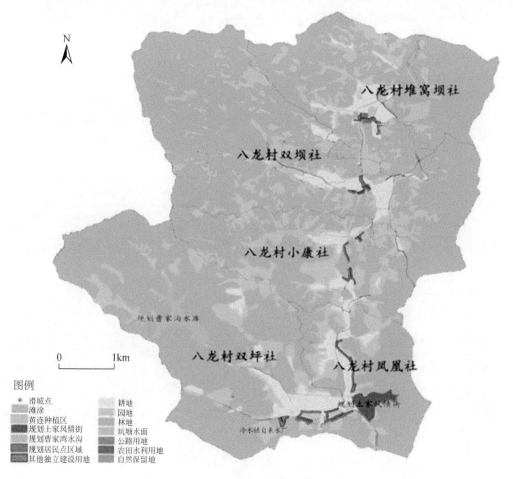

图8-17 八龙村农村居民点规划选址图

表8-7 规划居民点相关景观参数和可新增耕地数量

社名	斑块个数/个	总面积/hm²	规划居民点面积/hm²	距离指数 D	面积指数 S	景观分散度 F	新增耕地面积/hm²	利用现状居民点面积/hm²	规划居民点涉及图斑号
凤凰社	3	193.57	3.35	0.062	0.017	3.65	0.24	0.90	297、304、311、317、352、367、368、369、375、377、379、414、420、1044

续表

社名	斑块个数/个	总面积/hm²	规划居民点面积/hm²	距离指数 D	面积指数 S	景观分散度 F	新增耕地面积/hm²	利用现状居民点面积/hm²	规划居民点涉及图斑号
双坝社	1	562.56	1.47	0.021	0.003	7.00	0.74	0.71	496、575、617、629、633、642、643、647、649、670、1044、1096、1096
双坪社	2	496.15	1.42	0.032	0.003	10.67	0.49	0.17	809、857、915、918、966、978、986、987、1002、1038、1039、1042
小康社	3	249.15	1.87	0.055	0.008	6.88	0.19	0.98	1087、1091、1102、1116、1130、1145、1165、1168、1170、1172、1177、1179、1181、1194、1197、1202、1231、1236
碓窝坝社	2	344.59	1.89	0.038	0.005	7.60	0.99	1.89	201、207、211、212、216、218、220、223
总计	11	1846.02	10.00	0.039	0.005	7.80	2.65	4.65	

8.5 本章小结

本章对丘陵山区村域农村居民点空间重构技术进行了探讨，总结提炼出三种重构技术方案：方案一为基于综合影响力的村域农村居民点空间重构，以长寿区海棠镇海棠村为研究区域，关注的是村域农村居民点斑块的综合影响力，适用于渝中川东平行岭谷区和低山丘陵区，形成了村域农村居民点斑块分级技术；方案二为基于功能分区的村域农村居民点空间重构，从村域空间功能分区入手，以潼南区柏梓镇中渡社区作为案例研究，适用于渝西浅丘带坝区和丘陵宽谷区，总结提炼出村域空间功能综合分区技术；方案三为基于农村居民点选址适宜性的空间重构，以石柱县冷水镇八龙村为案例区域，适用于渝东中山高山区，强调对居民点选址的适宜性评价，形成村域农村居民点选址技术。丘陵山区面积广阔，各区域地形地貌条件和社会经济发展条件均有较大差异，应根据各村实际情况，因地制宜制定农村居民点空间重构策略。

（1）基于综合影响力的村域农村居民点空间重构。构建农村居民点综合影响力评价指标体系，得到海棠村村域范围内各居民点斑块的综合影响力分值，将农村居民点斑块分成 3 个等级，分别是重点发展型农村居民点、保留型农村居民点和迁并型农村居民点。以 24 个重点发展型农村居民点作为发生元点集，农村居民点综合发展潜力指数作为发生元权重，构建加权 Voronoi 图，加权 Voronoi 图划分的格网区域即为重点发展型农村居民点的空间辐射范围，决定了周边迁并型农村居民点的搬迁路线。优化后，海堂村农村居民点自然环境良好、生产生活条件相对优越，整体布局区呈现规模化和有序化，为整合农村资源、建设生态文明新农村提供有效参考。

（2）基于功能分区的村域农村居民点空间重构。居民点空间布局优化与农业经营条件、生态环境保护有极大相关性，从土地宜耕性、生态主导功能角度入手，将中渡社区划分为规模经营示范区、农业自耕经营区和生态功能区，并分析各分区内农业发展条件以及居民点布局特征。针对不同空间功能分区，采用不同的居民点空间布局优化模式。规模经营示范区采用四周环绕式空间布局优化模式，位于农田之中的"院落式"居民点组团搬迁后靠至区域边缘，腾出在农地之中的居民点，提高农田集中连片程度；区域边缘居民点就地重建，充分利用原有基础设施。农业自耕经营区采用组团嵌套式空间布局优化模式，选择发展要素相对优越的区域，根据不同集约利用程度确定建设用地规模标准，形成农业自耕经营区发展组团，附近零散居民点配合搬迁至组团附近，形成居民点集中发展区；生态功能区采用整合迁并式空间布局优化模式，鼓励分散居民点整合后搬迁至附近居民点集中区，减弱洪水灾害对农户生命财产安全的威胁，同时利于中渡社区两大水体的保护和生态环境相对敏感的生态功能区的长远发展。将居民点空间布局优化与农业经营条件、生态环境保护结合，更加契合农村经济的未来发展方向和村民居住意愿，提高居民点空间优化现实性和可操作性，是乡村建设对破除城乡二元地域结构的有益探索。

（3）基于农村居民点选址适宜性的村域农村居民点空间重构。基于 ArcGIS 平台，通过选址优化，八龙村农村居民点景观分散度大幅度减小，布局趋于集中，集聚性增强；村域耕地资源得到有效保护，为生态农业发展提供了保障；农村居民点选址优化后均位于地势平坦、地质条件优良地带，交通通达度大幅提高，农户生产生活更加方便，公共服务设施配套成本大为降低，有利于促进乡村城镇化，也使土地资源节约集约利用程度显著提高。基于村域尺度的农村居民点选址优化，反映了八龙村农村居民点用地需求与用地方向，与八龙村产业发展方向得到了很好的融合，也体现了政府的规划意志和农户意愿的充分衔接。

（4）村域农村居民点空间重构及土地整治还应重点关注以下问题。①作为实证研究的各村庄虽然能代表该区域自然状况和社会经济发展的平均水平，但村级单位的选取和相关统计数据仍具有特殊性。各村发展定位不同，基础条件存在差异，因此在选择重构方案时，不同区域的农村居民点要因地制宜地进行规划选址，选取合适的影响因素。②村级土地利用规划研究尺度更加微观，但由于中国基层数据统计工作滞后、信息量不全及质量不高等问题，多数行政村缺乏详细的社会经济统计数据，所以对村域发展预测等方面缺乏强有力佐证。因此，应该加强村域尺度下社会经济数据的搜集与统计，为村级规划编制与实施做好铺垫。③农村居民点的搬迁是双向选择的过程，既取决于农村居民点自身发展条件和周边所处环境，又表现为农户基于自身生计来源、宗室亲缘关系、邻里关系和生活生产习惯的选择。因此，在实际居民点空间重构和布局优化中，涉及搬迁的，需要根据农户意愿予以适当调整，以保证搬迁的可操作性和保障农户切身利益。

参 考 文 献

陈江龙，曲福田，陈雯．2004．农地非农化效率的空间差异及其对土地利用政策调整的启示［J］．管理世界，（8）：37-42．

陈利顶，傅伯杰．1996．黄河三角洲地区人类活动对景观结构的影响分析——以山东省东营市为例［J］．生态学报，16（4）：337-344．

陈群元，宋玉祥．2009．中国新农村建设中的农村生态环境管理研究．生态经济，（1）：422-425．

陈然，姚小军，闫超，等．2012．基于GIS和组合赋权法的农村生态功能适宜性评价及管制分区——以义乌市岩南村为例［J］．长江流域资源与环境，（6）：720-725．

陈志明．1993．论中国地貌图的研制原理内容与方法［J］．地理学报，48（2）：105-113．

房艳刚，刘继生．2009．集聚型农业村落文化景观的演化过程与机理——以山东曲阜峪口村为例［J］．地理研究，（7）：969-971．

冯电军，沈陈华．2014．基于扩展断裂点模型的农村居民点整理布局优化［J］．农业工程学报，28（8）：201-209．

付海英，郝晋珉，朱德举，等．2007．耕地适宜性评价及其在新增其他用地配置中的应用［J］．农业工程学报，（1）：60-65．

郭焕成，冯万德．1991．中国乡村地理学研究的回顾与展望［J］．人文地理，6（1）：44-50．

郭庆胜，闫卫阳，李圣权．2003．中心城市空间影响范围的近似性划分［J］．武汉大学学报（信息科学版），2（85）：596-599．

侯华丽，郧文聚，朱德举．2005．县域耕地的样地法评价［J］．农业工程学报，21（11）：54-59．

李卫民，李同昇，武鹏．2018．基于引力模型与加权Voronoi图的农村居民点布局优化——以西安市相桥街道为例［J］．中国农业资源与区划，39（1）：77-82．

李云强，齐伟，王丹，等．2011．GIS支持下山区县域农村居民点分布特征研究——以栖霞市为例［J］．地理与地理信息科学，27（3）：73-77．

刘建生，郧文聚，赵小敏，等．2013．农村居民点重构典型模式对比研究——基于浙江省吴兴

区的案例 [J]. 中国土地科学, (2): 46-53.

刘明皓, 戴志中, 邱道持, 等.2011. 山区农村居民点分布的影响因素分析与布局优化——以彭水县保家镇为例 [J]. 经济地理, 31 (3): 476-482.

卢向虎, 朱淑芳, 张正河.2006. 中国农村人口城乡迁移规模的实证分析 [J]. 中国农村经济, (1): 35-41.

潘娟, 邱道持, 尹娟, 等.2011. 基于农户意愿的农村居民点宜居性调查研究——以重庆潼南区桂林街道八角村为例 [J]. 中国农学通报, 27 (23): 189-192.

邱道持.2005. 土地资源学 [M]. 重庆: 西南师范大学出版社.

曲衍波, 姜广辉, 张凤荣, 等.2012. 基于农户意愿的农村居民点整治模式 [J]. 农业工程学报, 28 (23): 232-242.

曲衍波, 刘敏, 朱伟亚, 等.2021. 农村居民点多功能空间格局与协调性优化模式 [J]. 自然资源学报, 36 (3): 659-673.

饶卫民, 章家恩, 肖红生, 等.2007. 基于地形位的城郊景观分布特征及变化 [J]. 华南农业大学学报, 28 (3): 67-70.

石诗源, 鲍志良, 张小林.2010. 村域农村居民点景观格局及其影响因素分析——以宜兴市8个村为例 [J]. 中国农学通报, 26 (8): 290-293.

涂汉明, 刘振东.1991. 中国地势起伏度研究 [J]. 测绘学报, 20 (4): 311-319.

王成, 费智慧, 叶琴丽, 等.2014. 基于共生理论的村域尺度下农村居民点空间重构策略与实现 [J]. 农业工程学报, (3): 205-214.

吴俊, 郭熙, 傅聪颖, 等.2021. 南方丘陵区农村居民点离散度时空演变及其影响因素——以江西省鹰潭市为例 [J]. 中国农业大学学报, 26 (10): 209-222.

夏方舟, 严金明, 刘建生.2014. 农村居民点重构治理路径模式的研究 [J]. 农业工程学报, (3): 215-222.

谢保鹏, 朱道林, 陈英, 等.2014. 基于区位条件分析的农村居民点整理模式选择 [J]. 农业工程学报, (1): 219-227.

谢春树, 赵玲.2005. 基于GIS的湘中紫色土丘陵地区土地适宜性评价——以衡南县谭子山镇紫色土综合治理试验区为例 [J]. 经济地理, 25 (1): 101-105.

谢花林, 李秀彬.2011. 基于GIS的农村住区生态重要性空间评价及其分区管制——以兴国县长冈乡为例 [J]. 生态学报, (1): 230-238.

谢作轮, 赵锐锋, 姜朋辉, 等.2014. 黄土丘陵沟壑区农村居民点空间重构——以榆中县为例 [J]. 地理研究, (5): 937-947.

闫卫阳, 郭庆胜, 李圣权.2003. 基于加权Voronoi图的城市经济区划分方法探讨 [J]. 华中师范大学学报 (自然科学版), 37 (4): 567-571.

杨馗, 信桂新, 蒋好雨, 等.2021. 基于"扩展源"的丘陵山地区农村居民点布局优化 [J]. 西南大学学报 (自然科学版), 43 (9): 102-114.

于婧, 聂艳, 周勇, 等.2006. 生态位适宜度方法在基于GIS的耕地多宜性评价中的应用 [J]. 土壤学报, 43 (2): 190-196.

郧文聚, 宇振荣.2011. 中国农村土地整治生态景观建设策略 [J]. 农业工程学报, (4):

1-6.

张俊峰, 张安录, 程龙, 等. 2013. 基于生态位适宜度的农村居民点布局研究——以武汉市新洲区为例 [J]. 水土保持研究, 20 (3): 71-77.

张友焱, 周泽福. 2003. 黄土丘陵沟壑区土地适宜性评价研究——以山西省中阳县圪针耳流域为例 [J]. 水土保持学报, 17 (1): 93-99.

张玉英, 王成, 王利平, 等. 2012. 兴坝村浅丘带坝区不同类型农户农村居民点文化景观特征研究 [J]. 中国土地科学, (11): 45-53.

郑宇, 胡业翠, 刘彦随. 2005. 山东省土地适宜性空间分析及其优化配置研究 [J]. 农业工程学报, 21 (2): 60-65.

周建, 张凤荣, 徐艳, 等. 2019. 基于生态生产生活视角的北方农牧交错区土地宜耕性评价 [J]. 农业工程学报, 35 (6): 253-260.

朱德举. 2002. 土地评价 (修订版) [M]. 北京: 中国大地出版社.

Miller W, Collins M G, Steiner F R, et al. 1998. An approach for greenway suitability analysis [J]. Landscape and Urban Planning, 42 (2): 91-105.

Sauer C O. 1925. The morphology of landscape [J]. University of California Publications in Geography, (2): 19-54.

Steiner F, Laurel M, Cohen J. 2000. Land suit ability analysis for the upper Gila River watershed [J]. Landscape and Urban Planning, 50 (4): 199-214.

White E M, Morzillo A T, Alig R J. 2009. Past and projected rural land conversion in the US at state, regional, and national levels [J]. Landscape Urban Plan, 89 (2): 37-48.

第9章 丘陵山区农村居民点微观重构技术：图斑尺度的实证

在全面实施乡村振兴战略和重构国土空间规划体系的背景下，如何进行农村居民点空间重构与优化是广大丘陵山区乡村高质量发展和空间治理面临的重大问题。从微观视角探讨丘陵山区农村居民点空间重构与优化路径，对村庄规划编制、国土空间治理和乡村振兴战略深入实施具有重大意义。基于此，本章从图斑尺度出发揭示不同地貌类型区域农村居民点的空间集聚特征，探索农村居民点适度集聚路径，并对农村居民点空间重构与优化提出政策建议，旨在为促进乡村土地资源集约利用、提高村庄规划编制与实施的科学化水平、助推乡村振兴提供理论支持和现实依据。

9.1 研究思路与数据

9.1.1 研究思路

以人地关系理论、土地利用多功能理论、农户生计资本理论等为指导，按照"集聚特征识别—优化路径设计—适度集聚对策"的逻辑思路开展研究。具体步骤如下。第一，针对重庆市的自然条件和社会经济发展，按照不同地貌类型区域选择调研样点；第二，以第三次全国国土调查初步成果数据为基础，通过外业调绘与问卷访谈获取图斑信息；第三，依据对丘陵、山地、平坝、河谷等不同地貌类型区样本村的调研结果，结合遥感影像解译，分析居民点布局特征；第四，面向重庆市村庄规划编制和农村闲置宅基地盘活利用的现实需求，提出重庆市农村居民点集聚优化路径。研究技术路线如图9-1所示。

9.1.2 数据来源及处理

为全面了解重庆市宅基地集聚特征、农户集聚意愿及其影响因素，作者团队于2021年4~10月对样本区开展了实地调查。集体数据来源及处理情况如下。

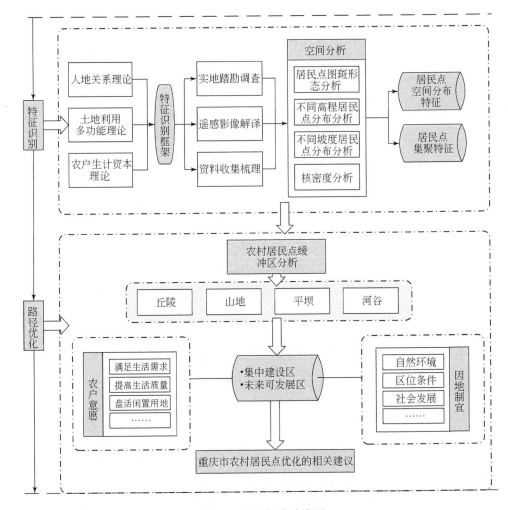

图 9-1　研究技术路线图

（1）宅基地数据来源于第三次全国国土调查，提取地类图斑中的农村宅基地图斑。

（2）宅基地图斑对应的农户户数数据来源于高清遥感影像和实地调研的结合判断，获取宅基地图斑对应的农户户数并进行入库，为分析宅基地空间集聚特征提供数据支撑。

（3）DEM 数据来源于地理空间数据云（http://www.gscloud.cn/），空间分辨率 30m，高程、坡度数据以 DEM 数据为基础，通过 ArcGIS 计算所得。

（4）社会经济数据是通过与乡镇干部进行座谈交流，收集镇村历年统计数据、易地搬迁和生态移民等相关数据，分析宅基地集聚点的社会经济发展情况。

（5）农户个体认知及意愿数据是对每个村进行实地调研，采用参与性农户调查与评估的方法与受访农民进行一对一面谈，获取问卷 370 份，有效问卷 348 份，有效率达94.1%，农村宅基地利用现状、结构及利用情况，以及农户宅基地集聚意愿等数据由问卷整理数据所得。

9.2　不同地貌类型区域农村居民点空间集聚特征

9.2.1　丘陵地区居民点集聚特征

丘陵地区居民点集聚特征以巴南区石滩镇和梁平区竹山镇为代表区域进行分析。

9.2.1.1　现状集聚情况

通过对农村居民点图斑中农户数据进行统计分析，将户数按照<5 户、5～10 户、10～20 户、20～30 户和≥30 户进行分级，分析农村居民点现状集聚情况，如表9-1 所示。

表 9-1　石滩镇和竹山镇农村居民点现状集聚情况

镇名	户数分类	图斑数量/个	图斑数量占比/%	平均图斑面积/m²
石滩镇	<5 户	1330	85.58	801.52
	5～10 户	195	12.55	2 830.52
	10～20 户	27	1.74	5 031.81
	20～30 户	0	0	0
	≥30 户	2	0.13	8 078.99
竹山镇	<5 户	494	78.66	618.62
	5～10 户	97	15.45	2 264.65
	10～20 户	25	3.98	4 534.58
	20～30 户	7	1.11	8 541.75
	≥30 户	5	0.80	10 210.95

从表9-1 可知，石滩镇农村居民点图斑中户数最多的为 62 户，位于双寨村

幸福农庄，是双寨村的一处集中安置点。该镇农村居民点单个图斑以 5 户以下为主，占比高达 85.58%，5～10 户的农村居民点图斑为 195 个，占比 12.55%，10户及以上的农村居民点图斑数量较少，仅占 1.87%。竹山镇农村居民点图斑亦以 5 户以下为主，数量为 494 个，占总数的 78.66%，5～10 户的农村居民点图斑数量为 97 个，占总数的 15.45%，10 户及以上的农村居民点图斑仅占 5.89%。总体而言，丘陵地区农村居民点集聚规模以 5 户以下为主，居民点集聚规模越大，则图斑数量越少，平均图斑面积越大。

鉴于丘陵地区农村居民点集聚规模以 5 户以下为主，本书对 1～4 户的农村居民点图斑聚集情况作进一步分析，结果如表 9-2 所示。从表 9-2 可知，在石滩镇和竹山镇 1～4 户的农村居民点图斑中，1 户的农村居民点图斑数量占比最大，占镇域 1～4 户农村居民点图斑的一半以上，户数越多，图斑数量越少，平均图斑面积也越大。

表 9-2　石滩镇和竹山镇农村居民点 1～4 户集聚情况

镇名	户数分类	图斑数量/个	图斑数量占比/%	平均图斑面积/m²
石滩镇	1 户	741	55.71	523.73
	2 户	331	24.89	892.13
	3 户	165	12.41	1381.73
	4 户	93	6.99	1662.94
竹山镇	1 户	255	51.62	417.89
	2 户	131	26.52	643.37
	3 户	64	12.95	977.19
	4 户	44	8.91	1186.64

9.2.1.2　现状集聚类型

基于遥感影像数据和实地调查数据，识别石滩镇和竹山镇农村居民点集聚现状，总结丘陵地区农村居民点集聚特征。依据《重庆市村庄规划编制技术指南（试行）》，将村落现状集聚类型分为散居型、散居-聚居型、聚居-散居型和聚居型。丘陵地区农村居民点现状集聚类型主要为散居型、散居-聚居型、聚居-散居型三种。

散居型农村居民点图斑之间的间隔较远且多为单家独户的居住形式，主要分布在海拔较高的区域，以及零星分布在地势较为平坦的区域。农村居民点由较窄的农村道路连接，基础设施覆盖能力差，距离场镇较远，人口规模较小，分布较为破碎，农户日常交流不便，如图 9-2 所示。

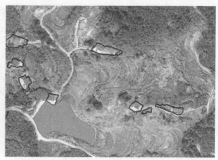

(a)巴南区石滩镇　　　　　　　　　　　　　　(b)梁平区竹山镇

图9-2　散居型农村居民点布局特征

　　散居-聚居形式以散居为主，并呈现出聚居的发展态势。该类型农村居民点主要分布在农村主要干道两侧及周围支路两侧，在农村主要干道两侧的农村居民点图斑以2户及其以上为主，周围支路的农村居民点图斑大多为单家独户，农户具有聚居的趋势，但地形地势限制了农村居民点的更大规模集中分布，如图9-3所示。

(a)巴南区石滩镇　　　　　　　　　　　　　　(b)梁平区竹山镇

图9-3　散居-聚居型农村居民点布局特征

　　聚居-散居形式以聚居为主，在规模较大的图斑周围分布有一些规模较小的图斑。聚居-散居类型农村居民点规模较前两种集聚类型更大，农户户数更多，该区域内主要为团块式分布，呈现不规则多边形的特征，其周围分布少数较为零散的农村居民点，基础设施和公共服务设施较完善，地势相对平坦开阔，且主要分布在农村主干道两侧，交通方便，如图9-4所示。

(a)巴南区石滩镇   (b)梁平区竹山镇

图9-4　聚居-散居型农村居民点

9.2.2　山地地区居民点集聚特征

根据前述调研样点选择原则，以石柱县中益乡作为重庆市山地地区居民点集聚特征的研究案例。

9.2.2.1　现状集聚情况

根据第三次全国国土调查数据所得中益乡农村居民点图斑，通过实地调研获取农村居民点每个图斑中的农户户数，并关联至对应图斑。统计农村居民点图斑及农户户数，剔除养殖圈舍、应拆未拆等无效图斑数据，最终获得中益乡农村居民点图斑数量517个，其中覆盖农户数量最多的图斑中有208户农户，位于华溪村街上组一处农村居民点。

按照<5户、5~10户、10~20户、20~30户、≥30户进行农村居民点图斑的分级统计，得到居民点现状集聚情况（表9-3）。由表9-3可知，5户以下的农村居民点图斑数量最多，为434个，占比83.95%；5~10户的农村居民点图斑数量次之，为55个，占比10.64%；随着居民点中农户集聚数量增多，农村居民点图斑数量在减少，30户及以上的农村居民点图斑只有4个，占比0.77%。可见，农户的集聚规模与农村居民点图斑数量呈负相关关系；平均图斑面积与农户集聚规模呈正相关关系，即农户集聚规模越大，相应的平均图斑面积也越大。继续对5户以下的集聚情况展开更为细致的分类，统计1户、2户、3户、4户的农村居民点图斑情况发现（表9-4），一个图斑1户的情况最为普遍，数量为298个，超过中益乡农村居民点图斑总数一半，占比达68.67%。

表 9-3 中益乡居民点现状集聚情况

户数	图斑数量/个	图斑数量占比/%	平均图斑面积/m²
<5 户	434	83.95	999.38
5~10 户	55	10.64	3 551.76
10~20 户	17	3.29	5 632.69
20~30 户	7	1.35	9 200.97
≥30 户	4	0.77	29 389.38

表 9-4 中益乡农村居民点 1~4 户集聚情况

户数	图斑数量/个	图斑数量占比/%	平均图斑面积/m²
1 户	298	68.67	663.6
2 户	78	17.97	1457.98
3 户	32	7.37	2003.71
4 户	26	5.99	2235.95

9.2.2.2 现状集聚类型

中益乡居民点现状集聚类型主要为散居和散居–聚居两种（图 9-5）。散居类型的居民点主要分布在中益乡海拔 1200~1400m，远离槽谷地区，距离主干道较远，单个图斑中聚居的农户数量较少，通常为 1~2 户。散居–聚居类型的居民点主要分布在山谷地带，海拔在 1000m 以下，沿主要干道边缘分布，单个图斑中聚居的农户数量相对较多，通常在 10 户左右，周边零星有散居类型的居民点分布。

 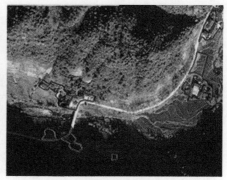

(a)散居类型　　　　　　　　　　　(b)散居–聚居类型

图 9-5 中益乡居民点集聚类型

9.2.3 平坝地区居民点集聚特征

9.2.3.1 现状集聚情况

根据第三次全国国土调查数据所得潼南区太安镇农村居民点图斑，结合实地调研，将各图斑中的农户数量关联至对应图斑。剔除养殖圈舍、应拆未拆等无效图斑数据，最终获得太安镇农村居民点图斑数量 3490 个，其中，最大图斑面积为 18 936.79m²，位于渔溅村三社，图斑内农户户数为 35 户。渔溅村位于太安镇西南部，邻近镇河，辖六个社，三面环河，水利条件良好，地形较为平坦。考虑到太安镇居民点图斑数量较多，全覆盖调研耗时较长，因此选择渔溅村进行深入调研。渔溅村共有居民点图斑 167 个，平均每个图斑中户数为 5.2 户，按照 <5 户、5~10 户、10~20 户、20~30 户、≥30 户进行农村居民点图斑的分类统计，得到渔溅村居民点现状集聚情况（表 9-5），5 户以下图斑数量最多，为 117 个，占比 70.06%，5~10 户图斑数量次之，为 28 个，占比 16.77%，同山地地区一样，规模越大的居民点，其图斑数量越少，30 户及以上的居民点的图斑数量仅 1 个，占比 0.60%。

表 9-5　渔溅村居民点现状集聚情况

户数	图斑数量/个	图斑数量占比/%	平均图斑面积/m²
<5 户	117	70.06	719.02
5~10 户	28	16.77	2 985.44
10~20 户	16	9.58	4 841.97
20~30 户	5	2.99	6 826.95
≥30 户	1	0.60	18 936.79

同样继续对 5 户以下的集聚情况展开更为细致的分类，统计 1 户、2 户、3 户、4 户的居民点图斑情况，发现 1 个图斑 1 户、1 个图斑 2 户的情况最为普遍，数量均为 41 个，占比均为 35.04%（表 9-6）。

表 9-6　渔溅村农村居民点 1~4 户集聚情况

户数	图斑数量/个	图斑数量占比/%	平均图斑面积/m²
1 户	41	35.04	442.62
2 户	41	35.04	564.12

续表

户数	图斑数量/个	图斑数量占比/%	平均图斑面积/m²
3户	28	23.93	1231.94
4户	7	5.99	1193.54

9.2.3.2　现状集聚类型

太安镇居民点现状聚集类型主要为散居–聚居类型（图9-6）。全域范围内居民点分布相对均匀，平坝地区道路交通发达，水利及耕作条件良好，居民点主要还是沿道路、水域、耕地边缘分布，除个别地区优势突出的地带中居民点分布聚居明显外，整体上太安镇居民点分布表现为散居–聚居类型，且各图斑中农户集聚规模没有较大差别。

(a)散居–聚居型1　　　　　　　　　　(b)散居–聚居型2

图9-6　太安镇散居–聚居型居民点分布

9.2.4　河谷地区居民点集聚特征

9.2.4.1　现状集聚特征

根据第三次全国国土调查数据所得江津区龙华镇农村居民点图斑，对农村居民点现状进行调研，得到农村居民点图斑对应的农户户数数据，并剔除圈舍、棚舍等生产性用房，得到龙华镇农村居民点图斑3028个，将户数按照<5户、5～10户、10～20户、20～30户和≥30户进行分级，分析农村居民点现状集聚情况，如表9-7所示。

表9-7　龙华镇居民点现状集聚情况

户数	图斑数量/个	图斑数量占比/%	平均图斑面积/m²
<5 户	2476	81.77	811.96
5~10 户	402	13.28	2 895.97
10~20 户	111	3.67	5 538.43
20~30 户	28	0.92	7 456.06
≥30 户	11	0.36	17 141.54

从表9-7可知，龙华镇农村居民点图斑中户数最多的为400户，位于朱羊寺村场口上村民小组，是朱羊寺村的集聚居住区，以易地搬迁居民为主。龙华镇农村居民点图斑以5户以下为主，占比高达81.77%；5~10户的农村居民点图斑为402个，占总数的13.28%；10~20户的农村居民点图斑数量较少，占比仅3.67%；20~30户的农村居民点图斑仅28个，占比0.92%；30户及以上的农村居民点图斑为11个，占比0.36%。总的来说，河谷地区农村居民点集聚规模以5户以下为主，集聚规模越大的农村居民点，其图斑数量越少，平均图斑面积越大。

通过对龙华镇农村居民点图斑聚集规模的总体分析，发现河谷地区农村居民点集聚规模以5户以下为主，因此，将1~4户的农村居民点图斑聚集情况作进一步分析，结果如表9-8所示。龙华镇1~4户的农村居民点图斑中，1户的农村居民点图斑数量占比最大，占镇域内1~4户的农村居民点图斑的一半以上，同时，1户的农村居民点平均图斑面积高达497.02m²，说明农户的平均居民点使用面积偏大，人均居民点面积在100m²左右，户数越多的农村居民点，其图斑数量越少，平均图斑面积越大。

表9-8　龙华镇农村居民点1~4户集聚情况

户数	图斑数量/个	图斑数量占比/%	平均图斑面积/m²
1 户	1399	56.50	497.02
2 户	574	23.18	928.17
3 户	336	13.57	1403.64
4 户	167	6.75	1860.39

9.2.4.2　现状集聚类型

龙华镇居民点现状集聚类型主要为散居-聚居型（图9-7）。全域范围内地势比较平坦，居民点分布相对均匀，因平坝地区道路交通发达，故居民点分布主要受交通、耕作半径影响，整体上以散居-聚居型为主，且各图斑中农户集聚规划差别较小。

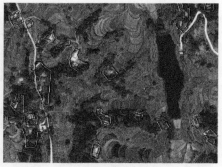

(a)散居-聚居型1　　　　　　　　　　　　　　　　(b)散居-聚居型2

图9-7　龙华镇散居-聚居型农村居民点分布

9.3　不同地貌类型区农村居民点缓冲区分析及集聚优化路径

以农村居民点矢量数据和户数数据为基础，通过缓冲区分析识别出可能的集中建设区与未来可发展区域，针对不同地貌类型的农村居民点空间布局特征和问题，设计相应的空间优化路径，以期为丘陵山区农村居民点空间重构和优化提供现实依据和理论支撑。

9.3.1　重庆市丘陵地区农村居民点缓冲区分析及集聚优化路径

9.3.1.1　丘陵地区10m缓冲区分析

将人口分布中"户数"以图斑编号形式关联至农村居民点图斑属性表内，按照农村居民点图斑边界线以10m建立缓冲区，融合相邻缓冲区范围线，形成较为集聚的区域，以识别未来可能的集中建设区。

（1）巴南区石滩镇案例。对巴南区石滩镇建立10m缓冲区（图9-8），单个农村居民点图斑最大面积为38 325.22m²，最小面积为707.72m²，图斑数量为1162个，相较于建立缓冲区之前减少了392个图斑，说明巴南区石滩镇农村居民点之间距离较远，布局较为分散。同时，融合后的农村居民点仍然以5户以下为主，图斑数量高达899个，占比77.37%，被融合的石滩镇农村居民点多数是人口相对集聚的区域，已有集聚效应的趋势，而未融合的农村居民点多人口较少且图斑面积较小。图9-8（b）是位于方斗村的集中居住区（农户多为移民搬迁户），建立10m缓冲区后，原有位于道路两侧的5个农村居民点图斑融合为1个，形成了相对集中的村庄建设区。

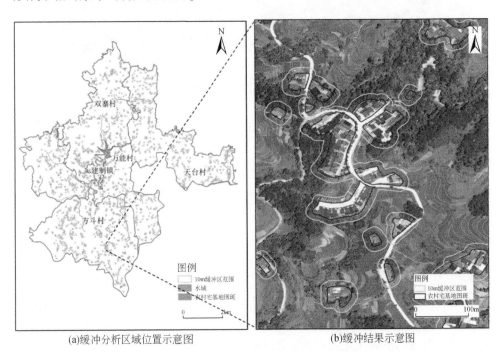

(a)缓冲分析区域位置示意图   (b)缓冲结果示意图

图9-8　石滩镇农村居民点10m缓冲区示意图

对石滩镇10m缓冲区范围内的户数进行统计，筛选出10户以上的图斑，形成未来可能发展的集中建设区（图9-9和图9-10）。石滩镇未来可能的集中建设区图斑共有65个，主要分布在双寨村南部和万能村中部，其中户数最多的图斑位于双寨村幸福农庄所在聚落区域，共有76户，已成为集中建设区。通过对其进行缓冲区分析，原有的5个图斑合并成1个，在未来对该区域进行规划时，可在适度扩大占地规模的基础之上，重点关注提升乡村人居环境，改善农户居住条件，提高农户生活品质。

（2）梁平区竹山镇案例。据图9-11可知，对梁平区竹山镇建立10m缓冲区后，单个农村居民点图斑最大面积为79 909.20m²，最小面积为705.09m²，图斑数量为342个，相较于融合前减少了286个。同时，融合后的农村居民点图斑也

(a)幸福农庄实地调研图

(b)幸福农庄实景图

图9-9 石滩镇幸福农庄

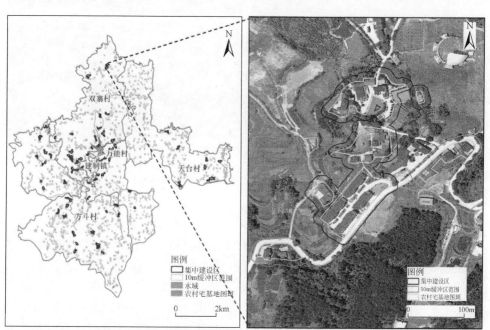

(a)未来集中建设区位置示意图

(b)集中建设区布局图

图9-10 石滩镇集中建设区

仍以5户以下为主，数量高达236个，占比69.01%。图9-11（b）竹山镇正和村的一处自然形成的院落，该院落融合了周围4个面积较小的农村居民点图斑，形成了形状不规则且相对集聚的农村居民点图斑。总体而言，建立缓冲区后，农村居民点图斑面积有所变大，数量减少，部分人口相对集聚的农村居民点图斑发挥集聚优势，将周围较小图斑融合，形成规模更大且更集聚的农村居民点图斑，但整体上受地形等因素影响，农村居民点分布仍然相对零散。

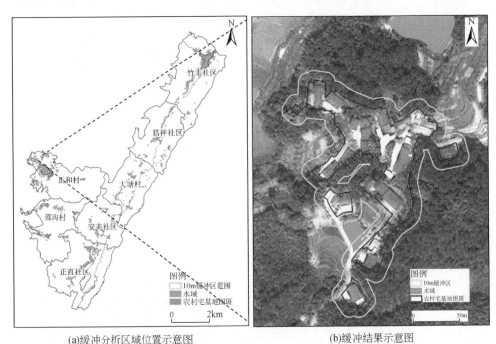

(a)缓冲分析区域位置示意图   (b)缓冲结果示意图

图9-11　竹山镇农村居民点10m缓冲区示意图

对梁平区竹山镇10m缓冲区范围内的户数进行统计，筛选出10户以上的图斑，形成未来可能的集中建设区（图9-12和图9-13）。竹山镇未来可能的集中建设区图斑数量共有47个，主要分布在正直社区北部、正和村、邵沟村西部，以及竹丰社区、猎神社区和大塘村的中部沿河和沿道路的两侧，其中人口规模最大的集中建设区位于猎神社区"猎神三巷"及周围地区。"猎神三巷"位于百里竹海风景名胜区核心区内，在原居民点的基础上融入竹、木等元素对其改造升级并完善相应的配套服务设施集中建设居民点。缓冲分析后，"猎神三巷"居民点与道路对面的农村居民点融合，融合后的图斑内聚居120户。未来对该区域进行规划时，应考虑容纳更大的人口规模，提升农户的生活品质。

9.3.1.2　丘陵地区50m缓冲区分析

按照农村居民点图斑边界线以50m建立缓冲区，通过相邻缓冲范围线，识

(a)"猎神三巷"实景图

(b)"猎神三巷"布局示意图

图9-12　"猎神三巷"实景图及布局示意图

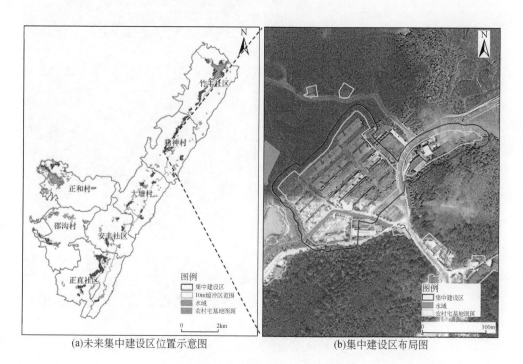

(a)未来集中建设区位置示意图　　　　　　(b)集中建设区布局图

图9-13　竹山镇集中建设区

别未来可发展的区域（图9-14和图9-15）。建立50m缓冲区后发现，巴南区石滩镇（图9-14）农村居民点图斑数量减少了1186个，但5户以下的农村居民点图斑仍占一半以上，且多数布局在远离建制镇和农村主干道的区域，分布零散。梁平区竹山镇（图9-15）农村居民点图斑数量减少了526个，但5户以下仍占一半以上，散居情况比较显著，且由于竹山镇"两山夹一槽"的特殊地形，原有居民点沿道路或河流布局，融合后的居民点图斑多以条状分布为主，不利于布局基础设施。图9-14（b）和图9-15（b）为对农村居民点进行缓冲区分析后的具体情况，图9-14（b）中，石滩镇双寨村水库两侧的院落及周围零散居民点图斑融合，形成了"川"字形图斑形态；图9-15（b）中，"猎神三巷"聚居区将其周围零散居民点图斑融合，根据现场调研，"猎神三巷"周围地势相对平坦，且有乡村旅游支撑，自然条件和产业发展已有一定基础。总的来说，50m缓冲区分析后，距离较近的农村居民点图斑已融合成一个图斑，但仍有大部分5户以下的农村居民点零散分布在远离主干道的区域，如未来要将已融合的区域作为可发展区域，还需考虑交通、区位、自然条件和农户意愿等因素。

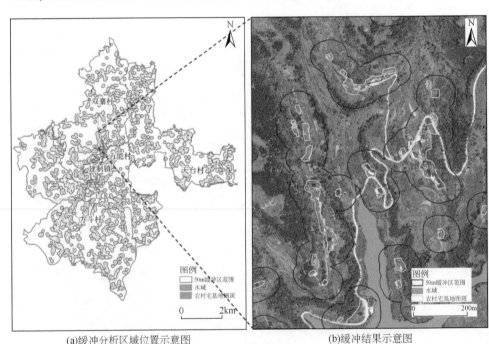

(a)缓冲分析区域位置示意图　　　　　　　(b)缓冲结果示意图

图9-14　巴南区石滩镇农村居民点50m缓冲区示意图

通过统计每个融合后图斑内户数总量，识别出50户以上的图斑，并将其作为未来可能发展的区域（图9-16和图9-17），石滩镇未来可发展区域主要集中在石滩镇西部，其中人口规模最大的图斑位于方斗村，融合后的图斑户数为169户，主要沿道路布局呈现曲线型特征。竹山镇的未来可发展区域主要位于两山间的槽地地带以及正和村和邵沟村西部等地势相对较为平坦的区域，其中人口规模

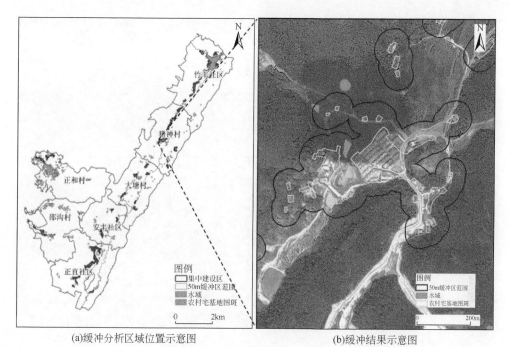

(a)缓冲分析区域位置示意图　　　　　(b)缓冲结果示意图

图 9-15　梁平区竹山镇农村居民点 50m 缓冲区示意图

最大的图斑位于正直社区中部县道两侧，融合后的图斑内聚居 384 户，受地形因素的影响，该区域呈狭长分布，未来在对该地区进行规划时应注意基础设施覆盖是否全面等问题。

9.3.1.3　重庆市丘陵地区农村居民点集聚优化路径

巴南区石滩镇和梁平区竹山镇是重庆市丘陵地区的典型代表，受地形等因素的影响，其农村居民点分布较为分散，平均图斑面积小，景观破碎化程度高，不利于乡村基础设施的覆盖及乡村整体经济社会的发展，居民点图斑内人口规模较小，5 户以下的农村居民点图斑数量比例高。调研表明，石滩镇和竹山镇年轻劳动力外流现象明显，家中大多为中老年人，该类群体对于居民点集聚的意愿较弱。在考虑丘陵地区农村居民点集聚优化时，应以满足农户生产生活需求、提高农户生活质量为基本出发点，充分考虑区域内自然环境、区位条件、农户意愿、社会经济发展情况等因素，因地制宜进行布局优化。

对于已建成的集中建设区（如集中安置点），应有序改造提升，优化人居环境，强化主导产业支撑。已建成的集中建设区具有较好的发展条件及基础设施和

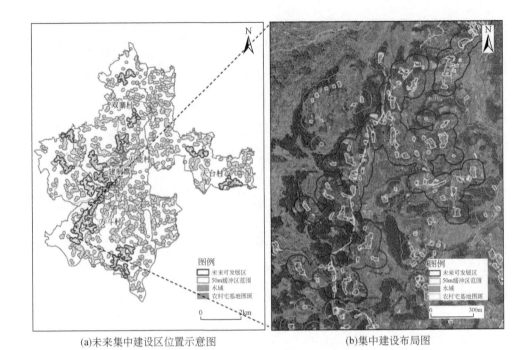

(a)未来集中建设区位置示意图　　　　(b)集中建设布局图

图 9-16　巴南区石滩镇未来可发展区

公共服务设施基础，应从提升集中建设区的环境品质、提高农户生活质量、强化产业带动作用方面进行优化，同时逐步引导零星分散农村居民点向集中建设区集中。例如，竹山镇"猎神三巷"居民点已形成了集休闲、观光、体验、住宿于一体的乡村旅游型居民点，现有基础设施和人居环境等已有所发展，但仍然存在街巷之间脏乱差的问题，未来优化过程中应考虑全面提升该区域乡村人居环境，充分利用建筑之间的空间，打造高品质乡村旅游空间。同时，引导零散居民点通过政府主导或自主搬迁等方式向"猎神三巷"居民点逐渐集中。

　　对于已有一定规模且自然形成的居民点，应优化内部结构，改善居民点周围及内部环境风貌，扩宽硬化道路，改善交通条件，发挥一定集聚效应，吸引海拔较高的零散居民点集中。同时，加强基础设施和公共服务设施建设，综合考虑该区域常住人口和未来从零散区域迁入人口以及服务半径，合理确定基础设施和公共服务设施规模与布局。例如，石滩镇双寨村张家坝院落已有一定的规模基础，通过缓冲区分析，将周围零散居民点融合，在未来的村庄规划建设中应充分改善张家坝内部用地结构，注重空间组合协调性，改善周围和内部环境，便于周围零散居民点集中。

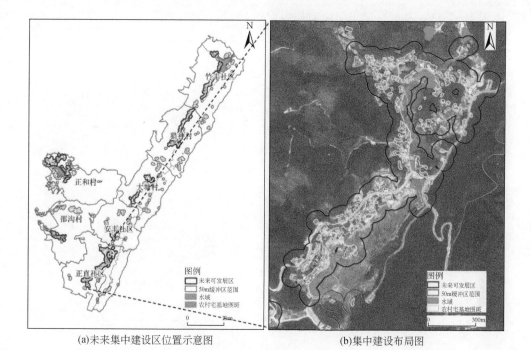

(a)未来集中建设区位置示意图　　　　(b)集中建设布局图

图9-17　梁平区竹山镇未来可发展区

　　对于分布零散、交通条件有限及距离城镇较远的农村居民点，按照适度集中原则，在尊重村民意愿的基础上引导零散居民点向适宜建设且有一定规模、交通便利、便于生产的建设区域布局。例如，竹山镇为"两山夹一槽"的地貌，可考虑将远离主干道且海拔较高的零散居民点向"猎神三巷"等基础条件较好的槽谷地区较平坦的区域集中，同时考虑农户的耕作半径，提高农村居民的生产便捷性。

9.3.2　重庆市山地地区农村居民点缓冲区分析及集聚优化路径

9.3.2.1　山地地区10m缓冲区分析

　　按照石柱县中益乡范围内517个居民点图斑范围边界线建立10m缓冲区，对相邻范围缓冲区线进行融合，形成现状集聚区域，如图9-18所示。中益乡原有农村居民点图斑数量共517个，最大图斑面积为42 213.67m²，最小图斑面积为52.91m²。经融合缓冲区线后，图斑数量减少了140个，剩余377个，最大图斑面积为 63 935.59m², 最小图斑面积为 659.15m²。

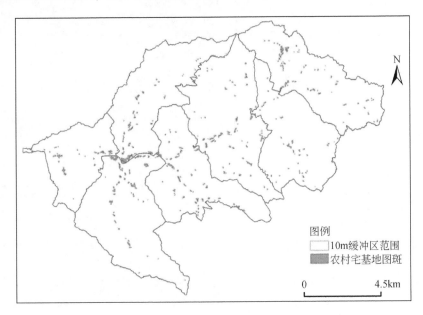

图 9-18　中益乡农村居民点 10m 缓冲区示意图

利用 ArcGIS 统计中的交集制表与 Excel 软件中的数据透视表结合的方法, 统计出融合后图斑中的农户数量, 识别出 10 户以上的村落 (集中建设区) (图 9-19)。中益乡 10 户以上的集中建设区共有 37 处, 分布于主要干道两侧, 部分与生态移民集中居住区位置相契合。其中, 华溪村街上组集中建设区中农户数量最多, 为 231 户, 图斑面积为 49 153.89m²。

9.3.2.2　山地地区 100m 缓冲区分析

按照中益乡范围内 517 个居民点图斑范围边界线建立 100m 缓冲区, 对相邻范围缓冲区线进行融合, 从而形成现状集聚区域 (图 9-20)。经 100m 缓冲区建立及相交部分融合后, 高海拔范围内零散细碎的图斑被归并到较大的图斑范围内, 现状集聚图斑为 158 个, 平均图斑面积为 103 671.72m²。其中, 最大图斑面积为 1 255 447.86m², 位于华溪村、龙河村、光明村交界处, 最小图斑面积为 34 320.48m², 位于坪坝村西侧的田坝组。

未来可发展区域空间分布与集中建设区分布基本一致 (图 9-21), 共有 42 块图斑, 华溪村、龙河村、光明村交界地带的未来可发展区域中农户数量最多, 共 533 户, 图斑面积为 1 255 447.86m² (图 9-22)。

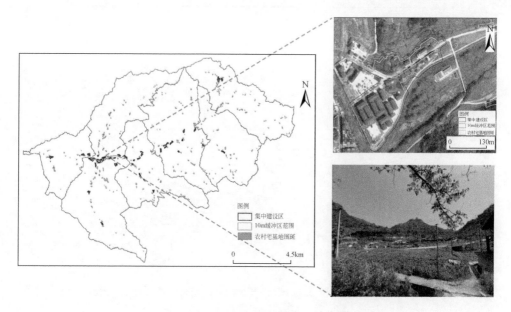

图 9-19　石柱县中益乡集中建设区

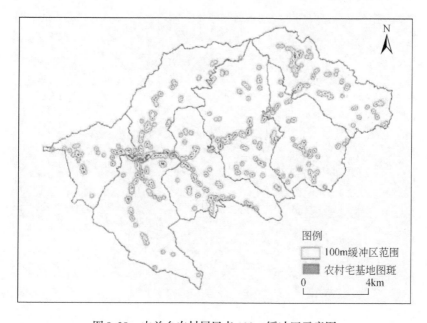

图 9-20　中益乡农村居民点 100m 缓冲区示意图

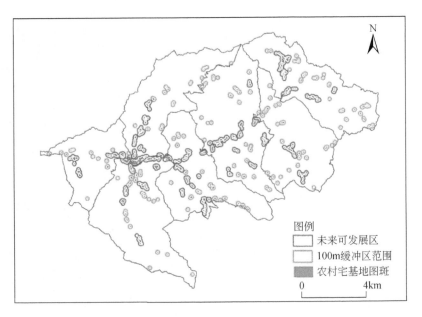

图 9-21 石柱县中益乡未来可发展区

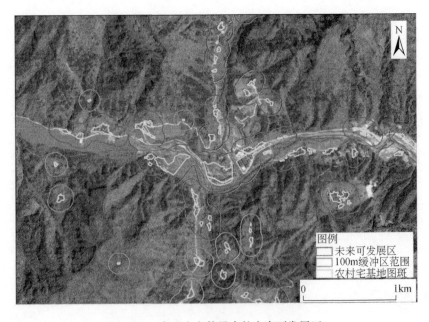

图 9-22 中益乡户数最多的未来可发展区

9.3.2.3 重庆市山地地区农村居民点集聚优化路径

石柱县中益乡山地地区海拔较高，陡坡覆盖面较广，宜耕土地较少，可利用建设用地规模有限，居民点分布形态多样，主要分布于海拔相对较低、地势相对平坦的山谷，小规模集聚及散居成为主要分布形式。规划搬迁形成的农村居民点及乡村旅游影响下的居民点较为集聚，且单个图斑容纳的农户数量较多，通常在10户以上。散居居民点图斑中，农户的数量较少，主要在1~4户，以"一户一斑"最为常见。未来可从以下方面对山地地区农村居民点进行空间重构与优化。

（1）以初步识别出的集中建设区范围为基础，叠加山区海拔、坡度特征，划定符合实际规划的集中建设区范围。山脉纵横、地形起伏是山区的主要地貌特点，ArcGIS缓冲区功能虽分析出了现状较为集聚的区域范围，但其局限性是将所有区域视作同一平面，无法反映出实际地形地貌的差异，缓冲区分析的范围只能作为基本的参考，实践中还需在缓冲区分析的基础上，通过叠加高程图、坡度图，准确定位适宜集聚的区域，从而划定最终的集中建设区。

（2）识别散居居民点的迁并方向。测定拟划定集中建设区的影响力大小及范围，充分结合农户生产生活要求与意愿，确定需要集聚的居民点及其集聚方向。已划定的集中建设区是乡村未来社会经济活动与交往的核心地区，小规模且零散的农村居民点是潜在的迁并区，这类居民点产业基础条件较好，可以依托资源优势发展多种经济类型。但因不同规模的集中建设区的影响覆盖半径不同，故不同规模大小的集中建设区的集聚效应存在差异。通过测算集中建设区影响覆盖半径的大小，结合集中建设区的经济发展情况与定位确定差异化的集聚模式，进一步识别周边零散居民点的集聚方向，合理规划实现"内部消化"和"外部融合"。而对于居住在高山地区中年龄较大、恋地情结较深等不愿意集聚搬迁的农户，要充分尊重其意愿与主体性地位，同时在深刻认识影响其不愿搬迁因素的基础上，鼓励和引导其向环境优良的地带集聚。

9.3.3 重庆市平坝地区农村居民点缓冲区分析及集聚优化路径

9.3.3.1 平坝地区10m缓冲区分析

以潼南区太安镇渔溅村为例，将现状人口分布中的"户数"与第三次全国土地调查中农村居民点图斑编号进行关联，按照农村居民点图斑边界线建立10m缓冲区，融合相邻缓冲区范围线，形成现状较为集聚的区域（图9-23）。渔溅村原有居民点图斑数量共 167 个，最大图斑面积为 18 936.78m²，最小图斑面积为 132.86m²。经 10m 缓冲区建立及融合后，图斑数量减少至 100 个，最大图斑面积为 57 446.38m²，最小图斑面积为 972.40m²。

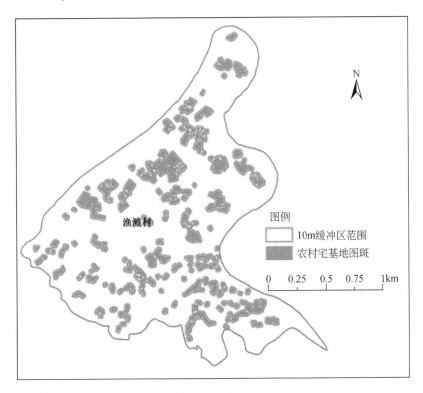

图 9-23　太安镇渔溅村农村居民点 10m 缓冲区示意图

　　识别出 10 户以上的村落（集中建设区）（图 9-24），统计得到 10 户以上的集中建设区共有 23 处，其中农户数量最多的集中建设区有 112 户，图斑面积为 57 446.38m²，位于渔溅村村委会周边范围内，区位优势突出，良田密集，自然条件优越。

9.3.3.2　平坝地区 50m 缓冲区分析

　　通过 ArcGIS 缓冲分析，融合相邻缓冲区范围线，形成现状较为集聚的区域，将 50m 缓冲区范围线融合后得到图斑 12 个，平均图斑面积为 159 750.60m²，其中最大图斑面积为 717 086.16m²，位于渔溅村东南部，最小图斑面积为 12 137.04m²，位于渔溅村东侧，紧邻镇河，如图 9-25 所示。

　　识别出 10 户以上的区域作为未来可发展区，因平坝地区居民点分布距离相

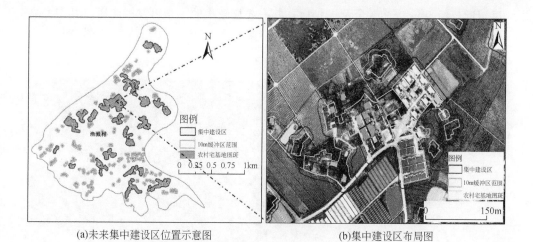

(a)未来集中建设区位置示意图　　　　　　　(b)集中建设区布局图

图9-24　太安镇渔溅村集中建设区

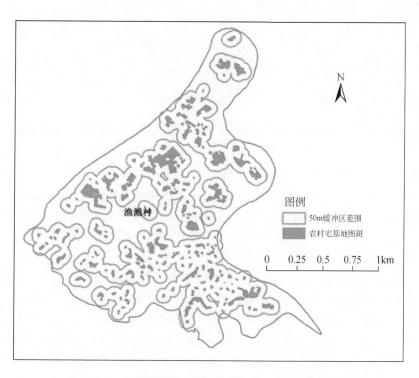

图9-25　太安镇渔溅村农村居民点50m缓冲区示意图

对较近，经50m缓冲融合及识别后，共有8块较大的未来可发展图斑，其中渔溅村西南地带的未来可发展区的农户数量最多（图9-26），共315户，图斑面积为717 086.16m²。

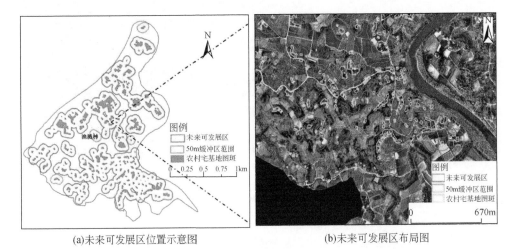

(a)未来可发展区位置示意图　　　　　　　　(b)未来可发展区布局图

图9-26　太安镇渔溅村未来可发展区

9.3.3.3　平坝地区农村居民点集聚优化路径

潼南区太安镇平坝地区海拔较低且地形较为平坦，北侧和东北侧分布少量山地，整体地势起伏小，建设用地条件较好。居民点分布以散居-聚居为主，呈混合式分布，且散居的居民点图斑规模较小，单个图斑容纳的农户数量主要在5户以下，聚居的居民点主要位于交通、耕作、水域条件十分优越的地带，图斑规模相对较大，容纳农户数量相对较多。对此类区域，地貌等自然条件并非居民点集聚需要考虑的核心影响因素，因此经缓冲区分析识别后的区域可作为集中建设区与未来可发展区，同时可从以下几方面进一步优化集中建设区。

（1）在充分考虑人口、产业及耕地现状与发展需求的基础上，合并以及新增部分集中建设区。拟定的集中建设区范围并不一定能完全容纳周边零散的居民点，且该范围内建设用地指标有限，因此有必要预测集中建设区内未来可容纳的人口数量，调查分析集中建设区范围内耕地数量质量情况及需要新增建设用地的规模，必要时可通过废弃、闲置居民点的腾退复垦及腾旧补新获取集中建设区内的建设用地指标，对邻近的集中建设区进行归并，未划入集中建设区范围内的区域，如确有必要也可适当新增集中建设区，鼓励农户与集体经济组织达成集聚合作协议。同时，要结合全域土地综合整治，同步推进耕地的整治与保护，促进土地节约集约利用。

（2）适当打破村庄的行政界线限制，对相邻的集中建设区进行优化调整，实现资源共享、抱团发展。平坝地区地形地貌有别于山地地区，综合考虑道路、河流实体边界，从实际出发，对功能定位一致但受行政区界线限制而分割的区域，"消除"界限堡垒，实现居民点联合整治、村庄治理共建、功能目标整合以及人才、技术等资源共享，从而形成乡村发展合力。

9.3.4 重庆市河谷地区农村居民点缓冲区分析及集聚优化路径

以地处三峡库区尾部的江津区龙华镇作为重庆市河谷地区的代表性镇域，在进行缓冲区分析基础上，探讨农村居民点集聚优化的路径。

9.3.4.1 河谷地区10m缓冲区分析

将龙华镇人口分布中的"户数"与第三次全国土地调查中农村居民点图斑编号进行关联，按照农村居民点图斑边界线建立10m缓冲区，融合相邻缓冲区范围线，形成现状较为集聚的区域（图9-27）。

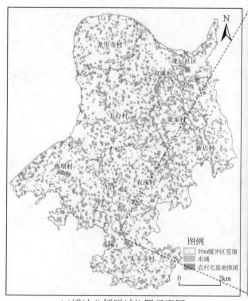

(a)缓冲分析区域位置示意图   (b)缓冲结果示意图

图9-27 龙华镇农村居民点10m缓冲区示意图

通过对图 9-27 进行分析，发现建立 10m 缓冲区以后，龙华镇农村居民点图斑最大面积 110 219.37m²，最小图斑面积仅 570.19m²，图斑数量为 2314 个，减少了 714 个，但仍然以 5 户以下为主，5 户以下的图斑数量高达 1730 个，占比达 74.76%，图 9-27（b）是位于朱羊寺村的集中安置点，建立 10m 缓冲区后，原有的 7 个农村居民点图斑融合为 1 个，原有集中建设规模扩大，在不占用基本农田的基础上，结合当地自然和社会经济条件，逐步引导周围零散的农村居民点向集中建设区集中。总的来说，对河谷地区建立 10m 缓冲区后，居民点图斑面积有所变大，图斑数量减少，尽管河谷地区地势平坦，但农村居民点分布仍然相对零散且面积较小。

利用 ArcGIS 软件中的空间分析方法并结合 Excel 软件中的数据透视表，统计出融合后图斑中的农户数量，识别出 10 户以上的村落（集中建设区），如图 9-28 和图 9-29 所示。龙华镇未来可能的集中建设区图斑共有 189 个，主要集中分布在梁家村和燕坝村，农庆村、五台村和龙华寺村的集中建设区分布较为分散，其中户数最多的图斑位于燕坝村巴渝新区，共有 443 户，该地现已成为集中建设区，基础设施和公共服务设施布局相对完善，通过对其进行缓冲区分析后，原有的 6 个图斑合并成 1 个图斑。

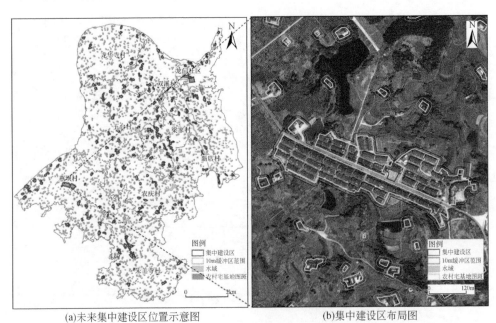

(a)未来集中建设区位置示意图　　　　(b)集中建设区布局图

图 9-28　江津区龙华镇集中建设区

(a)巴渝新区实景图1　　　　　　　　　　　　　(b)巴渝新区实景图2

图 9-29　龙华镇燕坝村巴渝新区实景图

9.3.4.2　河谷地区 50m 缓冲区分析

按照江津区龙华镇农村居民点图斑边界线，以 50m 建立缓冲区，通过相邻缓冲区范围线，识别未来可发展区（图 9-30）。建立 50m 缓冲区后发现，龙华镇农村居民点图斑数量减少了 2527 个，多数零散的图斑合并，5 户以下的农村居民点图斑数量大大减少，约占图斑数量的一半，且多数布局在远离建制镇和农村主干道的区域，交通不便且周围农户较少。在双溪村巴渝新区进行 50m 缓冲分析后，该居民点将周围 7 个零散居民点图斑纳入该范围，在不占用基本农田的基础上，应考虑扩建至范围内零散的居民点图斑（图 9-30）。

结合 ArcGIS 空间分析方法和 Excel 软件中的数据透视表，通过统计每个融合后图斑内户数总量，识别出 50 户以上的图斑，并将其作为未来可发展区（图 9-31），龙华镇未来可发展区主要集中在龙华镇东部，其中人口规模最大的图斑位于朱羊寺村，融合后的图斑内户数为 842 户，占地面积 2 355 439.29m²，其主要沿道路布局呈曲线特征，未来规划集中建设区时，应考虑道路对居民点图斑的分割作用以及未来可发展区的形态，可将周围平坦区作为未来可发展区的规划范围，避免未来可发展区的形态过于复杂。

9.3.4.3　重庆市河谷地区农村居民点集聚优化路径

江津区龙华镇位于长江沿岸，地势相对平坦，居民点数量众多，主要沿道路、河流及临近耕地分布，沿主干路分布的居民点图斑通常面积较大，呈"院落式"布局，既有自然发展形成的居民点院落，也有统一规划修建的集中建设区，较低等级的道路周围的农村居民点面积相对较小、户数较少，总体上河谷地区农村居民点在地形地貌的影响下，布局相对分散，应合理确定服务群体和服务半

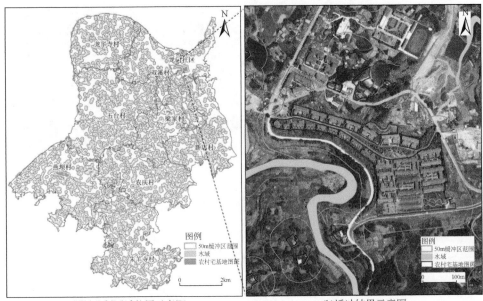

(a)缓冲分析区域位置示意图　　　　　　　(b)缓冲结果示意图

图 9-30　龙华镇农村居民点 50m 缓冲区示意图

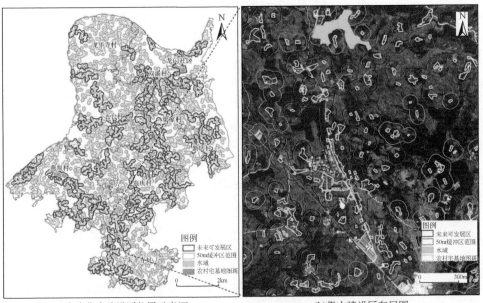

(a)未来集中建设区位置示意图　　　　　　(b)集中建设区布局图

图 9-31　江津区龙华镇未来可发展区

径，规划集中建设区和未来可发展区，满足不同使用者的需求，也避免基础设施和公共服务设施布设的浪费，具体路径如下。

根据地形地貌、区位条件、农户意愿等现实条件合理确定农村居民点的分布半径，适度集中布局农村居民点，合理规划乡村基础设施。同时，强化"院落式"农村居民点内部街巷空间脉络，完善线状道路和巷道的空间结构，深入挖掘村庄特质和内在价值，打造具有特色的滨江乡村聚落建筑风貌和内部结构，形成独特的河谷型乡村聚落景观空间格局。合理规划集中建设区和未来可发展区。河谷地区地势平坦且具有滨江的优势，在分析10m缓冲区的基础上，综合考虑缓冲区周围的地形地势，可将周围地势平坦的地区也纳入集中建设区。同时，将延伸出去的农村居民点图斑复垦为耕地或者转化为其他用地类型，避免农村居民点图斑形态过于狭长，这也有利于基础设施的布局。在规划未来可发展区时，50m缓冲区分析仅是可能性，仍需综合考虑该镇的自然环境和社会经济发展情况，在区位条件良好、交通相对发达的区域布局，同时也要完善集中建设区和未来可发展区内部的交通系统，形成便于出行的乡村聚落空间格局。集中建设区和未来发展区在发展过程中通常作为城镇化型和村庄重点发展型居民点进行优化，需要加强居民点的基础公共服务设施的配套，逐渐转变农户生活方式，同时引导劳动力逐渐向第二、第三产业流动，推动居民点向城镇靠拢。

自然形成的居民点通常是区域内分布最广、图斑数量最多的一类居民点，这类居民点图斑面积差异较大，可通过居民点布局适宜性评价将用地规模较大的采取外延式扩展和内部集约利用的方式进行优化，在复垦废弃或闲置居民点、合并邻近规模较小的居民点的基础上，应充分发挥区位优势，加强交通路网建设，强化与城镇化型和重点发展型村庄的社会经济交流；同时将规模较小的居民点以内部集约利用、依附重点发展村落的方式进行优化，其是实施城乡建设地"增减挂钩"政策的重点区域。

距离交通干道和城镇较远且分布零散的农村居民点通常规模较小，综合发展潜力较差，自然本地条件和基础设施建设等方面存在明显的劣势，可通过搬迁撤并的方式进行优化，如将居民点通过生态移民、就业转移、政策搬迁或自主搬迁的方式逐步引导至区位条件、资源禀赋优异的区域，同时整治已腾挪的土地。

9.4 重庆市丘陵山区图斑尺度农村居民点布局优化方向

9.4.1 以村庄规划为导向，优化丘陵山区居民点布局

中国正处于规划内容调整、规划体系重构、规划体制改革的关键阶段，城乡分割的规划体系逐步调整为城乡一体的国土空间规划，村庄规划与建设进入新的发展阶段。随着乡村社会经济不断转型，村庄规划在理论与实践层面已经取得了诸多进步。未来应以村庄规划引导居民点布局调整优化、村庄规划服务于乡村振兴为总体要求，加大农村居民点适度集聚的力度，充分体现乡村聚落文化、景观、规模等方面的基本要求，实现大尺度乡村聚落的总体布局。同时，在落实上位规划要求的基础上，立足地域特点，研究制定乡村聚落规划设计规范与标准，为乡村聚落规范化建设提供依据。村庄规划是国土空间规划体系中城镇开发边界外的详细规划，是开展国土空间开发保护活动、实施国土空间用途管制、核发乡村建设规划许可、集体经营性建设用地入市以及各项建设等的法定依据，应充分发挥村庄规划对各类开发建设活动的指导和调控作用，有序引导零星散居农户向集中建设区集聚。

9.4.2 以"三生空间"协调耦合为导向，引导丘陵山区居民点集聚选址

当前正处于合村并居和乡村振兴全面实施阶段，乡镇国土空间规划和实用型村庄规划编制已经全面展开，居民点的布局与优化是规划的重要任务，应该遵循最新行政村社进行适度集聚。居民点适度集聚后，其基础设施配套应充分考虑社会、经济和生态效益，居民点集聚选址时应遵循"交通畅、环境好、便生产、利发展、宜生活"的原则。居民点是农户生活生产的重要场所，出行方便是农户集聚居住选址的首要考虑因素；居民点集聚后应符合村庄规划的选址要求，同时进行人居环境综合整治，把农户的生活环境作为农村国土空间治理的首要任务。因应时代变迁，农村承包地"三权"分置改革、宅基地"三权"分置改革和"三变改革"的政策推动，农户的生产、生活方式不断改变，应充分考虑上述变化趋势，让居民点集聚成为助推农村高质量发展的主要途径。

9.4.3　充分尊重农户意愿，有序推进丘陵山区农村居民点适度集聚

注重实地调研，尊重村民意见，充分调动村民积极性，鼓励村民深度参与，不同区域采取不同的集聚政策，形成不同规模的相对聚居点。课题组于2021年4月至2021年10月对样本区县、样本乡镇、样本村开展了实地调研，调查表明47.7%的农户不愿意搬迁至集聚点。因此，在居民点集聚规划工作中，必须充分尊重农户意愿，不搞"一刀切"。同时，要根据居民点不同情况、不同类型、不同区域农户的集聚意愿和要求，分期分批有序推进重庆市居民点适度集聚工作。

（1）重点推进居民点常年闲置或季节性闲置的农户聚居。对于居民点常年闲置或季节性闲置的农户而言，其对农村土地的生产性依赖逐渐减小，家庭收入来源于非农收入，生活方式已经发生了改变，通过政策引导与估计，重点鼓励这类农户选择居民点集聚，集中建设区通过建立超市、卫生院、广场、快递点等基础设施，形成规范的社区管理示范区，从而吸引更多农户向集中建设区转移。

（2）出台分类引导农户迁居集中建设区的政策。主要从农户年龄、居民点结构及新旧程度、农户的交通条件、耕作距离等方面进行考虑，如距主干道距离远的农户聚居意愿较高，房屋结构差的农户追求新建房屋，此时有政策优惠，可以引导这类农户进行集聚建设。

9.4.4　坚持政府引导，鼓励多方参与，积极盘活利用山区闲置农村居民点

受地貌、社会经济发展水平及耕作习惯等诸多因素的影响，重庆市丘陵山区乡村聚落呈现"自然生长式"的空间格局，需要合理有效的引导。

（1）合理规划和建设集中建设区，消除农户对居民点集聚后居住环境质量下降的担心。

（2）保障农户在集体经济组织中的成员资格，居民点集聚规划后仍享受农户在集体经济组织中应有的权利，消除其跨村集聚居住可能的后顾之忧。

（3）加强对居民点集聚可能产生好处的宣传，做好居民点集聚建设示范工程。

（4）积极推进农村闲置宅基地与农房退出复垦，为相关农户带来经济收益，同时优化农用地和居民点用地的空间格局，提升乡村景观质量。

（5）将居民点空间重构与乡村社会治理能力和水平现代化有机融合。深入

推进承包地"三权"分置和宅基地"三权"分置改革，通过创新承包经营权和宅基地使用权流转方式，吸引工商资本进入农村，按照乡村振兴的相关要求，采用公司+合作社+农户、公司+集体经济组织、集体经济组织+"新型农民"等多种方式，统筹经营农用地和农房及宅基地，在有序有效推动农村用地结构和布局优化的同时实现居民点空间重构目标。

9.5 本章小结

（1）重庆市丘陵地区农村居民点分布较为分散，平均图斑面积小，景观破碎化程度高，主要分布在海拔<649m、坡度<15°的区域，5户以下的农村居民点图斑数量比例高，单个居民点图斑内农户数量较少，以散居为主，不利于乡村基础设施的覆盖及乡村整体经济社会的发展。应以满足农户生产生活需求、提高农户生活质量为基本出发点，充分考虑区域内自然环境、区位条件、农户意愿、社会经济发展情况等因素，因地制宜进行农村居民点空间重构。

（2）重庆市山地地区农村居民点类型以散居型、散居-聚居型为主。散居型农户分布在海拔高且距离主干道较远的区域；聚居是因生态移民等政策的实施而形成的。总体来讲，山地地区的居民点主要分布在海拔<720m、坡度小于15°的区域，部分区域有相对集聚的趋势。规划集中建设区时应综合考虑海拔、坡度等自然条件和交通条件、农户意愿等社会经济条件。

（3）重庆市平坝地区居民点密度大且分布相对均匀，不受地形条件的约束，主要分布在道路交通发达，水利及耕作条件良好的区域。未来居民点集聚选址主要从交通、区位等方面进行考虑，在充分考虑人口、产业及耕地现状与发展需求的基础上，适当打破村庄的行政界线限制，对相邻的集中居住区进行优化调整，实现资源共享，打造乡村振兴示范村。

（4）随着地形梯度的上升，地形、气候、水土等自然地理条件逐渐恶劣，导致交通不便、基础设施条件差、产业发展水平落后等，不利于农户居住或从事各类生产活动。在重庆市选择不同地貌类型区理性审视居民点集聚的分布规律与未来格局，科学认识乡村人地关系演化机理和人地相互作用效应，对指导居民点优化重构、促进乡村人地系统耦合协调具有较强的现实意义。

第10章　丘陵山区农村居民点空间重构决策的影响因素

　　农村居民点是农村社会经济发展的基础，是农村人地关系的核心和农村社会的基本地域单元（文枫等，2010；严金海，2011）。随着城镇化、工业化的发展，城镇用地紧张与农村居民点低效闲置形成了鲜明对比。面对城乡发展的现实矛盾，开展农村居民点重构，成为现代化建设进程中破解土地供需矛盾、推进乡村振兴、促进城乡融合发展的重要途径（臧玉珠等，2019；冯应斌和杨庆媛，2014）。2013年中央一号文件三次强调尊重农民，在"改进农村公共服务机制，积极推进城乡公共资源均衡配置"中提出"农村居民点迁建和村庄撤并，必须尊重农民意愿，经村民会议同意"。2014～2022年中央一号文件连续9年不断聚焦深化农村土地制度改革试点，日益重视宅基地制度改革。可见，农民的主体地位日益提高，农民意愿也愈发受到重视。因此，在农村居民点重构过程中开展农户意愿调查，分析影响农户意愿的主导因素，提出切实可行的重构建议，有针对性地开展农村居民点重构工作，激发农户的参与热情，对顺利推进农村居民点重构及乡村建设行动具有重大意义。

　　由于农村居民点重构直接或间接地影响农户居住条件、土地权益及收入消费（Miranda et al.，2006；White et al.，2009；李子联，2012），农户对重构工作的支持与否决定了重构实施是否能够顺利进行。近年来，农村居民点重构的农户意愿及其影响因素持续受到关注。研究结果表明，个人特征、家庭特征、住房特征、对政策的认知和其他特征是影响农户进行农村居民点重构的主要因素。个人特征主要有性别、年龄、受教育程度等（邵子南等，2013；张正峰等，2018）；家庭特征包括家庭非农收入比、需抚养的小孩数量、需赡养的老人数量等（何娟娟等，2013；李佩恩等，2016），而家庭经济状况可以显著地影响农户居民点重构意愿（Eno，2004）；住房特征主要包括房屋建设年份、房屋建筑面积、住房套数等（王介勇等，2012；周丙娟和饶盼，2014）；对政策的认知主要有对政策的了解程度及是否支持等（黄贻芳，2013；杨玉珍，2012）；社会经济发展水平也是制约农户进行农村居民点重构的主要因素（杨丹丽等，2021）。研究方法中，除了二元Logistic回归模型和有序Probit模型外（张忠明和钱文荣，2014；陈霄，2012；王兆林和王敏，2021；孙涛和欧名豪，2020），结构方程模型也逐步被运用到农村居民点重构的农户意愿影响因素分析中（高佳和李世平，2014；韩璐和徐保根，2012）。本章运用结构方程模型对重庆市潼南区柏梓镇中渡社区和长寿区海棠镇海棠村农村居民点重构中农户意愿的影响因素进行分析。

10.1　研究思路与研究框架

分析影响农村居民点重构决策意愿的主导因素，能为推进农村居民点重构工作提供重要参考。具体思路为①对问卷调查数据进行探索性因子检验，选择对农户决策意愿影响较大的因子构建指标体系；②运用 AMOS 21.0 软件，根据因子之间的关系构建结构方程初始模型，结合调研数据对初始模型进行检验、修正，得到适配度良好的最终模型；③根据模型计算结果，分析内在机理，提出相应的建议，研究框架如图 10-1 所示。

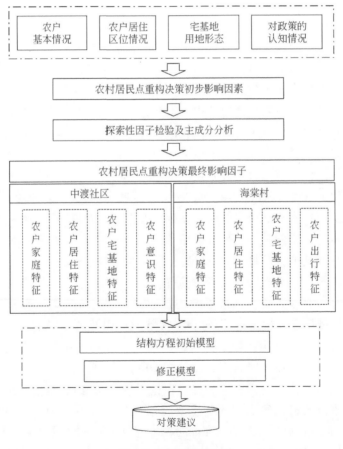

图 10-1　研究框架图

10.2 案例区选择和调研问卷设计

10.2.1 案例区选择

潼南区和长寿区均位于重庆市主城都市区，都是重庆市未来工业化、城镇化的主战场。根据重庆市"一区两群"现实复垦潜力的测算，主城都市区的现实复垦潜力最大，约占全市复垦潜力的51%左右。结合重庆市农村居民点人均用地规模类型的划分，潼南区和长寿区分别属于极度超标型和中度超标型，土地利用率低，乡村重构与整治潜力空间大。

中渡社区和海棠村分别是潼南区和长寿区重点建设的乡村，其中中渡社区是重庆市美丽乡村建设市级示范村。两个村通过充分挖掘村内农村居民点的利用潜力，促进土地节约集约利用，整合配套资源、改善人居环境，对其他乡村具有较强的示范和带动作用。同时，两个村农地的规模化经营程度较高，居住地受耕作半径的制约较小，具有进行农村居民点重构的条件，加之村域内常年在外务工人数多，宅基地闲置及低效利用现象突出，具有农村居民点重构的潜力，因此选取潼南区中渡社区和长寿区海棠村进行农村居民点重构决策意愿的影响因素研究。

10.2.2 调研问卷设计

采用频数统计法对相关文献中影响农户意愿的因子进行频数统计（邵子南等，2013；徐冰和夏敏，2012；张正峰等，2013），选取频数达到6以上的因子，并综合考虑预调研结果和中渡社区与海棠村的实际情况，问卷最终选取19个因子作为调查农户意愿的影响因素。其中，农户的个人情况是受教育程度；家庭情况包括家庭总人口数、非农务工人数、赡养老人数量、抚养小孩数量、家庭非农收入；居住情况包括与集镇的时间距离、与最远耕地的时间距离、房屋结构、房屋层数、院坝面积、房屋修建年限、房屋数量、宅基地面积、宅基地周围道路情况、宅基地利用状况；政策了解情况包括农户政策意识、农户学习意识和农户行为意识。

10.3　研究方法与数据

10.3.1　研究方法

结构方程模型是一种基于因素分析与路径分析的新兴统计方法，主要用来处理潜变量与观测变量以及潜变量之间的关系，进而获得自变量对因变量影响的直接效果、间接效果或总效果（吴明龙，2009）。农户做出农村居民点重构意愿决策属于潜在变量，这些变量不便于直接观察与测量，但是可以用一些外显指标间接测量，而传统的 Logistic 等回归模型不能妥善处理这些潜在变量，仅能对各外显指标之间联系做出推测性的判断而不能给出具体数量关系，结构方程模型正好弥补了这种缺陷（赵晓秋和李后建，2009）。结构方程模型由测量模型和结构模型构成。其中，测量模型表达的是指标与潜变量的关系，通常表示为

$$x = \Lambda_x \xi + \delta \tag{10-1}$$

$$y = \Lambda_y \eta + \varepsilon \tag{10-2}$$

式中，x 和 y 分别为由外衍指标组成的变量和由内生指标组成的变量；Λ_x 和 Λ_y 分别为指标变量 x 和 y 的因素负荷量；ξ 和 η 分别为外衍潜变量和内生潜变量；δ 和 ε 分别为指标变量 x 和 y 的测量误差。

对于潜变量之间的关系，通常表达为如下的结构方程：

$$\eta = B\eta + \Gamma\xi + \zeta \tag{10-3}$$

式中，ξ 和 η 分别为外衍潜变量和内生潜变量；B 为内生潜在变量间的关系；Γ 为外衍变量对内生潜变量的影响；ζ 为结构方程的残差项，反映了 η 在方程中未被解释的部分（吴明龙，2009；尹希果，2009）。

10.3.2　数据来源

中渡社区研究数据来自课题组 2014 年 12 月对重庆市潼南区柏梓镇中渡社区农户进行的问卷调查。调研采取一对一访问，对农户的个人情况、家庭情况、居住情况、政策了解情况、农户重构意愿情况及其原因等进行了调查。总共发放 253 份问卷，回收 253 份，回收率 100%，剔除异常问卷，剩余有效问卷 239 份，有效率为 94.47%。

海棠村研究数据来自课题组 2014 年 9 月对重庆市长寿区海棠镇海棠村农户进行的问卷调查。调研采取一对一访问，对农户的个人情况、家庭情况、居住情

况、政策了解情况、农户重构意愿情况及其原因等进行了调查。总共发放 181 份问卷，回收率 181 份，回收 100%，剔除异常问卷，剩余有效问卷 172 份，有效率为 95.03%。

10.3.3　数据处理方法

通过 SPSS 21.0 对问卷进行缺失值处理和信度分析，然后对数据进行探索性因子检验。根据已有研究（孙涛和欧名豪，2020），拟选取户主受教育程度、家庭总人口数、非农务工人数、赡养老人数量、抚养小孩数量、家庭非农收入、与集镇的时间距离、与最远耕地的时间距离、房屋结构、房屋层数、院坝面积、房屋修建年限、房屋数量、宅基地面积、宅基地周围道路情况、宅基地利用状况、农户政策意识、农户学习意识和农户行为意识 19 个因子，然后利用 SPSS 21.0 对数据进行 KMO 统计量检验和 Bartlett 球形检验，采用主成分提取法，剔除单一因子负荷小于 0.5 或者在多个因子上负荷大于 0.5 的因子，获得相关因子。根据影响农户进行农村居民点重构的影响因子及结构方程的设定形式，构建农户农村居民点重构决策意愿影响因素的结构方程模型，利用调研数据模型进行验证，并依据第一次模型模拟验证后的适配情况，调整路径至模型总体拟合良好，从而得到结构方程路径图。

在对模型进行拟合评估时，拟合度越高，则模型对问题的解释性越强。结构方程模型的评价指标主要有三类：绝对适配指数、增值适配指数和简约适配指数。其中，绝对适配指数要求卡方值 CMIN 显著性概率 $P>0.05$；拟合优度指数 GIF>0.9；调整后适配指数 AGFI>0.9；渐进残差均方与平方根 RMSEA<0.05。增值适配指数要求增值适配指数 IFI、非规准适配指数 TLI 以及比较适配指数 CFI 均大于 0.9 为优。简约适配指数则要求理论模型的信息校标 AIC 值小于独立模型和饱和模型，要求简约调整后的规准适配指数 PNFI 和简约适配调整指数 PCFI 大于 0.5（严金海，2011）。模型评价指标如表 10-1 所示。

表 10-1　模型评价指标

评价类别	参考指标	参考值
绝对适配指数	卡方值（CMIN）	—
	自由度（DF）	—
	显著性概率（P）	>0.05
	拟合优度指数（GFI）	>0.9
	调整后适配指数（AGFI）	>0.9

续表

评价类别	参考指标	参考值
绝对适配指数	差异除以自由度（CMIN/DF）	<2
	渐进残差均方与平方根（RMSEA）	<0.05
增值适配指数	非规准适配指数（TLI）	>0.9
	比较适配指数（CFI）	>0.9
简约适配指数	信息校标（AIC）	—
	简约调整后的规准适配指数（PNFI）	>0.5
	简约适配调整指数（PCFI）	>0.5

10.3.4 数据处理过程

10.3.4.1 中渡社区

中渡社区数据检验 KMO=0.639，Bartlett 球形检验值为 0.000，小于 0.001，结果显著，说明数据适合进行因子分析。利用主成分提取法，采取具有 Kaiser 标准化的正交旋转法，对模型进行迭代，模型在 5 次迭代后收敛，剔除单一因子负荷小于 0.5 或者在多个因子上负荷大于 0.5 的因子，剩余 11 个因子、4 个主成分。在探索性因子分析的基础上，结合对问题的认识，将影响中渡社区农户进行农村居民点重构的因素分为 4 个潜变量：一是农户家庭特征，包括家庭总人口数、非农务工人数和家庭非农收入 3 个显变量。二是农户居住特征，包括房屋结构、房屋层数、房屋修建年限 3 个显变量。三是农户宅基地特征，包括宅基地面积和宅基地利用状况 2 个显变量。四是农户意识特征，包括对农户政策意识、农户学习意识以及农户行为意识 3 个显变量（表 10-2）。

表 10-2 中渡社区农户农村居民点重构决策意愿影响因素

潜变量	显变量	解释	预期作用方向
农户家庭特征	家庭总人口数	农户家庭人口总数（实际输入数据）	+
	非农务工人数	农户家庭中从事非农产业人数（实际输入数据）	+
	家庭非农收入	农户家庭成员从事非农产业所取得的月收入和（实际输入数据）	+

续表

潜变量	显变量	解释	预期作用方向
农户居住特征	房屋结构	农户居住的房屋结构（1＝土木；2＝砖木；3＝砖混）	－
	房屋层数	农户房屋楼层数（实际输入数据）	－
	房屋修建年限	农户房屋的修建时间（1＝5 年及 5 年以内；2＝5～10 年；3＝11～20 年；4＝21～30 年；5＝30 年以上）	＋
农户宅基地特征	宅基地面积	农户房屋、院坝、牲畜圈等占地面积（实际输入数据）	＋
	宅基地利用状况	农户宅基地的使用情况（1＝闲置；2＝未闲置）	－
农户意识特征	农户政策意识	农户对重构相关政策的了解（1＝不了解；2＝一般；3＝很了解）	＋
	农户学习意识	农户获取政策知识的来源（1＝无；2＝村里宣传；3＝电视和报纸；4＝网络）	＋
	农户行为意识	农户是否支持复垦政策（1＝说不出；2＝不支持；3＝支持）	＋

　　根据结构方程的设定形式，将家庭非农收入、房屋修建年限、宅基地面积、农户政策意识 4 个显变量的路径系数固定为 1，构建中渡社区农村居民点重构决策意愿影响因素的结构方程初始模型（图 10-2）。

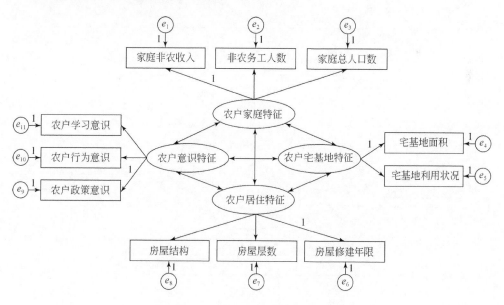

图 10-2　中渡社区结构方程初始模型

运用 AMOS 21.0 软件，利用调研数据对中渡社区结构方程初始模型进行验证，根据第一次验证后的适配情况，调整路径，通过两次修正、增加两条路径后，模型总体拟合良好（表10-3），得到中渡社区结构方程模型修正路径图（图10-3）。

表 10-3　中渡社区模型适配指标

评价类别	参考指标	预设模型	饱和模型	独立模型
绝对适配指数	卡方值（CMIN）	48.736	0	1095.876
	自由度（DF）	36	0	55
	显著性概率（P）	0.076		0
	拟合优度指数（GFI）	0.965	1	0.557
	调整后适配指数（AGFI）	0.937		0.469
	差异除以自由度（CMIN/DF）	1.354		19.925
	渐进残差均方与平方根（RMSEA）	0.039		0.282
增值适配指数	非规准适配指数（TLI）	0.981		0
	比较适配指数（CFI）	0.988	1	0
简约适配指数	信息校标（AIC）	108.736	132	1117.876
	简约调整后的规准适配指数（PNFI）	0.625	0	0
	简约适配调整指数（PCFI）	0.647	0	0

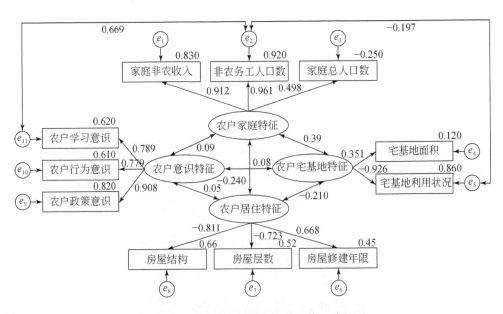

图 10-3　中渡社区结构方程模型修正路径图

10.3.4.2　海棠村

海棠村数据检验 KMO = 0.638，Bartlett 球形检验值为 0.000，小于 0.001，结果显著，说明数据适合进行因子分析。利用主成分提取法，采取具有 Kaiser 标准化的正交旋转法，对模型进行迭代，模型在 4 次迭代后收敛，剔除任意因子负荷小于 0.5 或者在多个因子上负荷大于 0.5 的因子，剩余 11 个因子、4 个主成分。将影响海棠村农户进行农村居民点重构的因素分为 4 个潜变量：一是农户家庭特征，包括受教育程度、家庭总人口数、非农务工人数和家庭非农收入 4 个显变量。二是农户居住特征，包括房屋结构、房屋层数、房屋修建年限 3 个显变量。三是农户宅基地特征，包括宅基地面积和宅基地利用状况 2 个显变量。四是农户出行特征，包括与集镇的时间距离和与最远耕地的时间距离 2 个显变量（表 10-4）。

表 10-4　海棠村农户农村居民点重构决策意愿影响因素

潜变量	显变量	解释	预期作用方向
农户家庭特征	受教育程度	受访者受教育程度（1 = 文盲；2 = 小学；3 = 初中；4 = 高中；5 = 大专及以上）	+
	家庭总人口数	农户家庭人口总数（实际输入数据）	+
	非农务工人数	农户家庭中从事非农产业人数（实际输入数据）	+
	家庭非农收入	农户家庭成员从事非农产业所取得的月收入和（实际输入数据）	+
农户居住特征	房屋结构	农户居住的房屋结构（1 = 土木；2 = 砖木；3 = 砖混）	−
	房屋层数	农户房屋楼层数（实际输入数据）	−
	房屋修建年限	农户房屋的修建时间（1 = 5 年及 5 年以内；2 = 5 ~ 10 年；3 = 11 ~ 20 年；4 = 21 ~ 30 年；5 = 30 年以上）	+
农户宅基地特征	宅基地面积	农户房屋、院坝、牲畜圈等占地面积（实际输入数据）	+
	宅基地利用状况	农户宅基地的使用情况（1 = 闲置；2 = 未闲置）	−
农户出行特征	与集镇的时间距离	农户从住所到集市所耗费的时间（实际输入数据）	+
	与最远耕地的时间距离	农户到最远耕地所耗费的时间（实际输入数据）	+

　　假设 4 个潜变量（即农户家庭特征、农户居住特征、农户宅基地特征和农户出行特征）是相互作用相互影响的，将农户的家庭非农收入、房屋修建年限、宅基地面积、与集镇的时间距离 4 个显变量的路径系数固定为 1，构建海棠村农村居民点重构决策意愿影响因素的结构方程初始模型（图 10-4）。

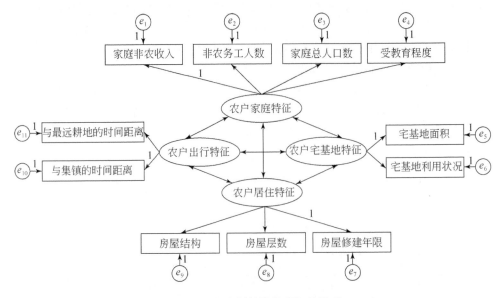

图 10-4　海棠村结构方程初始模型

　　运用 AMOS 21.0 软件，利用调研数据对海棠村农村居民点重构决策意愿影响因素结构方程初始模型进行验证，根据第一次验证后的适配情况，调整路径，通过 2 次修正，增加 2 条路径后，模型总体拟合良好（表 10-5），得到海棠村结构方程模型修正路径图（图 10-5）。

表 10-5　海棠村模型适配指标

评价类别	参考指标	预设模型	饱和模型	独立模型
绝对适配指数	卡方值（CMIN）	46.239	0	579.744
	自由度（DF）	36	0	55
	显著性概率（P）	0.118		0
	拟合优度指数（GFI）	0.951	1	0.645
	调整后适配指数（AGFI）	0.911		0.573
	差异除以自由度（CMIN/DF）	1.284		10.541
	渐进残差均方与平方根（RMSEA）	0.041		0.236

续表

评价类别	参考指标	预设模型	饱和模型	独立模型
增值适配指数	增值适配指数（IFI）	0.981	1	0
	非规准适配指数（TLI）	0.97		0
	比较适配指数（CFI）	0.98	1	0
简约适配指数	信息校标（AIC）	106.239	132	601.744
	简约调整后的规准适配指数（PNFI）	0.602	0	0
	简约适配调整指数（PCFI）	0.642	0	0

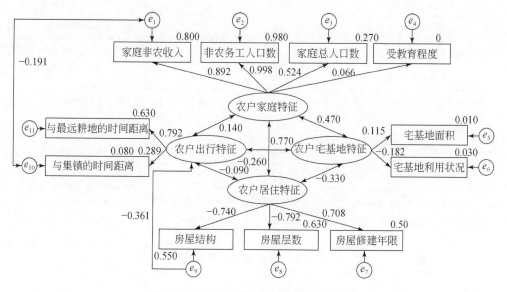

图 10-5　海棠村结构方程模型修正路径图

10.3.5　数据处理结果

利用极大似然估计法计算的模型结果如表 10-6 和表 10-7 所示。在最初设定时认为农户意识特征→农户政策意识、农户居住特征→房屋修建年限、农户家庭特征→家庭非农收入、农户宅基地特征→宅基地面积、农户出行特征→与集镇的时间距离对农户重构决策有必然影响，因而将其固定路径系数设置为 1，标准差和临界值为空白。

表 10-6 回归系数（中渡社区）

路径 (Path)	非标准化估计值 [Estimate (N)]	标准差 (S. E)	置信区间 (C. R)	标准化估计值 [Estimate (S)]
农户家庭特征→家庭非农收入	1			0.912
农户家庭特征→非农务工人口数	3.181***	0.2	15.915	0.961
农户家庭特征→家庭总人口数	2.387***	0.291	8.214	0.498
农户居住特征→房屋层数	-0.449***	0.052	-8.587	-0.723
农户居住特征→房屋修建年限	1			0.668
农户居住特征→房屋结构	-0.495***	0.058	-8.547	-0.811
农户宅基地特征→宅基地面积	1			0.351
农户宅基地特征→宅基地利用状况	-0.026**	0.013	-2.016	-0.926
农户意识特征→农户政策意识	1			0.908
农户意识特征→农户行为意识	1.162***	0.088	13.133	0.779
农户意识特征→农户学习意识	0.747***	0.056	13.369	0.789
$e_2 \leftrightarrow e_5$	-0.04**	0.019	-2.131	-0.197
$e_2 \leftrightarrow e_{11}$	0.023**	0.011	2.109	0.669

注：**和***分别表示在5%和1%水平下显著。Estimate (N)，即 Not Standardized Estimate，非标准化估计值。Estimate (S)，即 Standardized Estimate，标准化估计值

表 10-7 回归系数（海棠村）

路径 (Path)	非标准化估计值 [Estimate (N)]	标准差 (S. E)	置信区间 (C. R)	标准化估计值 [Estimate (S)]
农户家庭特征→家庭非农收入	1			0.892
农户家庭特征→非农务工人口数	3.658***	0.283	12.935	0.988
农户家庭特征→家庭总人口数	3.574***	0.476	7.504	0.524
农户家庭特征→受教育程度	0.163	0.196	0.833	0.066
农户居住特征→房屋层数	-0.571***	0.072	-7.961	-0.792
农户居住特征→房屋修建年限	1			0.708
农户居住特征→房屋结构	-0.53***	0.069	-7.723	-0.740
农户宅基地特征→宅基地面积	1			0.115
农户宅基地特征→宅基地利用状况	-0.013**	0.005	-2.299	-0.182

路径（Path）	非标准化估计值 ［Estimate（N）］	标准差 （S. E）	置信区间 （C. R）	标准化估计值 ［Estimate（S）］
农户出行特征→与集镇的时间距离	1			0.289
农户出行特征→与最远耕地的时间距离	3.915**	1.873	2.09	0.792
$e_1 \leftrightarrow e_{10}$	−0.2**	0.089	−2.249	−0.191
$e_9 \leftrightarrow$ 农户出行特征	−0.312*	0.172	−1.82	−0.361

注：*、**和***分别表示在 10%、5% 和 1% 水平下显著。Estimate（N），即 Not Standardized Estimate，非标准化估计值。Estimate（S），即 Standardized Estimate，标准化估计值

10.4　结果与分析

1）农户居民点重构意愿强弱是农户综合特征作用的结果

从表 10-6 和表 10-7 可以看出，在农户家庭特征中，中渡社区和海棠村非农务工人数、家庭总人口数的标准化估计值分别 0.961 和 0.988、0.498 和 0.524，说明两者均对农户的重构意愿有正向影响，非农务工人数越多及家庭总人口数越多，农户越愿意进行重构。在农户居住特征中，中渡社区和海棠村房屋层数、房屋结构的标准化估计值分别为−0.723 和−0.792、−0.811 和−0.740，两者都与重构意愿呈负相关。在农户宅基地特征中，中渡社区和海棠村宅基地利用状况的标准化估计值分别为−0.926 和−0.182，表明宅基地利用状况与重构意愿呈负相关。中渡社区农户意识特征中的农户行为意识的标准化估计值为 0.779，表明农户行为意识与农户进行重构的意愿呈正相关，农户认为能从农村居民点空间重构中获得好处，支持政策的力度越大，重构的意愿就越强。海棠村农户出行特征中的与最远耕地的时间距离的标准化估计值为 0.792，表明与最远耕地的时间距离同农户进行农村居民点空间重构的意愿呈正相关。到最远耕地花费的时间越多，耕作半径越大，农户的重构意愿越强。

在中渡社区的样本数据中，104 户表示支持复垦政策，其中 66.35% 的农户愿意进行重构。农户学习意识的标准化估计值为 0.789，表明农户的学习意识越强，进行农村居民点空间重构的意愿越高。农户获取信息的来源渠道越广，越有利于他们正确认识农村居民点空间重构的相关政策，加深对政策的理解程度，充分认识到农村居民点空间重构给他们带来的好处，如增加收入、改善居住环境、提高生活水平、建设美丽家乡等，从而增强他们的重构意愿。

2）农户综合特征对其居民点空间重构意愿影响程度具有明显的区域差异

（1）中渡社区的检验。第一，增加路径 $e_2 \leftrightarrow e_5$（图 10-3），其通过 5% 水平下的显著性检验，且标准化估计值为负值，说明中渡社区非农务工人数和宅基地利用状况呈负相关。非农务工人数越多，宅基地闲置越多，宅基地利用状况越差。这一点可以通过现实情况得到验证。在农村，夫妻两人外出打工的情况较为常见，部分家庭甚至全家外出务工，一般只有过年回家一次，有些 2~3 年才回村一次，宅基地基本都处于完全闲置或者部分闲置状态，他们进行农村居民点空间重构的愿望强烈，希望借此获取一定的补偿费。第二，增加路径 $e_2 \leftrightarrow e_{11}$（图 10-3），其通过 5% 水平下的显著性检验，非农务工人数和农户学习意识呈现正向共变关系，非农务工人数越多，农户家庭的学习意识越强。相比在农村务农，非农务工人员在城市务工，获取信息的渠道更多，知识面更广，对农村居民点空间重构政策的理解更为深入，维权意识更高，为了保护自己的基本权益，他们会有更强的学习需求与动力，以期在农村居民点空间重构中能够获得相应的合理利益。第三，通过对固定路径系数为 1 的因子进行标准化，发现农户家庭非农收入的标准化估计值为 0.912，表明农户家庭非农收入每提高一个百分点，重构意愿就会提高 0.912 个百分点。农户政策意识的标准化估计值为 0.908，与重构意愿呈现较大的正相关关系，农户对重构政策越了解，接受重构的可能性越大。房屋修建年限的标准化估计值为 0.668，房屋修建年限越长，接受重构的意愿越高。宅基地面积的标准化估计值为 0.351，说明宅基地面积与农户的重构意愿呈正相关，宅基地面积每提高一个百分点，农户的重构意愿就会上升 0.351 个百分点。

（2）海棠村的检验。第一，增加路径 $e_1 \leftrightarrow e_{10}$（图 10-5），其通过 5% 水平下的显著性检验，且呈现负值，说明家庭非农收入和与集镇的时间距离呈现负相关关系。农户家庭非农收入越高，家庭就越富裕，赶集选择摩托车或者三轮车的概率会大于步行，出行的时间会大为缩减。第二，增加路径 $e_9 \leftrightarrow$ 农户出行特征（图 10-5），其通过 10% 水平下的显著性检验，房屋结构和农户出行特征呈负向共变关系。在实地调研过程中发现，结构较差的房屋大多数分布在村内远离村主路的山坡上，周围道路以土路为主，出行不便，增加了到集镇的时间，并且由于到最远耕地花费的时间较长，付出小于收获，这些农户往往不会耕种最远的耕地，大部分耕地处于撂荒状态。第三，通过对固定路径系数为 1 的因子进行标准化，发现家庭非农收入的标准化估计值为 0.892，表明农户家庭非农收入每提高一个百分点，重构意愿就会提高 0.892 个百分点。与集镇的时间距离的标准化估计值为 0.289，与重构意愿呈现较大的正相关关系，农户到集镇花费的时间越长，接受重构的可能性越大。房屋修建年限的标准化估计值为 0.708，房屋修建年限越长，接受重构的意愿越高。宅基地面积的标准化估计值为 0.115，说明宅基地面积与农户的重构意愿呈正相关，宅基地面积每提高一个百分点，农户的重构意愿就会上升 0.115 个百分点。

3）农户家庭特征、居住特征及宅基地特征中具有共同影响居民点重构意愿的因素

在农户家庭特征、农户居住特征以及农户宅基地特征中，家庭非农收入、非农务工人数、家庭总人口数、房屋层数、房屋修建年限、房屋结构、宅基地面积、宅基地利用状况 8 个指标是影响农村居民点空间重构决策意愿的共同因素，且对中渡社区和海棠村的作用方向相同（表 10-8）。

表 10-8　中渡社区与海棠村影响因素及其回归系数对比

指标	影响因素	中渡社区	海棠村
农户家庭特征	家庭非农收入	0.912	0.892
	非农务工人数	0.961	0.988
	家庭总人口数	0.498	0.524
	受教育程度	—	0.066
农户居住特征	房屋层数	−0.723	−0.792
	房屋修建年限	0.668	0.708
	房屋结构	−0.811	−0.740
农户宅基地特征	宅基地面积	0.351	0.115
	宅基地利用状况	−0.926	−0.182
农户意识特征	农户政策意识	0.908	—
	农户行为意识	0.779	—
	农户学习意识	0.789	—
农户出行特征	与集镇花费时间距离	—	0.289
	与最远耕地的时间距离	—	0.792

第一，在农户家庭特征中，中渡社区和海棠村的家庭非农收入对重构意愿有正向影响，家庭非农收入越高，农户越有能力获得其他生存和发展的资源和机会，因此，进行农村居民点重构的愿望越强。中渡社区和海棠村非农务工人数的回归系数估计值分别为 0.961 和 0.988，远远超过其他因子，说明其对农户的重构意愿有很强的正向影响，非农务工人数越多，农户越愿意进行重构。非农务工人数越多意味着家庭对农业生产的依赖越低，宅基地提供的"生存保障"功能越弱，进行居民点重构后，他们有足够强的生存能力适应新的居住生活环境；并且一个家庭非农务工人数多，则在家务农人数少，宅基地利用状况较差，进行重构后，他们还能从中获取一笔补偿，用于其他用途，如供孩子上学、在城镇买房

等。家庭总人口数的回归系数估计值为正，表明其与重构意愿是正相关关系，家庭总人口数越多，农户越期望通过重构改善目前家庭的居住条件。

第二，在农户居住特征中，房屋层数和房屋结构的回归系数估计值都与重构意愿呈负相关。房屋层数越多，在房屋占地面积一定的情况下，房屋的总面积会更大，进行居民点空间重构后，农户没有足够的能力获得与现在同等面积的房屋，因此不愿意接受重构。而房屋结构越差，农户出于对居住安全与舒适的追求，改善住房条件的需求较迫切，重构的意愿较强烈。房屋修建年限越长，农户改善住房条件的愿望越强烈，接受重构的意愿也更高。

第三，在农户宅基地特征中，中渡社区和海棠村的宅基地利用状况与重构意愿呈负相关，宅基地利用状况差，表明闲置严重，农户愿意通过重构获取财产性收入。中渡社区和海棠村宅基地面积与重构意愿呈正相关，宅基地面积越大，重构愿望越强，这与预期不符。通过访谈发现，两个村宅基地面积大的农户其家庭总人数较多，并且青壮年大多数在外务工，家中往往只有老人留守，这些老人认为自己年龄大了，只要有住所，大小无所谓，愿意接受重构换取补偿留给儿女。

4）农户的意识特征和出行特征对不同区域农户居民点重构决策影响不同

调研发现，中渡社区修建有农民新村，居住农户都参与了居民点重构，集中居住在居民新村。农户除了可以从村干部的宣传中了解相关政策外，还能向居住在新村的农户了解更具体的实际情况，新村的修建也为有意愿复垦的农户带来直观的感受，因此意识特征是影响中渡社区农户决策的主要因素。海棠村一组位于海棠集镇范围，集镇对海棠村农户有较大的吸引力。因此，到集镇花费的时间和到最远耕地花费的时间成为海棠村农户决策的主要影响因素。

10.5 本章小结

通过构建结构方程模型，利用重庆市潼南区柏梓镇中渡社区和长寿区海棠镇海棠村的调研数据，对丘陵山区农村居民点空间重构意愿的影响因素进行分析发现：

（1）改善居住条件、获得一定的补偿是农户愿意进行农村居民点空间重构的主要原因，房屋新建、留恋故土、难以改变生产生活方式、担心生活成本提高等是阻碍农户接受农村居民点空间重构的原因。

（2）家庭非农收入、非农务工人数、家庭总人口数、房屋层数、房屋修建年限、房屋结构、宅基地面积和宅基地利用状况是两个村共有的影响因素，其中家庭非农收入、非农务工人数、家庭总人口数、房屋修建年限、宅基地面积对农户重构决策意愿有正向作用，房屋层数、房屋结构和宅基地利用状况对重构决策意愿有负向作用。

（3）结合中渡社区和海棠村的特征，可将其归纳为新村示范型农村和近集镇型农村。其中，影响新村示范型农村居民点空间重构意愿的主要因素为非农务工人口数、宅基地利用状况、家庭非农收入、农户政策意识、房屋结构、农户学习意识。影响近集镇型农村居民点空间重构意愿的主要因素为非农务工人数、家庭非农收入、房屋层数、与最远耕地的时间距离、房屋结构、房屋修建年限等。

（4）对农户而言，是否进行农村居民点空间重构是一项重大的家庭决策，具有极强的复杂性。农户在做出决策时，往往是基于多因素多方面的考虑，不是某单一因子所能代替的。除上述因子影响外，自然条件、政策变化等情况也是影响农户决策的因素。

基于上述研究结果，提出如下对策建议，以期更好地推进农村居民点空间重构。

（1）健全就业保障体系，确保农村居民点空间重构后农户生计可持续性。将农村居民点空间重构与就业培训、产业发展、农民安置结合起来，先培训、再重构，先安居、再就业，尝试构建集"培训—重构—安居—就业"于一体的保障链条，逐步将家庭剩余劳动力从农业生产中解放出来。增加家庭非农就业人数，提高家庭非农就业收入，确保农户进行农村居民点空间重构后有一定的非农就业能力和舒适稳定的居住条件，从而增强农民进行农村居民点空间重构的积极性。

（2）加强农村居民点空间重构相关政策宣传力度，增加宣传渠道，创新宣传方式。实证分析表明，对政策了解越详细，越有利于农户做出决策。现阶段，农民对政策的了解大多来源于村内宣传，村干部在进行政策宣传时应根据农民认知水平的差异，结合各村情况对政策进行解释分析，帮助农户理解相关政策对农村建设的重大意义，对农户存在的疑惑予以解答，存在的误解予以解释，搭建村委与农户沟通桥梁，维护农户知情权，增强农户对相关政策的认知；同时，丰富政策宣传的形式，充分利用广播、电视、报纸、网络等各类新闻媒体，广泛宣传与农村居民点空间重构相关的事宜，定期走访基层，组织农户参观已建新村，采用农户更适应的方式，全方位、多层次、多角度地讲解相关政策，提升宣传效果。

（3）完善农村居民点整治的制度保障体系，适当提高补偿标准。农村居民点整治政策建立在农民自愿的基础上，以保障农民利益、增加农民的财产性收益为基础，以促进农村土地的节约集约利用、建设美丽乡村为出发点。然而，在政策落地过程中，存在补偿标准过低、补偿费用不能及时到位、配套保障制度不能及时跟进等问题，一定程度上削弱了农户重构决策的意愿。完善保障制度，提高补偿标准，解除农户的后顾之忧，让农户真切地体会到从农村居民点空间重构中获得的益处，增强他们的重构意愿。

参 考 文 献

陈霄. 2012. 农民宅基地退出意愿的影响因素——基于重庆市"两翼"地区 1012 户农户的实证分析 [J]. 中国农村观察, (3): 26-36, 96.

冯应斌, 杨庆媛. 2014. 转型期中国农村土地综合整治重点领域与基本方向 [J]. 农业工程学报, 30 (1): 175-182.

高佳, 李世平. 2014. 城镇化进程中农户土地退出意愿影响因素分析 [J]. 农业工程学报, 30 (6): 212-220.

韩璐, 徐保根. 2012. 基于 SEM 的陇南市农村居民点整治中农户心理契约影响因素研究 [J]. 中国土地科学, 26 (10): 48-53.

何娟娟, 石培基, 高小琛, 等. 2013. 农村居民点整理意愿影响因素分析——以张掖市甘州区为例 [J]. 干旱区资源与环境, 27 (10): 38-43.

黄贻芳. 2013. 农户参与宅基地退出的影响因素分析——以重庆市梁平县为例 [J]. 华中农业大学学报 (社会科学版), (3): 36-41.

李佩恩, 杨庆媛, 范垚, 等. 2016. 基于 SEM 的农村居民点整治中农户意愿影响因素——潼南县中渡村实证 [J]. 经济地理, 36 (3): 162-169.

李子联. 2012. 江苏省土地整理与农民增收实证研究 [J]. 经济地理, 32 (11): 120-125.

邵子南, 陈江龙, 叶欠, 等. 2013. 基于农户调查的农村居民点整理意愿及影响因素分析 [J]. 长江流域资源与环境, 22 (9): 1117-1122.

孙涛, 欧名豪. 2020. 计划行为理论框架下农村居民点整理意愿研究 [J]. 华中农业大学学报 (社会科学版), (2): 118-126, 168.

王介勇, 刘彦随, 陈玉福. 2012. 黄淮海平原农区农户空心村整治意愿及影响因素实证研究 [J]. 地理科学, 32 (12): 1452-1458.

王兆林, 王敏. 2021. 基于 TAM-PR 的农户宅基地退出决策影响因素——以重庆市为例 [J]. 资源科学, 43 (7): 1335-1347.

文枫, 鲁春阳, 杨庆媛, 等. 2010. 重庆市农村居民点用地空间分异研究 [J]. 水土保持研究, 17 (4): 222-227.

吴明龙. 2009. AMOS 的操作与应用 [M]. 重庆: 重庆大学出版社.

徐冰, 夏敏. 2012. 南京市农村居民点整理农民意愿影响因素分析 [J]. 浙江农业科学, (11): 1599-1601.

严金海. 2011. 农村宅基地整治中的土地利益冲突与产权制度创新研究——基于福建省厦门市的调查 [J]. 农业经济问题, 32 (7): 46-53, 111.

杨丹丽, 孙建伟, 张勇, 等. 2021. 基于"三生"功能的喀斯特山区农村居民点整治类型划分——以七星关区为例 [J]. 中国土地科学, 35 (11): 80-89..

杨玉珍. 2012. 城市边缘区农户宅基地腾退动机影响因素研究 [J]. 经济地理, 32 (12)：
　　151-156.

尹希果. 2009. 计量经济学原理与操作 [M]. 重庆：重庆庆大学出版社.

臧玉珠, 刘彦随, 杨园园, 等. 2019. 中国精准扶贫土地整治的典型模式 [J]. 地理研究,
　　38 (4)：856-868.

张正峰, 温阳阳, 王若男. 2018. 农村居民点整治意愿影响因素的比较研究——以浙江省江山
　　市与辽宁省盘山县为例 [J]. 中国土地科学, 32 (3)：28-34.

张正峰, 吴沅箐, 杨红. 2013. 两类农村居民点整治模式下农户整治意愿影响因素比较研究 [J].
　　中国土地科学, 27 (9)：85-91.

张忠明, 钱文荣. 2014. 不同兼业程度下的农户土地流转意愿研究——基于浙江的调查与实证 [J].
　　农业经济问题, 35 (3)：19-24, 110.

赵晓秋, 李后建. 2009. 西部地区农民土地转出意愿影响因素的实证分析 [J]. 中国农村经
　　济, (8)：70-78.

周丙娟, 饶盼. 2014. 基于农户视角下的宅基地退出意愿实证分析 [J]. 江西农业学报, 26
　　(4)：121-124, 128.

Eno O. 2004. Tenants' willingness to pay for better housing intargeted core area neighborhoods in
　　Akure, Nigeria [J]. Habitat International, 28 (3)：317-332.

Miranda D, Crecente R M, Alvarez F. 2006. Land consolidation in inland rural Galicia, N. W.
　　Spain, since 1950：An example of the formulation and use of questions, criteria and indicators for
　　evaluation of rural development policies [J]. Land Use Policy, 23：511-520.

White E M, Morzillo A T, Alig R J. 2009. Past and projected rural land conversion in the us at
　　state, regional and national levels [J]. Landscape Urban Plan, 89 (1/2)：37-48.

第11章 结论、建议与展望

11.1 研 究 结 论

11.1.1 丘陵山区农村居民点用地规模、分布格局具有显著的空间分异特征

（1）实证表明，重庆市大部分区县的农村居民点用地规模呈减少态势，其空间演变格局与建设用地变化的空间格局大体一致，总体呈现出"一高两低"的空间分异特征，即主城都市区建设用地年均增长率较高，渝东北三峡库区城镇群和渝东南武陵山区城镇群的建设用地年均增长率较低。

（2）根据重庆市各区县农村居民点人均用地规模特点，可将其划分为合标型、低度超标型、中度超标型、严重超标型和极度超标型五个类型。其中，极度超标型主要集中分布在沙坪坝区、南岸区；严重超标型分布较为分散，主要集中在九龙坡区、渝东北、巴南区、江津区和荣昌区；中度超标型分布广泛，主要集中在黔江区、江北区、北碚区、合川区、永川区、南川区、大足区、璧山区、铜梁区、潼南区、梁平区、垫江县和巫溪县；低度超标主要集中在渝东北三峡库区城镇群和渝东南武陵山城镇群的大部分区县。

（3）重庆市西江新区农村居民点空间分布格局具有明显的空间分异特征。全局尺度上，呈条带状分布、组团式聚集的空间格局特征；镇域尺度上，农村居民点呈现出集聚、均匀、随机三种分布状态；居民点斑块尺度上，农村居民点呈现"由地形主导、围绕城镇向中心集聚"的空间格局；农村居民点分形规整程度与土地利用规划和原生地形条件关系密切，分形维数介于 1.0322 ～ 1.1805，呈现出西部高、东部低的空间特征。丘陵山区农村居民点空间结构演变主要受高程、坡度、地质灾害、水系、城镇化等因素的影响。

11.1.2 丘陵山区农村居民点动态演变受自然条件、社会经济发展水平、政策等因素共同驱动

1) 不同尺度下丘陵山区农村居民点演变特征有所差异

第一，全域尺度，全市农村居民点用地总体上呈现波动中缓慢减少的趋势，1997~2002 年重庆市农村居民点用地面积基本保持不变，2003~2018 年重庆市农村居民点用地面积总体呈持续缓慢下降趋势，而人均农村居民点用地呈持续增长趋势。第二，区域尺度，研究时段内重庆市两江新区农村居民点空间分布演变格局表现为从"单点高值集中"转向"多点中高值集中"，动态变化剧烈，破碎化、零星化特征加剧。第三，县域层面，万州区农村居民点用地规模增大，空间异质性显著，扩展速度呈"中心减缓、边缘增加"的特征，空间扩展以一字式和就地团状式为主；农村居民点用地主要来源于耕地，减少的部分主要为城镇化进程中聚落转型和库区蓄水淹没的居民点用地。万州区农村居民点形态结构由较规则向不规则转变，从农村居民点形态的时间特征来看，形态扩展具有随意性和盲目性特征；从空间特征来看，西部乡镇高于东部乡镇、北部乡镇高于南部乡镇、城区周围乡镇高于万州区边远乡镇。

2) 丘陵山区农村居民点空间格局演变主要受自然条件、社会经济、农户行为、政策法规等因素的影响

一是自然条件因素，包括地形、地貌、气候等，对居民点扩张起到约束作用。二是社会经济因素，如城镇化、工业化发展、农村基础设施建设等，辐射带动促进农村居民点用地演化。重庆市城镇化和工业化持续发展，对乡村的辐射力度增强，吸纳农村劳动力能力增加，农村人口大量减少，促使广大农区开展农村建设用地复垦，促进农村居民点用地演化；农村基础设施及交通的快速发展，逐步取代农业资源成为农村居民点用地布局的新取向，对农村居民点用地演变方向、速度、形态产生重要影响。三是农户行为因素，随着农户生产方式、经济收入及家庭居住观念的改变而发生变化，从而促使农村居民的空间布局不断发生演化。四是政策法规因素，其也是影响农村居民点空间格局演变的重要因素之一，重庆市农村居民点演变受城乡统筹综合配套改革试验区、社会主义新农村、美丽乡村、乡村振兴等宏观战略，城乡建设用地增减挂钩、"地票"交易制度等土地政策，以及现代农业示范工程和乡村旅游业发展等地方性农村发展政策措施的影响。

3) 丘陵山区农村居民点时空演变呈现"集中"和"分散"并存的特征

一方面，在农村居民点空间格局演变过程中，中心镇、建制镇、中心村的服

务功能不断加强，人口、居住规模、基础设施、非农产业不断发展，散居农户逐渐向具有集聚功能的中心镇、中心村靠拢。另一方面，农村居民点也呈现分散扩展的态势，特别是在新建交通沿线、旅游开发区周围、水电开发区周围等地方，又形成新的农村居民点聚落景观。农村居民点时空格局是多种因素综合作用的结果，其中，社会经济条件是推动其时空格局演变的主要驱动力，而大型水利工程建设、城乡融合发展、新农村建设等是其时空格局演变的重大外力和突变力。农村居民点作为一个动态的开放系统，本身不单纯受周边要素的影响，其本身变化的过程会对周边环境产生反馈，并促使某些影响因子发生新的变化。

11.1.3 丘陵山区农村居民点空间重构需要分等级、分尺度协同推进

农村居民点空间重构是时代要求，而受自然地理条件的影响，丘陵山区城乡和区域经济社会发展差异显著，这给农村居民点的空间重构技术带来了挑战，需分层次进行研究。本书从市域、县域、镇域、村域、斑块不同尺度对农村居民的空间重构技术进行研究，发现居民点布局均由零散分布向集聚态势发展，居民点重构能有效改善农村的居住环境，推动城乡融合发展，并在一定程度上降低农村"一户多宅"的比例，提高农村土地的利用率。本书从不同尺度提出了农村居民点的空间重构技术。①市域层面，结合区位、形态及功能区划，将农村居民点的空间重构技术分为基础设施重构、迁并扩展重构和城镇化扩展三大类重构模式。②县域层面，发现空间结构受地形影响较明显，且具有轴向指向性的特点，存在居民点布局分散、集聚程度低等问题，提出空间相互作用理论。从空间结构优化角度指导农村居民点体系重构，以完善和优化"点"（公共服务设施配套）—"线"（交通线路建设）—"面"（产业空间）为支撑，以政府和农民共同参与为介质，共同促进农村居民点体系重构的顺利实施。③镇域层面，通过构建农村居民点综合影响力评价指标体系，根据综合影响力分值对居民点进行分级，分类实施农村居民点空间重构策略，使居民点空间分布更加合理、资源利用更加集约高效。④在村域层面，提出三种重构技术：方案一为基于综合影响力的村域农村居民点空间重构，适用于渝中川东平行岭谷和低山丘陵区，形成了村域农村居民点斑块分级技术；方案二是基于功能分区的村域农村居民点空间重构，从村域空间功能分区入手，适用于渝西浅丘带坝和丘陵宽谷区，总结提炼出村域空间功能综合分区技术；方案三为基于农村居民点选址适宜性的空间重构，适用于渝东中高山区，强调对居民点选址的适宜性评价，形成村域农村居民点选址技术。

居民点空间重构技术不仅需考虑宏观因素，如区位、基础设施、功能区划等

因素，还需考虑"点-线-面"系统体系和公众参与等其他因素，评价居民点在系统中的综合影响力，最后实施空间重构具体方案。可见研究尺度范围越小，居民点空间重构技术越细化，通过农村居民点城镇化、社区化、集约化、产业化，最终达到节约用地、空间优化与有效治理的目的。而丘陵山区面积广阔，各区域地形地貌条件和社会经济发展条件均有较大差异，应根据各区域实际情况，因地制宜制定农村居民点空间重构策略。

11.1.4 丘陵山区居民点空间重构需协调物质空间与社会空间，实行差异化策略

基于重庆市四大主要地貌类型——山区、丘陵、平坝、河谷进行样本归纳与分类，总结出四大主要地貌类型区农村居民点的集聚特征，主要受地貌、坡地等自然条件、交通、产业发展、政策实施等社会经济条件的综合影响，总体以散居为主，且布局分散。同时从微观视角出发，从斑块尺度和农户意愿出发研究不同地貌类型区农村居民点空间重构技术，发现西南丘陵山地地区农村居民点空间布局总体分散凌乱，农户以散居的形式为主，且不同地貌区域散居的比例有差别，山地地区域散居特征最明显，其次为丘陵地区。农户对宅基地的利用与决策，直接影响农村居民点的空间形态与布局，未来对居民点空间布局进行优化应充分考虑和尊重农户的选择与意愿，制定差别化居民点空间重构方案，提出不同的优化方案，为丘陵山区农村居民点空间优化及重构路径的选取提供现实依据。本书从农户生活安全、便利的角度出发，将农村居民点适度集聚的情景及对应的优化路径归纳为以下几种模式：一是交通条件有限、距离城镇较远的区域，由政府引导，选取合适地点适度集聚；二是存在滑坡、地震等地质灾害的区域，由政府组织生态移民搬迁；三是农户寻求交通条件、生活条件便利的区域，实行自主搬迁；四是发展农村集体经济，农户与集体经济组织达成集聚合作协议等。

11.1.5 丘陵山区农村居民点空间重构决策应体现差异化，尊重农户重构意愿

丘陵山区农村居民点空间重构决策影响因素研究表明，改善居住条件、获得一定的补偿是农户做出愿意进行农村居民点空间重构决策的主要原因，而做出不愿意进行农村居民点空间重构决策的原因在于房子是新建的、留恋故土、难以改变生产生活方式、担心生活成本提高等。其中，家庭非农收入、非农务工人数、家庭总人口数、房屋修建年限、宅基地面积对重构决策意愿起正向作用，房屋层

数、房屋结构和宅基地利用状况对重构决策意愿起负向作用。农户在做出决策时，往往是基于多因素多方面的考虑，不是某单一因子所能代替的。除了上述因子影响外，自然条件、政策变化等情况也是农户需要进一步考虑的因素。

为了更好地推进农村居民点空间重构，还需要着力尝试构建集培训-整治-安居-就业于一体的保障链条，逐步将家庭剩余劳动力从农业生产中解放出来。加强相关政策宣传力度，增加宣传渠道，创新宣传方式。通过多种宣传渠道，广泛宣传与农村居民点空间重构相关的事宜，定期走访基层，组织农户参观已建新村，采用农户更适应的方式，全方位、多层次、多角度地深刻剖析相关政策，提升宣传效果。完善农村居民点重构过程中的制度保障体系，适当提高补偿标准，解除农户的后顾之忧，让农户真切地体会到从农村居民点空间重构中获得的益处，增强他们的重构意愿。

11.2 对 策 建 议

1）农村居民点体系重构应以国土空间规划为引领

农村居民点体系重构是实现我国国土空间治理目标的重要组分。农村居民点体系重构要与城乡一体化建设、农民长远生计紧密结合。首先，农村居民点体系重构，应考虑区域农村居民点体系与周边区、县（尤其是主城区）的物质、能量交换，即不能忽略外部环境对居民点空间重构的影响。其次，在农村居民点体系重构实践过程中，还涉及产业结构调整、交通体系支撑和生态保护等内容，因此应加强村产业规划、交通规划和生态规划等"实用性村庄规划"的研究，保障农村居民点体系重构的可操作性。

2）农村居民点体系重构应与农民生产生活便利性相结合

将农村居民点空间重构与就业培训、产业发展、农民安居结合起来，先培训、再重构，先安居、再就业，尝试构建集培训-重构-安居-就业于一体的保障链条，逐步将家庭剩余劳动力从农业生产中解放出来。增加家庭非农就业人数，提高家庭非农就业收入，确保农户进行农村居民点空间重构后有一定的非农就业能力和舒适稳定的居住条件，增加农村居民点体系重构中的农户获得感，从而增强农户进行农村居民点重构的积极性。

3）加强农村居民点相关政策宣传力度，增加宣传渠道，创新宣传方式

对政策了解越详细，越有利于农户做出决策。现阶段，农户对政策的了解大多来源于村内宣传，村干部在进行政策宣传时应根据农户认知水平的差异，结合各村情况对政策进行解释分析，帮助农户理解相关政策对农村建设的重大意义，对农户存在的疑惑予以解答，存在的误解予以解释，搭建村委与农户沟通桥梁，维护农户知情权，增强农户对相关政策的认知；同时，丰富政策宣传的形式，充分利用广播、电视、报纸、网络等各类新闻媒体，广泛宣传与农村居民点空间重构相关的事宜，定期走访基层，组织农户参观已建新村，采用农户更适应的方式，全方位、多层次、多角度地讲解相关政策，提升宣传效果。

4）完善农村居民点整治的制度保障体系，适当提高补偿标准

农村居民点整治政策建立在农民自愿的基础上，以保障农民利益、增加农民的财产性收益为基础，以促进农村土地的节约集约利用、建设美丽乡村为出发点。然而，在政策落地过程中，存在补偿标准过低、补偿费用不能及时到位、配套保障制度不能及时跟进等问题，一定程度上削弱了农户重构的意愿。完善保障制度，提高补偿标准，解除农户的后顾之忧，让农户真切地体会到从农村居民点空间重构中获得的益处，增强他们的重构意愿。

11.3 研究展望

农村居民点空间重构研究综合性、实践性很强，需要多学科融合，涉及政治、经济、文化、生态、环境、建筑、技术和管理等诸多领域以及国土、农业、环保、房管、建设、交通、水利、移民等多个部门，具有一定复杂性。目前，学术界对农村居民点空间重构的研究多集中于东部平原地区，对西部丘陵山区的农村居民点空间重构的研究还有待深入。

本书基于农村居民点相互作用视角，结合"空间场势"评价对农村居民点体系重构进行了探讨，但对重构过程中的政策因素、经济成本及农户意愿等因素考虑不足，如迁并村的居民是否愿意迁移，被迁移宅基地权利的归属与调整等问题，故应建立一套更符合区域实际情况和体现政策支持及农户意愿的评价指标体系，基于农民、农村、农业层面，从农民宅基地和承包地的转移、农民社会保障提供与公共设施的配套等角度进行更深层次的探究。

受地貌类型、社会经济发展水平等因素影响，丘陵山区农村居民点空间分布存在"小、散、乱、低"的特征。长期以来，重庆市丘陵山区农村居民点用地缺乏科学有效的管理，居民点选址、建设均处于农民自发的状态，普遍缺乏有效的约束、监督与管理，导致农村居民点存在用地空间布局分散、杂乱无序，管理和交易成本较高，生产生活服务类基础设施建设落后，以及居住环境不良等问题。本书虽然从"市域—县域—镇域—村域—斑块"五个空间尺度，对农村居民点的空间结构特征、空间结构体系、空间演化规律进行了研究，提出了多尺度农村居民点的空间重构优化方案和农村居民点空间重构决策体系，对农村居民点空间重构影响因素、重构适宜性、重构模式、重构时序等方面进行了探讨，但是还需要进一步完善农村居民点空间重构的相关理论和实践研究。

1）重视丘陵山区农村居民点空间重构与社会经济发展的耦合研究

农村居民点空间重构是一个长期的过程，需长时期的不懈努力，才能形成和当地资源禀赋、环境条件、人口规模相协调的居民点空间结构布局。丘陵山区面积广阔，地形条件多样，社会经济发展条件不均，各地区千差万别，直接影响到农村居民点的重构条件和优化布局的方向，使农村居民点空间重构模式具有明显的地域差异性。因此，必须因地制宜考虑当地的实际情况，特别是丘陵山区内部不同区域的发展条件和发展水平对农村居民点空间重构的要求，探寻与丘陵山区社会经济发展耦合协调的农村居民点空间重构模式。

2）重视不同重构方法的适用性研究

对于农村居民点空间布局特征、空间演变特征、空间布局重构的分析，本书采用了核密度估算法、加权 Voronoi 图变异系数法、规模测度模型、形态测度模型、聚类分析法、主成分分析法、农村参与式评估法、全局自回归模型、结构方程模型、引力模型等模型和方法。但分析农村居民点空间布局特征、空间演变特征、空间布局重构、居民点重构决策影响因素的方法有很多，选取不同的方法进行分析，其分析结果会产生差异。目前关于农村居民点空间重构的研究，学术界暂无统一的标准，不同的方法具有其各自的科学性和适用性，有待通过对多种方法的对比分析，找到最科学、最适用的方法。

3）强化农村居民点空间重构中多主体协同治理的研究

农村居民点空间重构涉及多个部门的工作，同时也涉及地方政府、村集体、农民等多方利益相关者。本书从"市域—县域—镇域—村域—斑块"五级空间尺度对农村居民点空间结构特征、演化规律、重构方案等进行了探讨，但是不同空间尺度的农村居民点空间重构决策，需要综合考虑不同利益相关者在农村居民点空间重构过程中的各种利益诉求，将"从上到下"的重构方案和"从下到上"的利益诉求相结合，才能在实施农村居民点空间重构的过程中，真正做到因地制宜，有的放矢，形成具有科学性、合理性、针对性的农村居民点空间重构决策。农村居民点是一个物质-社会空间的复合体，在当前乡村振兴与城乡融合发展的政策推动下，需要关注农村居民点的非物质空间，在重构的过程中重视协调不同利用主体的利益，实现公共利益的最大化。